核酸功能材料

仰大勇　主编

天津大学研究生创新人才培养项目资助

U0389323

科学出版社

北京

内 容 简 介

本书对核酸功能材料的基本知识和最新进展进行了详细介绍。全书共8章，主要内容包括：核酸的化学结构与功能、核酸合成与制备、核酸工具酶、核酸修饰技术、核酸功能材料合成和组装方法、核酸功能材料的表征方法与技术、核酸功能材料在化学测量学和生物医学中的应用。

本书可作为高等学校化学、化工、材料、生命、医学等相关专业本科生和研究生的教学用书，也可供需要了解核酸功能材料领域前沿研究进展和相关技术领域发展现状的研究人员、教师及技术人员参考。

图书在版编目（CIP）数据

核酸功能材料 / 仰大勇主编. —北京：科学出版社，2024.3
ISBN 978-7-03-077642-6

Ⅰ.①核… Ⅱ.①仰… Ⅲ.①核酸–功能材料–教材 Ⅳ.①Q52

中国国家版本馆CIP数据核字（2024）第015939号

责任编辑：侯晓敏　陈雅娴　张　莉 / 责任校对：杜子昂
责任印制：张　伟 / 封面设计：无极书装

科学出版社出版
北京东黄城根北街 16 号
邮政编码：100717
http://www.sciencep.com

河北鑫玉鸿程印刷有限公司印刷
科学出版社发行　各地新华书店经销

*

2024年3月第 一 版　开本：787×1092　1/16
2024年3月第一次印刷　印张：15 1/4
字数：362 000
定价：118.00元
（如有印装质量问题，我社负责调换）

编者简介

仰大勇，复旦大学"瑞清"特聘讲席教授，天津大学兼职教授，博士生导师。曾获国家杰出青年科学基金、国家优秀青年科学基金和海外高层次人才计划。2002 年和 2005 年于华中科技大学获得学士和硕士学位，2008 年于国家纳米科学中心获得博士学位，2010 ～ 2015 年在美国康奈尔大学和荷兰奈梅亨大学从事博士后研究。2015 年 6 月～ 2024 年 1 月任教于天津大学，2024 年 2 月起任教于复旦大学。研究方向为核酸化学与功能材料。在 *Chem Rev*、*Acc Chem Res*、*PNAS*、*J Am Chem Soc*、*Angew Chem*、*Nat Commun*、*Sci Adv*、*Nat Protoc* 和 *Adv Mater* 等杂志发表学术论文 150 余篇。讲授 DNA 合成、合成基因组学和核酸化学与材料等课程。

姚池，天津大学教授，博士生导师。曾获国家优秀青年科学基金项目资助。2017 年于复旦大学获得博士学位。2018 年至今任教于天津大学。研究方向为功能核酸生物传感材料。在 *Chem Rev*、*Acc Chem Res*、*PNAS*、*J Am Chem Soc*、*Angew Chem*、*Nat Commun*、*Sci Adv*、*Nat Protoc* 和 *Adv Mater* 等杂志发表学术论文 70 余篇。讲授 DNA 合成、合成基因组学和核酸化学与材料等课程。

李凤，北京化工大学教授，博士生导师。2010 年于兰州大学获得学士学位，2015 年于国家纳米科学中心获得博士学位，2015 ～ 2017 年在清华大学从事博士后研究。2018 ～ 2022 年任教于天津大学，2022 年至今任教于北京化工大学。研究领域为核酸化学与生物医用。在 *Nat Biomed Eng*、*Nat Commun*、*J Am Chem Soc*、*Angew Chem*、*Adv Mater*、*Nano Lett*、*Acc Mater Res* 等杂志发表论文 50 余篇。讲授 DNA 合成、合成基因组学、核酸化学与材料等课程。

序

核酸分子，这一构成生命的基石，其精妙的结构，以及所蕴含的巨大功能潜力，始终吸引着研究者去探索、去认知、去创新。核酸作为生命的遗传信息载体，一直是生命科学和医学领域的研究热点。近年来，随着材料科学的迅猛发展，核酸的功能性被进一步发掘，在材料科学领域的应用也崭露头角。今天，我们有幸站在这一研究领域的前沿，通过《核酸功能材料》一书，一同领略核酸功能材料的独特魅力与广阔前景。

在自然界的生命体中，核酸分子的合成本质上是聚合的过程，而进一步形成生命，是一种熵驱动的过程，依赖于分子间弱相互作用和分子自组装来实现。因此，从化学的角度来看，核酸分子可以作为一种理想的通用模块，按照一定的设计来精准组装。想象一下，我们可以用核酸分子设计合成一个个"积木块"，再将这些"积木块"拼搭成纳米的笑脸、微米的机器人，甚至宏观的塑料杯子，从而创制出一系列不同尺度的核酸功能材料。这些材料不仅保持了核酸本身的优良特性，还能够通过结构设计与化学功能修饰，赋予材料更加丰富的功能，满足更多应用需求。核酸材料化学的研究，不仅极大地扩展了人们对新材料创新的想象空间，还有助于理解生命系统的运行机制，为重大疾病的诊断治疗等领域的创新与发展提供源源不断的动力。

该书从核酸的基本结构与性质出发，详细阐述了核酸功能材料的组装原理和方法，特别注重介绍了该领域的最新研究进展，这为读者提供了一个全面而前瞻的视角。值得一提的是，该书作为一本教材，不仅助力在课堂教学中传递核酸功能材料的知识，而且引导学生进行知识拓展和迁移，激发他们探索核酸科学的热情。

该书的主编是仰大勇教授，他在核酸功能材料领域具有丰富的研究经验，取得了令人瞩目的丰硕成果，这为该书的编写提供了坚实的学术基础。希望该书能为广大科研工作者和学生提供权威、全面的参考，推动核酸功能材料领域的研究和发展，促进相关科学技术的应用和推广。

最后，我想说的是，核酸功能材料的研究和应用将为医学、能源、环境等领域注入新的活力。我们相信，在不久的未来，核酸功能材料将成为材料科学领域的一颗璀璨明珠，为人类社会的进步和发展贡献更多的力量。衷心希望该书能够成为热爱科学的人们的良师益友，帮助读者了解和探索核酸材料的奥秘。愿每一位读者在阅读该书的过程中，都能感受到科学的神奇与美妙。

赵东元

中国科学院院士

2024 年 3 月于复旦大学

前　言

生物材料国际前沿热点不断涌现，推动着人类重大疾病预防、诊断和治疗研究取得突破性进展。"十三五"以来，我国对卫生与健康科技领域的投入持续增加，平台建设和人才储备不断强化，科技创新能力快速提升，科技成果转化速度日益加快，科技创新对于国民健康的保障作用不断彰显。生物材料作为一种可以作用于生命系统、具备诊断和治疗等特殊功能的材料得到了极大发展，体现了强大的生命力和广阔的发展前景。随着现代先进生物技术、化学合成技术和微纳米技术的飞跃式发展，传统的生物惰性医用金属、高分子及陶瓷等常规材料已不能满足现代医学发展的要求，生物功能材料领域面临着新的挑战与机遇。

面向生命健康的重大需求，发展结构功能精准可控和生物活性可调的材料是当前生物材料领域的学术前沿，并且展现出对化学、材料和生物医学等领域发展的牵引作用。核酸，包括脱氧核糖核酸（deoxyribonucleic acid，DNA）和核糖核酸（ribonucleic acid，RNA），是生命系统的遗传分子，发挥调控生命活动的重要作用。从材料化学的角度来看，核酸作为天然的生物大分子，分子结构（碱基序列）精准可控，碱基互补配对特性使核酸分子具有精准高效的自组装能力，丰富多样的生物酶可在温和反应条件下对核酸进行精准分子操作。基于这些性质，核酸可以作为材料构建基元，精准地创制多种功能材料。这些核酸功能材料具备良好的生物相容性、生物可降解性和分子识别能力等，同时保持了核酸分子本身的生物活性，因而是具有生物活性且结构功能精确可调控的生物材料，代表了生物材料的发展方向，已经在化学测量学和生物医学等领域展现出广阔的应用前景。

近年来，我们在教学实践中开设了相关课程，讲授核酸功能材料的设计、合成、应用等方面的知识和前沿进展。课程建设之初缺乏相应的参考教材，经过近几年的摸索和整理，逐步形成了较为完善的自编课程讲义。近年来，天津大学设立了"研究生创新人才培养项目"，化工学院集中建设"化学工程与技术研究生教学丛书"。以此为契机，在学校和学院的支持下，我们以课程讲义为基础，完成了《核酸功能材料》一书的编写。编写本书时，我们以基础学科理论及国内外大量权威文献为依据，结合近年来的研究成果和教学体会，确保内容科学准确，难度适中，同时覆盖学科基础知识和核酸功能材料相关前沿领域的研究进展。期望本书的出版，能够为学生提供学习指导，为任课教师提供教学参考，为相关领域研究者带来启发和思考，对相关学科领域的教学、科研和产业化起到一定的促进作用。

全书共8章，系统地对核酸功能材料的相关内容进行了介绍。第1～4章分别介绍核酸化学结构及生物功能、核酸合成与制备技术、核酸工具酶及核酸化学修饰技术等基础理论知识。在此基础上，第5章介绍各种核酸功能材料的合成和组装方法，第6章对核酸功能材料的表征技术进行分类介绍，第7章和第8章详细介绍并且举例阐述核酸功能材料在化学测量学和生物医学中的应用。

编写过程中,多名研究生承担了大量工作,由衷感谢他们(按姓名汉语拼音排序):常乐乐、初宜文、丁小惠、胡品、黄梦雪、李凌慧、李倩、李思齐、李喆勉、刘津桥、刘雨洁、吕兆月、欧俊含、宋纳川、唐建普、仝兆斌、王竞、徐毓玮、张睿。本书得以呈现,离不开多位志同道合之士的支持和鼓励,衷心感谢本书编写团队的有序协作,感谢本书所引相关文献的原创作者贡献的智慧,感谢科学出版社陈雅娴编辑的细致耐心的工作,感谢天津大学化工学院对本书出版的支持。特别感谢复旦大学赵东元院士为本书指导并作序,感谢中国科学技术大学刘世勇教授和南方科技大学蒋兴宇教授为本书撰写推荐语。

经过反复修改,在本书即将付梓之际,心中五味杂陈,激动不已,也惶恐不安。编写教材需要深厚的学术功底和丰富的教学经验,更需要对传播知识和培养人才的满腔热忱。笔者从 2010 年开始从事 DNA 功能材料领域的研究,算不上资深学者,教学经历也有限,唯恐力所不及。又由于核酸功能材料涉及多学科和交叉领域,如化学、材料学、生物学和医学等学科,且相关研究日新月异,本书不能尽为涵盖,加之编者的知识和语言水平有限,书中难免存在疏漏和欠妥之处,诚请读者指正,敬请同行专家赐教。

期待这本书成为连接我们与读者的纽带,启发读者与我们一起思考、探索和发现。

仰大勇

2023 年 10 月

目 录

第 3 章　核酸工具酶　34

第 4 章 核酸修饰技术 61

第 5 章 核酸功能材料合成和组装方法 79

第 6 章　核酸功能材料的表征方法与技术　130

第 7 章　核酸功能材料在化学测量学中的应用　153

第 1 章

核酸的化学结构与功能

1.1 核酸研究里程碑工作

核酸化学是核酸功能材料的基础，核酸功能材料是核酸化学的延伸，两者的发展齐头并进，互相促进，珠联璧合。核酸化学和材料出现于 19 世纪中后期，不断发展至今，笔者撷取科学进程中的标志性事件和成果，勾勒出大致发展历程（图 1-1）。

1869 年，瑞士化学家 Friedrich Miescher（弗雷德里希·米歇尔）首次从脓细胞中分离出细胞核，得到富含氮和磷的物质，称为核质。1872 年，研究人员在鲑鱼精细胞核中发现大量类似的酸性物质，随后在多种组织细胞中也发现了这类物质，称为核酸。

19 世纪末期，德国生物化学家 Albrecht Kossel（阿尔布雷希特·科塞尔）从核酸水解物中分离出某些含氮化合物，并分别命名为胞嘧啶、胸腺嘧啶、腺嘌呤和鸟嘌呤，科塞尔因此获 1910 年诺贝尔生理学或医学奖。科塞尔的这一伟大工作为从分子水平探索生命起源及遗传奥秘奠定了基础。20 世纪 20 年代，科塞尔进一步明确了核酸的化学成分和结构。

1928 年，英国细菌学家 Frederick Griffith（弗雷德里克·格里菲斯）利用 R 型和 S 型肺炎双球菌菌株进行体内转化实验。格里菲斯发现 S Ⅲ 型死菌内存在一种能引起 R Ⅱ 型活菌转化产生 S Ⅲ 型菌的物质，并称其为转化因子，但当时并不知道这种转化因子的本质是什么。1944 年，美国细菌学家 Oswald Theodore Avery（奥斯瓦德·西奥多·艾弗里）等在格里菲斯工作的基础上，在离体条件下进行转化实验，指出引起转化现象的是细胞内的脱氧核糖核酸分子，而不是当时人们普遍认为的蛋白质。1952 年，美国生物学家 Alfred Day Hershey（阿尔弗莱德·德·赫尔希）和 Martha Cowles Chase（玛莎·考尔斯·蔡斯）进一步利用噬菌体侵染实验与放射性同位素标记的方法证明遗传物质的化学本质是脱氧核糖核酸（DNA）而不是蛋白质。

1950 年，Rosalind Franklin（罗莎琳德·富兰克林）和 Maurice Hugh Frederick Wilkins（莫里斯·休·弗雷德里克·威尔金斯）利用 X 射线衍射技术清楚地观测到结晶 DNA 的

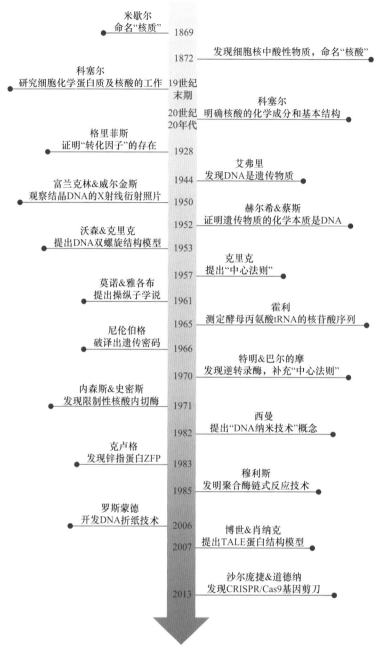

图 1-1　核酸研究里程碑工作

X射线衍射照片，这一发现激励和启发了美国分子生物学家James Dewey Watson（詹姆斯·杜威·沃森）和英国生物学家Francis Harry Compton Crick（弗朗西斯·哈利·康普顿·克里克）。1953年，沃森和克里克提出反向平行DNA双螺旋结构模型。1957年，克里克提出生命的中心法则，即遗传信息是从DNA传递到RNA，再传递到蛋白质。DNA双螺旋结构模型与中心法则的提出，开启了分子生物学时代的大门，使科学家可以从分子层面探索生命之谜，揭示了遗传信息的构成和传递途径。1962年，沃森、克里克及威尔金斯因在分子遗传学方面的贡献，获诺贝尔生理学或医学奖。

1961 年，法国生物学家 Jacques Lucien Monod（雅克·吕西安·莫诺）和分子遗传学家 Francois Jacob（弗朗索瓦·雅各布）共同发表《蛋白质合成中的遗传调节机制》，提出操纵子学说，开创了基因调控研究领域。1965 年，美国化学家 Robert William Holley（罗伯特·威廉·霍利）等测定了酵母丙氨酸 tRNA 的核苷酸序列。1966 年美国生物化学家和遗传学家 Marshall Warren Nirenberg（马歇尔·沃伦·尼伦伯格）等破译出全部遗传密码。1968 年，由于在破译遗传密码方面的重大贡献，霍利、尼伦伯格和 Har Gobind Khorana（哈尔·葛宾·科拉纳）三位科学家被授予诺贝尔生理学或医学奖。

20 世纪 70 年代，RNA 的相关研究取得巨大发展。1970 年美国遗传学家 Howard Martin Temin（霍华德·马丁·特明）和生物学家 David Baltimore（戴维·巴尔的摩）从致瘤 RNA 病毒中发现了逆转录酶，对中心法则进行补充，明确遗传信息不仅可以从 DNA 传递给 RNA，也可以从 RNA 通过逆转录传递给 DNA。RNA 分为信使 RNA（messenger RNA，mRNA）、转运 RNA（transfer RNA，tRNA）和核糖体 RNA（ribosomal RNA，rRNA），参与 DNA 与蛋白质的合成及遗传物质的传递。

在生命进化过程中，产生了一系列能够对 DNA 进行精准操纵的生物酶。例如，1965 年，瑞士分子生物学家 Werner Alber（沃纳·阿尔伯）提出存在限制性内切酶的假说。1971 年，美国微生物学家 Daniel Nathans（丹尼尔·内森斯）和 Hamilton Othanel Smith（汉弥尔顿·奥塞内尔·史密斯）在细胞中发现了一种"限制性核酸内切酶"，这种酶可以在 DNA 核苷酸的特定连接处以特定的方式切开 DNA 双链。1978 年，阿尔伯、史密斯和内森斯因限制酶的发现而获得诺贝尔生理学或医学奖。1967 年，美国微生物学家 T. Brook（布鲁克）从美国黄石国家森林公园温泉的嗜热水生菌（*Thermus aquaticus*）中分离得到一种耐高温的 DNA 聚合酶，即 *Taq* DNA 聚合酶。各种核酸操纵工具酶的发现，为核酸的精准控制与精确组装提供了重要基础。

1982 年，美国纽约大学 Nadrian C. Seeman（纳德里安·西曼）提出了一种十字叉状——"Holliday"结构的人工 DNA 纳米结构。这种形貌可控的纳米结构能够通过合理设计，作为结构基元，用于合成更为复杂和尺寸更大的二维结构，"DNA 纳米技术"概念从此诞生。

1983 年，英国化学家和生物物理学家 Aaron Klug（阿龙·克卢格）在非洲爪蟾卵母细胞的转录因子 TF Ⅲ A 中发现了锌指蛋白（zinc finger protein，ZFP）。将锌指蛋白与核酸内切酶进行人工融合后形成的新型酶称为锌指核酸酶（zinc finger nuclease，ZFN），可实现对特定基因位点的切割，对多个物种进行基因打靶，被称为第一代基因编辑工具。

1985 年，美国生物化学家 Kary Mullis（凯利·穆利斯）发明了聚合酶链式反应（polymerase chain reaction，PCR），该技术能够对 DNA 片段进行指数扩增，被广泛应用于分子生物学领域。穆利斯因此获得了 1993 年的诺贝尔化学奖。

1992 年，德国细菌学家 Ulla Bonas（乌拉·伯纳斯）发现能够进入植物细胞核内，精确定位 DNA 序列并启动特定基因表达的一类蛋白，命名为转录激活因子样效应物（transcription activator-like effector，TALE）蛋白。2007 年，Jens Boch（延斯·

博世）和 Sebastian Schornack（塞巴斯蒂安·肖纳克）提出 TALE 蛋白结构模型。2011 年，研究证实利用 TALE 蛋白能够对基因组实施精确高效的编辑，第二代基因编辑技术 TALEN 诞生。2013 年，*Science* 和 *Nature* 等杂志发表多篇论文，介绍了一种基于 CRISPR/Cas 系统的基因组编辑技术，可用于 RNA 剪辑和基因表达的调控，以及 DNA 的定点剪辑。2020 年，法国科学家 Emmanuelle Charpentier（埃玛纽埃勒·沙尔庞捷）和美国科学家 Jennifer Doudna（珍妮弗·道德纳）因共同发现了第三代基因编辑工具——CRISPR/Cas9 基因剪刀，获得诺贝尔化学奖，这一成就对生命科学产生革命性影响，有望用于癌症以及遗传病的治疗。

2006 年，美国加州理工学院 Paul Rothemund（保罗·罗斯蒙德）开发了一种新型 DNA 自组装技术——DNA 折纸（DNA origami），此技术以噬菌体 DNA M13mp18 作为长链，两百多条短的单链 DNA 作为互补链（订书钉链），将长链折叠成目标图案，这种方法构建的纳米结构具有很好的可寻址性。DNA 折纸技术的出现推动了 DNA 纳米技术飞速发展。之后，科研工作者相继提出多种新型 DNA 组装构建技术，制备出结构精准可控的 DNA 纳米结构。

DNA 分子具有优良的碱基识别能力、序列可编程性、分子可操作性和生物相容性，因此可以组装成各种结构精巧、尺寸可控、功能复杂，以及具有天然生物活性的 DNA 功能材料。DNA 从遗传物质扩展为新型生物功能材料，在化学测量学和生物医学等领域展现出良好的应用前景。

后续三节介绍核酸的化学结构和功能，内容主要包括 DNA 的结构、RNA 的结构和核酸功能基元。核酸是由核苷酸（nucleotide）单体通过磷酸二酯键聚合而成的生物大分子[1]。脱氧核糖核苷酸(deoxyribonucleotide)聚合生成 DNA 单链,核糖核苷酸(ribonucleotide)聚合生成 RNA 单链。DNA 主要分布在细胞核中，绝大多数生物体的遗传性状来源于 DNA[2]。在细胞分裂时，DNA 复制将亲代的遗传信息传递给子代，使子代表现出亲代的遗传性状。与 DNA 相比，RNA 的种类更加丰富多样。例如，信使 RNA 能够将遗传信息从 DNA 传递到核糖体，作为模板合成具有一定氨基酸序列的多肽链；转运 RNA 能够将氨基酸转运到核糖体中；核糖体 RNA 位于核糖体内，参与蛋白质的生物合成 [3]。除上述三种主要 RNA 外，生物体内还含有少量其他种类的 RNA。

1.2 DNA 的结构

DNA 的结构分为一级结构、二级结构和三级结构。DNA 的一级结构是指 DNA 分子中脱氧核苷酸的排列顺序，即四种碱基的排列顺序。DNA 的二级结构是指两条脱氧核苷酸链反向平行盘绕所生成的双螺旋结构，以及特定序列 DNA 形成的三股螺旋和四股螺旋结构。DNA 的三级结构是指 DNA 在双螺旋结构基础上进一步扭曲盘绕所形成的特定空间构象，如超螺旋结构。

1.2.1 DNA 的一级结构

DNA 的一级结构是四种脱氧核苷酸通过磷酸二酯键连接形成的多聚高分子链，含有 A、T、C、G 四种碱基。脱氧核苷酸的 3′- 羟基与下一个脱氧核苷酸的 5′- 磷酸基脱水形成磷酸二酯键，继续连接形成多聚体。第一个脱氧核苷酸的 5′- 磷酸基与最后一个脱氧核苷酸的 3′- 羟基未参与磷酸二酯键的形成，分别称为 5′- 磷酸端（或 5′ 端）和 3′- 羟基端（或 3′ 端）。DNA 中的脱氧核苷酸彼此之间仅在碱基部分有差别，因此 DNA 的一级结构也是其碱基的排列顺序，即 DNA 序列。

1.2.2　DNA 的二级结构

1. DNA 的双螺旋结构

Ⅰ. Chargaff 法则

20 世纪中期，科学家们发现 DNA 可以在不同菌种间进行传递转移，使遗传信息从一个菌种转移到另一个菌种，证明 DNA 是遗传信息的载体。1950 年，Erwin Chargaff（埃尔文·夏格夫）等采用层析和紫外分光光度技术解析 DNA 分子中的碱基成分，提出 DNA 分子中四种碱基的 Chargaff 法则。

（1）在所有双链 DNA 中，腺嘌呤与胸腺嘧啶的含量相同，鸟嘌呤与胞嘧啶的含量相同，因此嘌呤碱基总数与嘧啶碱基总数相等，即 A+G = C+T。

（2）不同生物种属的 DNA 碱基组成不同，具有种属特异性，可用不对称比率表示，即（A+T）/（G+C）。

（3）同一个体不同器官和不同组织的 DNA 具有相同的碱基组成。

（4）对于特定组织的 DNA，其碱基组成不随其年龄、营养状态和环境而变化。

夏格夫等发现的碱基组成规律为 DNA 双螺旋结构模型的建立提供了重要依据。

Ⅱ. 双螺旋结构模型

20 世纪 50 年代早期，富兰克林和威尔金斯采用 X 射线晶体衍射技术发现 DNA 分子中有两组重复出现的衍射点，一组距离是 0.34 nm，另一组距离是 3.4 nm。之后，沃森和克里克在 X 射线衍射图像中观察到中央十字架的图案，意识到 DNA 分子很可能是双链结构。因此，他们将脱氧核糖和碱基间隔排列形成 DNA 骨架，让碱基两两相连夹于双螺旋之间。1953 年，沃森和克里克正式提出 DNA 的二级结构模型：右手双螺旋结构[4][图 1-2（a）]。

双螺旋结构模型的特点：

（1）DNA 分子由两条反向平行、右手螺旋的多聚核苷酸链围绕一个轴心盘旋而成，呈反平行走向，一条走向是 5′ → 3′，另一条是 3′ → 5′。

（2）磷酸基团与脱氧核糖通过磷酸二酯键交替连接，形成外侧亲水性的 DNA 分子骨架，嘌呤与嘧啶碱基堆积于双螺旋的内侧。脱氧核糖呋喃型糖环的平面与双螺旋的纵轴平行，碱基平面与纵轴垂直。

（3）两条 DNA 链通过碱基间的氢键相结合。由于碱基的结构特性，嘌呤与嘧啶可以相互配对，即 A 与 T 配对，形成 2 个氢键；G 与 C 配对，形成 3 个氢键 [图 1-2（b）]。G-C 碱基对相较于 A-T 碱基对更加稳定。

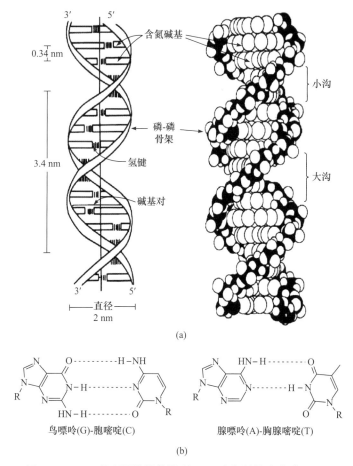

图 1-2　DNA 的双螺旋结构模型（a）和氢键结合方式（b）

（4）DNA 双螺旋的直径约为 2 nm。碱基堆积距离，即单链上相邻两个碱基间的距离为 0.34 nm，螺旋旋转一圈包含 10 对碱基，螺距为 3.4 nm。两条链偏向一侧形成两个凹槽，较深的称为大沟（宽约 1.2 nm，深约 0.85 nm），较浅的称为小沟（宽约 0.6 nm，深约 0.75 nm）。

（5）DNA 双螺旋结构的稳定依靠两种作用力：碱基互补配对形成的氢键作用力和碱基堆积力。氢键作用力是碱基对之间在水平方向上的相互作用，碱基堆积力是碱基对之间在垂直方向上的相互作用。碱基堆积力是维持 DNA 二级结构的主要作用力。

2. DNA 的三股螺旋和四股螺旋结构

1）DNA 三股螺旋结构

1957 年，Gary Felsenfeld（加里·费尔森菲尔德）和 Alexander Rich（亚历山大·里奇）报道了 DNA 三股螺旋结构，证明聚鸟苷酸链和聚腺苷酸链能够以 2∶1 的比例形成稳定复合物。在分子组成上，DNA 三链体分为分子间三链体和分子内三链体[5]。分子间三链体由三链形成寡核苷酸（triplex-forming oligonucleotide，TFO）与 DNA 双螺旋中的聚嘌呤链通过胡斯坦碱基配对（Hoogsteen base pairing）方式形成三股螺旋结构 [图 1-3（a）]。分子内三链体是指第三条链由原有双链 DNA 中一条镜像重复的序列提供，也称为铰链 DNA（H-like DNA，H-DNA）[图 1-3（b）]。DNA 三链体中的三股链均表现出同型聚嘌呤或同型聚嘧啶[6]。不同于经典的沃森 – 克里克碱基配对方式，胡斯坦碱基配对方式通常是 A 或 T 与 A-T 碱基对中的 A 配对，G 或质子化 C（C^+）与 G-C 碱基对中的 G 配对。

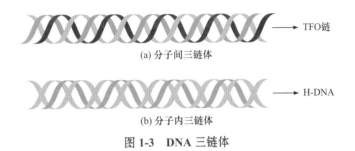

(a) 分子间三链体

(b) 分子内三链体

图 1-3　DNA 三链体

DNA 三链体中 TFO 链与 DNA 双螺旋中的聚嘌呤链在构象上可形成胡斯坦氢键或反向胡斯坦氢键，分别产生平行构象或反平行构象（图 1-4）。

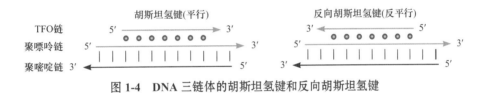

图 1-4　DNA 三链体的胡斯坦氢键和反向胡斯坦氢键

2）DNA 四股螺旋结构

Ⅰ. G- 四链体

1962 年，Martin Gellert（马丁・盖勒特）利用 X 射线衍射技术证明了 DNA 四螺旋体结构的存在，命名为 G- 四链体（G-quadruplex）。G- 四链体是由富含串联重复鸟嘌呤的 DNA 链折叠形成的高级结构，其结构单元为 G- 四分体（G-quartet）[7]。G- 四分体是由胡斯坦氢键连接 4 个鸟嘌呤形成的环状平面。两层或两层以上的 G- 四分体依靠 π-π 堆积作用形成 G- 四链体。由于 DNA 链带有较强的负电荷，存在静电排斥作用，因此，需要阳离子的参与以保持 G- 四链体结构的稳定[8]。

G- 四链体可由不同数量的分子链组成。当由一条 DNA 链组成时，形成分子内 G- 四链体；当由两条 DNA 链或四条 DNA 链组成时，形成双分子 G- 四链体或四分子 G- 四链体（图 1-5）。不同的组装方式，包括连接环区域的变化和阳离子属性的不同，都会导致 G- 四链体中鸟嘌呤的糖苷键角度发生变化，即产生顺反构象。顺式构象和反式构象之间能够根据具体组装方式的不同进行可逆变化。

G- 四链体的结构分为平行方向、反平行方向和混合平行方向（图 1-6）。平行方向是指四条链的走向一致，反平行方向是指四条链中两两走向一致，混合平行方向是指只有三条链走向一致。

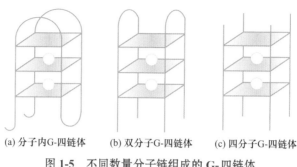

(a) 分子内G-四链体   (b) 双分子G-四链体   (c) 四分子G-四链体

图 1-5   不同数量分子链组成的 G- 四链体

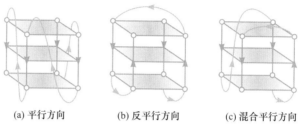

(a) 平行方向   (b) 反平行方向   (c) 混合平行方向

图 1-6   G- 四链体的不同结构

Ⅱ. i-motif 结构

1993 年, Kalle Gehring (卡勒·盖林) 研究了 d (TCCCCC) 在弱酸性条件下的二级结构, 发现了 i-motif 四链体结构 [9]。i-motif 结构是由富含胞嘧啶 C 的序列在质子参与下形成的四链体结构 [10]。质子化胞嘧啶 C^+ 会与未质子化的胞嘧啶形成 $C \cdot CH^+$ 碱基对, 含有胞嘧啶的两组 DNA 链以反向平行的方式嵌插形成 i-motif 结构 (图 1-7)。i-motif 结构在酸性 (pH<6.3) 条件下稳定存在, 在中性或碱性条件下解体成单链。

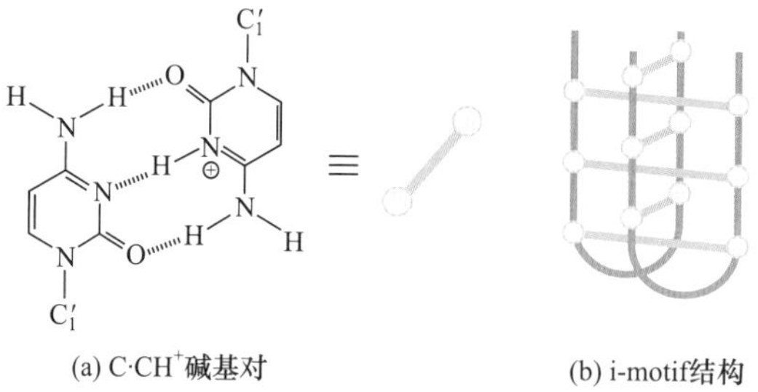

(a) C·CH⁺碱基对   (b) i-motif结构

图 1-7   i-motif 分子结构

    i-motif 结构根据分子链组成数目的不同分为分子内折叠和分子间组装。单独一条链形成的 i-motif 结构称为分子内折叠; 由多条链组成的 i-motif 结构称为分子间组装。分子间组装包括由两条链组装形成的双分子结构和四条链组装形成的四分子结构 (图 1-8)。

    i-motif 结构根据构型的不同分为 5′ E 结构和 3′ E 结构。5′ E 结构是指 5′ 端的胞嘧啶 C · CH⁺ 碱基对位于结构的最外侧; 3′ E 结构是指 3′ 端的胞嘧啶 C · CH⁺ 碱基对位于结构的最外侧 (图 1-9)。

(a) 分子内折叠　　(b) 双分子结构　　(c) 四分子结构

图 1-8　不同数量分子链组成的 i-motif

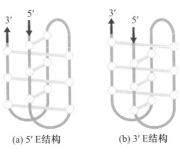

(a) 5′ E 结构　　(b) 3′ E 结构

图 1-9　i-motif 的不同构型

1.2.3　DNA 的三级结构

　　DNA 的三级结构是 DNA 分子在二级结构的基础上，进一步扭曲折叠形成的致密有序结构。超螺旋结构（superhelix structure）是 DNA 三级结构的一种代表形式。DNA 双螺旋每 10 个核苷酸旋转一圈，处于能量最低的状态。这种正常的双螺旋 DNA 多转或少转几圈，会使双螺旋存在额外张力。如果双螺旋的末端是开放状态，这种张力可以通过链转动而释放，使 DNA 恢复正常的双螺旋结构。而共价闭合的环状 DNA 分子进一步旋曲后，不能自由转动，额外张力不能释放，则会形成 DNA 超螺旋结构。超螺旋结构分为两种，当 DNA 分子沿轴扭转的方向与双螺旋的方向相反时，导致双螺旋的"欠旋"现象，形成负超螺旋；方向相同时，形成正超螺旋。负超螺旋使双螺旋结构更疏松，双螺旋圈数减少；正超螺旋使双螺旋结构更紧密，双螺旋圈数增加。生物体内一般以负超螺旋结构存在。

1.3　RNA 的结构

　　RNA 的结构分为一级结构和高级结构。类比于 DNA 的一级结构，RNA 的一级结构也是指四种碱基的排列顺序。绝大多数 RNA 通过分子内碱基互补配对形成二级结构，并在 RNA 结合蛋白的介导下经过进一步折叠形成复杂的三级结构。高度结构化的 RNA 通过与其他 RNA 分子相互作用，从而发挥生物学调控功能。

1.3.1　RNA 的一级结构

　　RNA 的一级结构是指多聚核苷酸链中核糖核苷酸的排列顺序。核糖核苷酸通过磷酸二酯键彼此连接。RNA 中含有 A、U、C、G 四种碱基，其中，A 与 U 配对，C 与 G 配对。多种碱基配对形式使 RNA 能够进一步折叠形成其他结构。

1.3.2 RNA 的高级结构

生物体中 RNA 种类较多，功能多样。根据是否能够编码蛋白质，RNA 可分为编码 RNA（coding RNA）和非编码 RNA（non-coding RNA，ncRNA）两类。编码 RNA 一般特指 mRNA，非编码 RNA 则包括许多种类[11]。按照长度分类，非编码 RNA 通常分为三类：长度大于 200 nt 称为长非编码 RNA，长度小于 200 nt 称为小非编码 RNA，长度小于 50 nt 的包括 miRNA、siRNA 和 piRNA 等。

1. mRNA

mRNA（messenger RNA，信使 RNA）的生物学功能主要是转录 DNA 上的遗传信息并指导蛋白质的合成。mRNA 分子中每三个相邻的碱基构成一个密码子，密码子决定着蛋白质中氨基酸的排列顺序。大多数真核细胞的 mRNA 在 3′ 末端存在一段长为 80 ～ 250 个核苷酸的聚腺苷酸（polyadenylic acid，polyA）结构，称为"尾"结构。polyA 结构影响 mRNA 从细胞核到细胞质的转移及 mRNA 的半衰期。

2. rRNA

rRNA（ribosomal RNA，核糖体 RNA）是细胞内含量最多的一类 RNA，占 RNA 总量的 82% 左右。rRNA 与核糖体蛋白结合在一起构成核糖体，负责蛋白质的合成。原核生物的核糖体内包含三类 rRNA：5S rRNA、16S rRNA 和 23S rRNA，真核生物的核糖体内包含四类 rRNA：5S rRNA、5.8S rRNA、18S rRNA 和 28S rRNA。

rRNA 分子中研究最多的是 5S rRNA 和 16S rRNA。5S rRNA 的 5′ 末端通常为 pppU，3′ 末端为 UOH。5S rRNA 第 43 ～ 47 位的核苷酸序列为 CGAAC，真核细胞此序列则出现在 5.8S rRNA 结构中，是 rRNA 与 tRNA 相互识别和相互作用的位点（图 1-10）。16S rRNA 的 3′ 末端为 ACCUCCU 序列，是 mRNA 的识别位点。

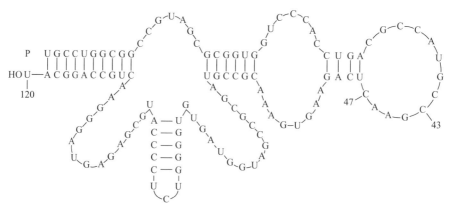

图 1-10 大肠埃希菌 5S rRNA 的结构

3. tRNA

tRNA（transfer RNA，转运 RNA）分子包含 70～90 个核苷酸，是由一个氨基酸臂和三个发夹组成的三叶草结构。其中，氨基酸臂是 tRNA 链的 5′ 端与 3′ 端序列构成的双螺旋区域。3′ 末端为高度保守的 CCA 序列，末端腺苷酸残基的 3′-OH 可结合氨基酸。三个发夹结构依次由 DHU（二氢尿嘧啶）环与 DHU 茎、TψC（胸腺苷酸 – 假尿苷酸 – 胞苷酸）环与 TψC 茎和反密码子环与反密码子茎组成。反密码子环中央的三个碱基构成反密码子，与 mRNA 的密码子配对。部分 tRNA 在反密码子茎与 TψC 茎之间存在一个额外且长短不一的可变环（图 1-11）。

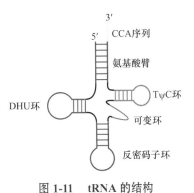

图 1-11　tRNA 的结构

4. miRNA

miRNA（micro RNA，微 RNA）是一类长度为 21～25 个核苷酸的单链 RNA 片段，在动植物体内广泛表达。核内编码 miRNA 的基因首先在 RNA 聚合酶 II 的作用下转录形成初级转录产物 pri-miRNA[12-13]。pri-miRNA 是带有 5′ 帽子结构和 3′ polyA 尾结构的发夹，长度从几百到几千个碱基不等。pri-miRNA 经蛋白复合物 DGCR8/Drosha 剪切产生约 70 个碱基的 miRNA 前体，即 pre-miRNA。pre-miRNA 为单一发夹结构，5′ 端带有磷酸基团，3′ 端带有羟基和两个突出碱基。之后，Dicer 酶识别并加工 pre-miRNA 的 5′ 端磷酸基团和 3′ 末端突出，形成双链 miRNA。最后，在 RNA 解旋酶的作用下，得到成熟 miRNA（图 1-12）。

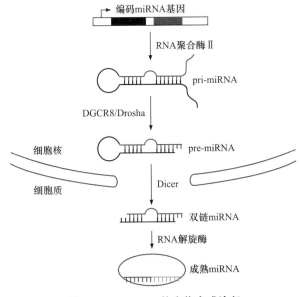

图 1-12　miRNA 的生物合成途径

miRNA 与 RNA 诱导沉默复合物（RNA-induced silencing complex，RISC）结合，

形成 miRNA 诱导沉默复合物（miRNA-induced silencing complex，miRISC）。根据 miRNA 与靶基因 mRNA 序列互补的程度，其作用机制可分为对靶基因 mRNA 的切割和对翻译过程的抑制两类。如果 miRNA 与靶 mRNA 完全互补，miRNA 将通过切割方式来调控靶基因。如果 miRNA 与靶 mRNA 不完全互补，miRNA 将通过翻译抑制的方式来调控靶基因。在动物体内，大部分 miRNA 不能与靶基因 mRNA 完全互补，故被认为主要通过翻译抑制的方式来调控靶基因。此外，该过程只在特定的生物组织和发育阶段进行，具有组织特异性和时序性，在调节细胞的生长和发育过程中起重要作用。

5. siRNA

siRNA（small interfering RNA，小干扰 RNA）是由 20～25 个核苷酸组成的双链 RNA，参与 RNA 的干扰过程。较长的双链 RNA 或小发夹 RNA（small hairpin RNA，shRNA）经 Dicer 酶切割形成具有明确结构的 siRNA，即具有磷酸化 5′ 末端的短双链 RNA 和具有两个突出核苷酸的羟基化 3′ 末端（图 1-13）。siRNA 可由多种不同转染技术导入细胞内，与 RISC 组装形成 siRNA 诱导沉默复合物（siRNA-induced silencing complex，siRISC）。siRISC 通过与靶 mRNA 完全或者部分互补配对，调节特定基因的表达，参与 RNA 干扰的相关反应途径。

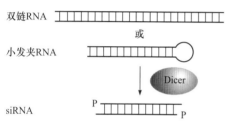

图 1-13　siRNA 的生物合成途径

6. piRNA

piRNA（PIWI-interacting RNA，PIWI 相互作用 RNA）是由 24～31 个核苷酸组成的单链小 RNA，主要存在于哺乳动物的生殖细胞和干细胞中。piRNA 与 PIWI 蛋白结合形成 PIWI-piRNA 复合物，发挥调控作用，引起基因沉默。在动物生殖细胞的发育分化过程中，piRNA 作为 PIWI 蛋白的向导，参与调控生殖细胞编码基因的表达，维持生殖细胞自身基因组的稳定和完整。

7. snRNA

snRNA（small nuclear RNA，核内小 RNA）由 100～300 个核苷酸组成，是真核生物细胞核内的一种小 RNA。snRNA 与蛋白质结合形成 snRNP（small nuclear ribonucleoprotein particle，小核核糖蛋白颗粒），是构成 RNA 剪接体（spliceosome）的主要部分，参与各种 RNA 前体的转录后加工过程。snRNA 分为 7 类，由于尿嘧啶含量丰富，编号为 U1～U7。U3 存在于核仁中，其他 6 种存在于非核仁区的核液里。U1、U2、U4、U5 和 U6 参与 mRNA 的剪切过程，U3 参与 rRNA 的加工过程，U7 参与组蛋白 mRNA 3′ 末端的形成过程。

8. snoRNA

snoRNA（small nucleolar RNA，核仁小 RNA）由 60～300 个核苷酸组成，位于核仁中，

主要负责 RNA 转录后的修饰和成熟过程。snoRNA 分为两类：C/D box snoRNAs 和 H/ACA box snoRNAs。前者主要负责核糖 2′-O- 甲基化修饰，后者主要负责假尿嘧啶化（pseudouridylation）修饰，即由尿嘧啶核苷（U）生成假尿嘧啶核苷（ψ）。snoRNA 在基因表达调控过程中参与调节选择性剪切，参与应激反应，调控脂肪酸、胆固醇和葡萄糖代谢等过程。

9. circRNA

circRNA（circular RNA，环状 RNA）由 100 ～ 10000 个核苷酸组成，是通过共价键连接形成的闭合环形结构，不受核酸外切酶降解，相较于线性 RNA 稳定。circRNA 分为 3 类：外显子型（ecRNA）、内含子型（ciRNA）和外显子 – 内含子型（EIciRNA）。ecRNA 富含 miRNA 结合位点，主要在细胞质中发挥作用。通过 miRNA 海绵机制与靶基因竞争机制结合 miRNA，解除 miRNA 对靶基因的抑制作用，上调靶基因表达水平。ciRNA 与 EIciRNA 带有内含子，主要在细胞核内发挥作用，调节基因转录过程。

10. lncRNA

lncRNA(long non-coding RNA，长非编码 RNA)长度大于 200 个核苷酸，保守性较低，不能翻译为蛋白质。根据相对基因组的位置，lncRNA 分为 6 类：外显子型（exonic）、内含子型（intronic）、基因间型（intergenic）、反义型（antisense）、双向型（bidirectional）和增强子型（enhancer）。lncRNA 具有多种作用模式，以不同的方式调控基因表达和蛋白合成。例如，lncRNA 可作为分子诱饵诱导特定蛋白（转录因子）与之结合，阻碍序列下游的反应；还可通过与相关蛋白质结合，将特定复合体引导至染色体位置，促进基因转录（图 1-14）。

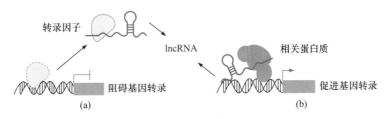

图 1-14　lncRNA 的作用模式

1.4　核酸功能基元

DNA 分子具有序列可编程性、结构可设计性和功能可控性，可以作为一种理想且通用的构建基元构筑核酸功能材料。某些特定序列的 DNA 分子具有特定功能，因此，通过 DNA 序列的精确设计精准调控材料的功能，以达到满足应用需求的目的。本节介绍几类重要的 DNA 功能基元。

1.4.1　适配体

1990 年，Joyce Gold（乔伊斯·戈尔德）和 Jack Szostak（杰克·佐斯塔克）利用

体外进化筛选技术识别出一种特有的RNA结构,且该结构表现出可变的功能性。1992年,Andrew Ellington（安德鲁·艾灵顿）和佐斯塔克首次将结合靶标的RNA分子命名为适配体（aptamer）[14-15]。

适配体是一类能以较高亲和力与各类靶分子特异性结合的单链寡核苷酸,包括DNA、RNA和修饰RNA。基于单链核酸结构和空间构象的多样性,适配体可以通过链内碱基互补配对、静电相互作用及氢键作用等,自身形成发夹、茎环、口袋或G-四链体等多种三维空间结构,特异性结合在靶分子上（图1-15）。

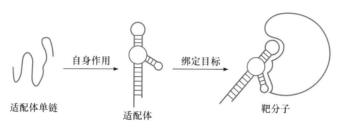

图 1-15　适配体的结合机制

适配体又被称为化学抗体,在靶分子的识别方面与抗体非常相似。适配体具有更高的亲和力,稳定性较强,免疫原性较低,可被小分子进行荧光修饰。靶分子种类多样,小到ATP、氨基酸、金属离子,大到蛋白质,甚至完整的病毒、细菌和细胞等,几乎涵盖自然界所有物质。

目前,研究人员已合成并筛选出多种核酸适配体。例如,AS1411是一种特异性靶向核仁蛋白的适配体,可用来抑制恶性细胞的增殖,达到抗癌的效果。ARC127是一种特异性靶向血小板衍生生长因子（PDGF）的适配体,可用来治疗一些人类增殖疾病,如内膜增生导致的血管腔堵塞等。ATP-aptamer是一种特异性靶向腺苷三磷酸（ATP）的适配体,一个ATP-aptamer能与两个ATP分子结合。

除了利用适配体与靶分子的特异性识别外,还可以在适配体中引入官能团进行化学修饰。化学修饰后的适配体具有更丰富的空间构象,能够与传统的天然核苷酸互补配对,但无法被传统的核酸酶识别,从而提高了适配体的生物稳定性。

1.4.2 DNAzyme

脱氧核酶（DNAzyme）是利用体外分子进化技术合成的一种单链DNA片段,具有高效催化活性和结构识别能力,即类似酶活性。1994年,Ronald Breaker（罗纳德·布里克）和Gerald Joyce（杰拉尔德·乔伊斯）发现了第一个DNAzyme序列[16]。现已鉴定出200多个DNAzyme序列,它们具有多种催化活性,通常需要二价金属离子辅助发挥酶活性[17]。

1. RNA 切割作用

DNAzyme由结合部位和催化部位组成。结合部位与底物RNA分子通过碱基互补配对结合,催化部位在RNA分子中一个未配对的嘌呤和一个已配对的嘧啶碱基处切割

RNA[18-20]。通过改变结合部位的碱基序列，DNAzyme 可作用于不同底物的 RNA 靶分子。大多数 DNAzyme 需要氨基酸或 Mg^{2+}、Pb^{2+}、Zn^{2+} 和 Mn^{2+} 等辅因子参与[21]。

2. DNA 切割作用

DNAzyme 作为一种限制性内切酶，可以特异性地切割单链 DNA 分子。已筛选出了两类具有 DNA 自我切割作用的 DNAzyme，Ⅰ类自我切割 DNAzyme 需要 Cu^{2+} 和维生素 C 参与，Ⅱ类 DNAzyme 只需要 Cu^{2+}。多数 DNAzyme 只能与底物形成二联体形式，而Ⅱ类 DNAzyme 能与底物形成二联体或三联体形式，结合并切割 DNA 底物。通过改变二联体或三联体的识别位点，从而以顺式方式切割不同核苷酸序列的单链 DNA 分子（图 1-16）。

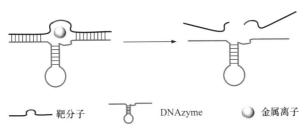

靶分子　　　　DNAzyme　　　●金属离子

图 1-16　DNAzyme 切割 DNA 原理图

3. RNA 连接作用

DNAzyme 能够将 RNA 连接成线性 RNA、分支 RNA 或套环 RNA。根据产物选择相应的 DNAzyme，与底物之间契合形成不同 RNA 分子[22]。具有 RNA 连接酶活性的 DNAzyme 通过两条功能基团组合的途径催化 RNA 连接：一条途径是分别含有 5′-OH 和 2′,3′- 环状磷酸功能基团的两个 RNA 底物合成 2′-5′ 键；另一条途径是分别含有 2′,3′- 二醇和 5′- 三磷酸功能基团的两个 RNA 底物合成 3′-5′ 键。

4. DNA 连接作用

利用体外选择技术和金属离子可以分离出具有 DNA 连接酶活性的 DNAzyme。其中，E47 是具有连接酶活性的最小 DNAzyme，由 47 个核苷酸组成，能够连接两个分离的 DNA 底物 S1 和 S2。在 Zn^{2+} 和 Cu^{2+} 存在下，S1 的 3′- 磷酸基团被活化，E47 催化 S2 的 5′-OH 和 S1 的 3′- 磷酸咪唑基连接，形成新的磷酸二酯键。

5. 催化其他底物的 DNAzyme

1）小分子底物的 DNAzyme

一种富含鸟嘌呤序列的 DNAzyme 通过插入 Cu^{2+} 或 Zn^{2+} 催化卟啉Ⅸ金属化。卟啉金属化的 DNAzyme 能够将结构扭变的 N- 甲基卟啉作为金属化反应的过渡态类似物（TSA）。由于 DNAzyme 的潜在嵌入性，较大的平面卟啉更适合作为 DNAzyme 非寡核苷酸的底物（图 1-17）。

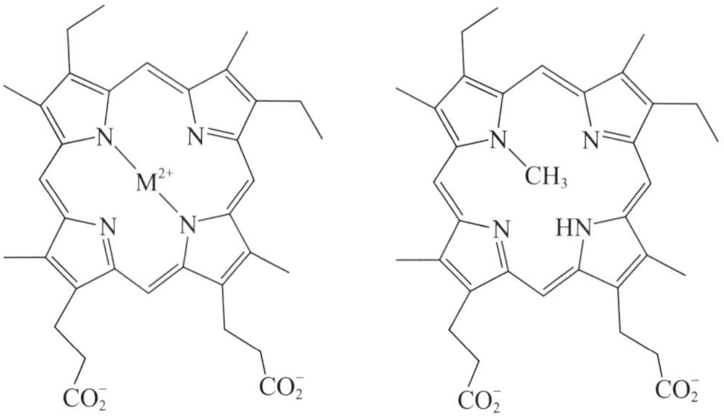

金属化的卟啉Ⅸ
($M^{2+}=Cu^{2+}$或Zn^{2+})

N-甲基卟啉
(过渡态类似物)

图 1-17　金属化的卟啉Ⅸ和 *N*- 甲基卟啉

除此之外，已鉴定的几种 DNAzyme 还能够以核苷三磷酸（NTP）作为小分子底物，如腺苷酸化 DNAzyme 和磷酸化 DNAzyme，二者催化效率均与 DNAzyme 和 NTP 的比例有关。

2）自身磷酸化的 DNAzyme

一些 DNAzyme 还具有 DNA 激酶活性，类似 T4 多核苷酸激酶。DNA 分子上的 5′-OH 亲核进攻 NTP 上的 γ- 磷酸基团，使磷酸转移到 DNAzyme 的 5′-OH 上，实现 DNA 分子 5′-OH 端自身磷酸化（图 1-18）。

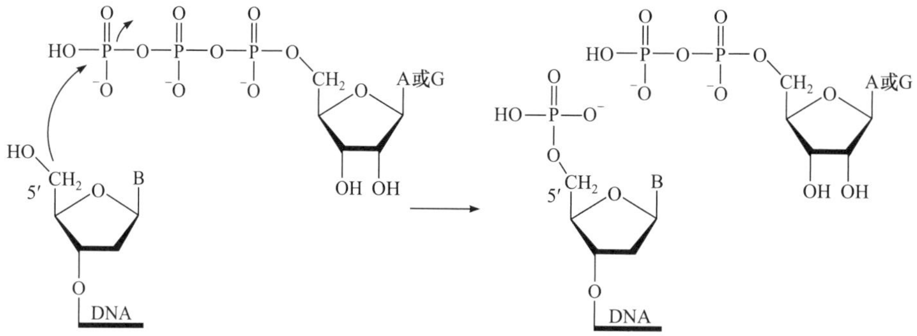

图 1-18　DNAzyme 自身磷酸化示意图

1.4.3　治疗性寡核苷酸

寡核苷酸（oligonucleotides，OGNs）通常是由 20 个以下碱基组成的短链核苷酸，包括脱氧核糖核苷酸和核糖核苷酸，具有治疗或控制多种疾病的生物学功能。通过沃森－克里克碱基配对与同源靶分子（DNA、mRNA 或 pre-mRNA）相互作用，从而发挥生物功能。

1. CpG 序列

1995 年，Arthur Krieg（亚瑟·克里格）发现在细菌 DNA 中发挥较强免疫作用的是 CpG 基序，并把这类序列定义为免疫刺激序列[23]。CpG 序列是指一类以非甲基化的胞嘧啶和鸟嘌呤核苷酸为核心的寡脱氧核苷酸（oligodeoxy nucleotides，ODN），其碱基排列大多遵循以下规律：5′-PurPur-CG-PyrPyr-3′，即 5′ 端为 2 个未甲基化嘌呤，3′ 端为 2 个未甲基化嘧啶。CpG 序列广泛存在于细菌的基因组中，具有免疫刺激作用，因此又被称为免疫刺激 DNA 序列（immuno-stimulatory DNA sequence，ISS）。

CpG 序列对动物机体的免疫激活作用主要表现在以下两个方面：一是刺激 B 淋巴细胞增殖、分化，并诱导抗体的分泌；二是激活单核细胞分泌细胞因子，进而导致免疫细胞的激活，引发体液免疫和细胞免疫反应[24]。因此，CpG 序列具有成为治疗性 DNA 或免疫佐剂的潜力，在治疗普通疾病甚至癌症的过程中发挥辅助作用。

2. 反义寡核苷酸序列

1978 年，Paul Charles Zamecnik（保罗·查尔斯·扎梅奇尼克）和 Mary Louise Stephenson（玛丽·路易斯·斯蒂芬森）发现了反义寡核苷酸作为反义分子的功能，使其成为最早的基于寡核苷酸的治疗方法[25]。反义寡核苷酸（antisense-oligonucleotides，ASOs）是由 13 ～ 25 个核苷酸组成的单链 DNA 或 RNA 分子，通过沃森 – 克里克碱基配对的方式与靶分子特异性结合，达到基因靶向治疗的目的。

根据序列和化学修饰，反义寡核苷酸通过几种不同的机制发挥治疗功能，已经成为多样化的工具。例如，反义寡核苷酸激活核酸酶（RNase H），该酶切割 DNA-RNA 杂合分子中的 RNA 链，导致靶 mRNA 的降解；而不能激活核酸酶的反义寡核苷酸，则通过空间位阻效应阻止核糖体的结合，抑制靶 mRNA 的翻译。

1.4.4　G- 四链体功能基元

1962 年，Martin Frank Gellert（马丁·弗兰克·盖勒特）利用 X 射线衍射技术证明了 G- 四链体结构的存在。G- 四链体是由富含串联重复鸟嘌呤的 DNA 链折叠形成的高级结构。其中，在轴方向上有一极性孔道，该孔道可螯合 K^+、Na^+、Pb^{2+}、Mg^{2+} 或 Ca^{2+} 等阳离子，增强 G- 四链体的稳定性[26]（图 1-19）。不同的阳离子处于不同的位点，如 Na^+ 位于四分体平面的中心位点，而 K^+ 位于两层四分体的中心。相较于双链 DNA，G- 四链体的结构具有离子依赖性，不同阳离子对 G- 四链体的形成和稳定效果不同。在众多阳离子中，K^+ 是对 G- 四链体稳定效应最强的单价阳离子[27]。

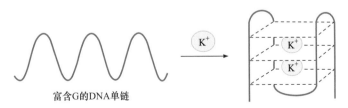

图 1-19　G- 四链体的 K^+ 响应性合成

G- 四链体对于端粒结构的保持具有重要意义：一方面可避免端粒结构中的 3′ 末端被核酸酶降解；另一方面还可直接与端粒酶结合并作为模板参与端粒延伸，有利于保持端粒结构的完整性。

G-四链体不仅在端粒区形成，在一些基因启动子和重组位点等非端粒区也广泛存在[28]。在 DNA 复制阶段，G-四链体会导致复制停滞和 DNA 损伤，最终影响基因稳定性。在转录阶段，启动子区的 G-四链体本身可直接参与转录调节，表现为转录抑制或转录激活。部分基因 mRNA 的 5′ 非翻译区也可以形成 G-四链体，发挥翻译抑制作用。

1.4.5　i-motif 功能基元

1993 年，Kalle Gehring（卡勒·盖林）发现了一种由富含胞嘧啶序列形成的 i-motif 结构。2018 年，Daniel Christ（丹尼尔·克里斯特）和 Marcel Dinger（马塞尔·丁格）第一次在人体活细胞内直接检测到了 i-motif 结构[29]，证明 i-motif 天然存在于人类细胞中，意味着该结构对细胞生物学的重要性。

i-motif 对 pH 极其敏感：在弱酸性条件下，通过质子化一条链中的 C 碱基，与另一条链（非质子化）配对形成四链体结构；在中性或碱性条件下，四链体结构解散，恢复成无规则卷曲状态的单链（图 1-20）。

i-motif 结构通常形成于细胞生命周期的晚期，多存在于原癌基因的启动子区域，作为转录激活因子调节基因表达，是基因调节和抗癌疗法的靶标区域[30-31]。

除此之外，还存在一些核酸化学响应基元[32]。例如，pH 响应性的 DNA 三链体结构在中性或碱性条件下呈线性构象，在酸性条件下自折叠形成三链体 [图 1-21（a）]。修饰二硫键或光裂解键的 DNA 双链分别通过响应谷胱甘肽或光源发生断裂 [图 1-21（b）]。带有偶氮苯或偶氮苯衍生物的 DNA 双链通过响应光源发生可逆的顺反异构。

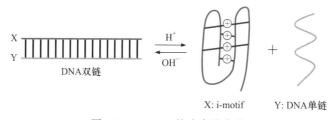

图 1-20　i-motif 的响应性合成

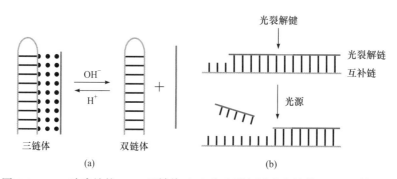

图 1-21　pH 响应性的 DNA 三链体（a）和光裂解键响应性的 DNA 双链（b）

思 考 题

1. 简述 Watson-Crick 提出的 DNA 双螺旋结构模型的要点。
2. 简述 DNA 分子中四种碱基的 Chargaff 规则。
3. 为什么说 DNA 双螺旋结构具有不均一性？对其结构稳定性有什么影响？
4. DNA 的二级结构包括哪些？
5. 什么是 DNA 三链体？ DNA 三链体是怎样形成的？
6. DNA 的三级结构指的是什么？
7. i-motif 属于 DNA 的几级结构？是怎样形成的？
8. 细胞内的 RNA 主要有哪些种类？各自具有怎样的结构和功能？
9. 简述 siRNA 参与 RNA 干扰的过程。
10. 简述 miRNA 的生物合成途径。
11. 简述 tRNA 的结构和作用。
12. 简述 G- 四链体的结构和作用。
13. 什么是核酸适配体？简述其作用机制。
14. DNAzyme 具有多种催化活性，催化底物有哪些？分别发挥怎样的作用？
15. 简述 DNA 与 RNA 在组成、结构和生物学功能上的差异。

参 考 文 献

[1] 王镜岩, 朱圣庚, 徐长法. 生物化学. 3 版. 北京 : 高等教育出版社, 2002.

[2] 修志龙. 生物化学. 北京 : 化学工业出版社, 2008.

[3] 李冠一, 林栖凤, 朱锦天, 等. 核酸生物化学. 北京 : 科学出版社, 2007.

[4] Watson J D, Crick F H C. Molecular structure of nucleic acids: a structure for deoxyribose nucleic acid. Nature, 1953, 171(4356): 737-738.

[5] Felsenfeld G, Rich A. Studies on the formation of two- and three-stranded polyribonucleotides. Biochimica et Biophysica Acta, 1957, 26(3): 457-468.

[6] Jain A, Wang G L, Vasquez K M. DNA triple helices: biological consequences and therapeutic potential. Biochimie, 2008, 90(8): 1117-1130.

[7] Biffi G, Tannahill D, McCafferty J, et al. Quantitative visualization of DNA G-quadruplex structures in human cells. Nature Chemistry, 2013, 5(3): 182-186.

[8] Bochman M L, Paeschke K, Zakian V A. DNA secondary structures: stability and function of G-quadruplex structures. Nature Reviews Genetics, 2012, 13(11): 770-780.

[9] Gehring K, Leroy J L, Guéron M. A tetrameric DNA structure with protonated cytosine-cytosine base pairs. Nature, 1993, 363(6429): 561-565.

[10] Manzini G, Yathindra N, Xodo L E. Evidence for intramolecularly folded i-DNA structures in biologically relevant CCC-repeat sequences. Nucleic Acids Research, 1994, 22(22): 4634-4640.

[11] Hammond S M. An overview of microRNAs. Advanced Drug Delivery Reviews, 2015, 87: 3-14.

[12] Bartel D P. MicroRNAs: genomics, biogenesis, mechanism, and function. Cell, 2004, 116(2): 281-297.

[13] Iwakawa H O, Tomari Y. The functions of microRNAs: mRNA decay and translational repression. Trends in Cell Biology, 2015, 25(11): 651-665.

[14] Ellington A D, Szostak J W. In vitro selection of RNA molecules that bind specific ligands. Nature, 1990, 346(6287): 818-822.

[15] Ellington A D, Szostak J W. Selection in vitro of single-stranded DNA molecules that fold into specific ligand-binding structures. Nature, 1992, 355(6363): 850-852.

[16] Burgstaller P, Famulok M. Synthetic ribozymes and the first deoxyribozyme. Angewandte Chemie Inter-

national Edition, 1995, 34(11): 1189-1192.

[17] Lake R J, Yang Z L, Zhang J J, et al. DNAzymes as activity-based sensors for metal ions: recent applications, demonstrated advantages, current challenges, and future directions. Accounts of Chemical Research, 2019, 52(12): 3275-3286.

[18] Breaker R R, Emilsson G M, Lazarev D, et al. A common speed limit for RNA-cleaving ribozymes and deoxyribozymes. RNA, 2003, 9(8): 949-957.

[19] Breaker R R, Joyce G F. A DNA enzyme that cleaves RNA. Cell Chemical Biology, 1994, 1(4): 223-229.

[20] Mei S H J, Liu Z J, Brennan J D, et al. An efficient RNA-cleaving DNA enzyme that synchronizes catalysis with fluorescence signaling. Journal of the American Chemical Society, 2003, 125(2): 412-420.

[21] Santoro S W, Joyce G F. A general purpose RNA-cleaving DNA enzyme. Proceedings of the National Academy of Sciences of the United States of America, 1997, 94(9): 4262-4266.

[22] Purtha W E, Coppins R L, Smalley M K, et al. General deoxyribozyme-catalyzed synthesis of native 3′-5′ RNA linkages. Journal of the American Chemical Society, 2005, 127(38): 13124-13125.

[23] Krieg A M, Yi A K, Matson S, et al. CpG motifs in bacterial DNA trigger direct B-cell activation. Nature, 1995, 374(6522): 546-549.

[24] Sato Y, Roman M, Tighe H, et al. Immunostimulatory DNA sequences necessary for effective intradermal gene immunization. Science, 1996, 273(5273): 352-354.

[25] Stephenson M L, Zamecnik P C. Inhibition of Rous sarcoma viral RNA translation by a specific oligodeoxyribonucleotide. Proceedings of the National Academy of Sciences of the United States of America, 1978, 75(1): 285-288.

[26] Cao Y W, Pei R J. Construction of nanostructures based on quadruplex DNA scaffolds. Chinese Science Bulletin, 2019, 64(10): 1037-1052.

[27] Maizels N. Dynamic roles for G4 DNA in the biology of eukaryotic cells. Nature Structural & Molecular Biology, 2006, 13(12): 1055-1059.

[28] Huppert J L, Balasubramanian S. G-quadruplexes in promoters throughout the human genome. Nucleic Acids Research, 2007, 35(2): 406-413.

[29] Zeraati M, Langley D B, Schofield P, et al. I-motif DNA structures are formed in the nuclei of human cells. Nature Chemistry, 2018, 10(6): 631-637.

[30] Guo K X, Pourpak A, Beetz-Rogers K, et al. Formation of pseudosymmetrical G-quadruplex and i-motif structures in the proximal promoter region of the RET oncogene. Journal of the American Chemical Society, 2007, 129(33): 10220-10228.

[31] Debnath M, Fatma K, Dash J. Chemical regulation of DNA i-motifs for nanobiotechnology and therapeutics. Angewandte Chemie International Edition, 2019, 58(10): 2942-2957.

[32] Hu Y W, Cecconello A, Idili A, et al. Triplex DNA nanostructures: from basic properties to applications. Angewandte Chemie International Edition, 2017, 56(48): 15210-15233.

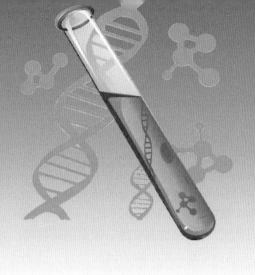

第**2**章

核酸合成与制备

核酸的合成与制备是核酸功能材料精准构筑和性能调控的基础。本章介绍 DNA 的生物合成、化学合成、酶法合成和天然提取四类核酸合成与制备方法。

2.1　生　物　合　成

DNA 的生物合成主要包括 DNA 复制和 RNA 逆转录两种途径[1]。DNA 复制是以 DNA 为模板合成 DNA 的过程，存在于几乎所有活细胞中。RNA 逆转录是以 RNA 为模板合成 DNA 的过程，主要存在于被病毒侵染的细胞中。本节将对 DNA 的生物合成过程进行介绍。

2.1.1　DNA 复制

DNA 复制是一个十分复杂的过程，需要多种酶共同参与。在生物体内，DNA 以半保留方式进行复制，这种复制方式是保持生物遗传性状稳定的基本分子机制，保证了遗传信息能够准确传递给后代。

1. DNA 复制的特点

1）半保留复制

DNA 复制过程中，在解旋酶的作用下，双链 DNA 的链间氢键断裂形成单链 DNA[2]。在聚合酶的催化作用下，以每条单链 DNA 为模板，按照碱基互补配对原则，各自合成一条与模板链互补的新的 DNA 链。复制完成后的子代 DNA 与亲代 DNA 序列完全相同，子代 DNA 分子的双链一条来自亲代，另一条为新合成的链，故将这种复制方式称为半保留复制。

2）半不连续复制

复制叉（replication fork）也称为生长点，是通过 DNA 链上解旋、解链和单链结合蛋白（SSB）的结合等过程形成的 Y 字型结构。DNA 复制过程中，非复制区保持着亲代双链结构，复制区的双螺旋分开，形成两个子代双链，这两个相接区域称为复制叉，此处双螺旋的结构被破坏。复制就是复制叉沿着亲代 DNA 链移动，因此存在亲代双链的连续变性及子代双螺旋的重新形成过程。

DNA 合成方向为 5′→3′，以 3′→5′ 走向的亲代 DNA 为模板的子代 DNA 合成方向为 5′→3′，与复制叉移动方向一致，称为前导链。另一条以 5′→3′ 走向的亲代 DNA 为模板的子代 DNA 合成方向与复制叉移动方向相反，称为后随链。DNA 复制过程中，两条子代 DNA 只能沿 5′→3′ 方向延伸，因此前导链可以连续合成，而后随链则需分段合成。分段合成的新生 DNA 片段称为冈崎片段，经 DNA 连接酶连接后，可形成完整的 DNA 链（图 2-1）。

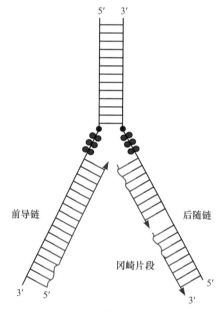

图 2-1 DNA 的半不连续复制

2. DNA 的复制过程

DNA 复制过程中，以亲代 DNA 为合成模板，按照碱基互补配对原则合成子代 DNA，其化学本质是酶催化的脱氧核苷酸聚合反应。DNA 复制主要包括起始、延伸和终止三个阶段[3]。

1）复制的起始

DNA 复制是从 DNA 分子上一个或多个特定的位点开始的，这些位点称为复制起始位点（origin of replication），用 ori 表示。在 DNA 复制起始阶段，起始蛋白 DnaA 识别复制子中复制起始位点并与之结合，DNA 双链解旋，DNA 复制启动。一旦复制起点被识别，起始蛋白 DnaA 就会募集其他蛋白质一起形成前引发复合体，解开双链 DNA，形成复制叉。复制叉的形成是 DNA 解旋酶（DNA helicase）和 SSB 等多种酶和蛋白质参与的复杂过程。DNA 解旋酶通过水解 ATP 获得能量解开双链 DNA，形成单链 DNA。SSB 能够牢固地结合在单链 DNA 上，稳定解旋形成的单链 DNA，阻止 DNA 复性并保护单链不被核酸酶降解。

原核生物的 DNA 只有一个复制子。当起始蛋白 DnaA 特异性地识别复制子中的复制起始位点并与之结合时，双链 DNA 解旋，随后 DnaB 和 DnaC 二蛋白复合物与 DnaA 蛋白结合形成前引发复合体，DnaC 在复合体形成后不久被释放。与原核生物不同，真核生物有多个复制子，每个复制子中都含有一个复制起始位点，复制起始过程相对于低等生物更加复杂。

2）复制的延伸

DNA 复制的起始和延伸是一个连续的过程（图 2-2）。由起始蛋白形成的前引发复合体会将起始位点中某些特定区域的双螺旋结构打开，为 DNA 延伸所需的多种酶提供结合空间。具体的延伸过程是：DNA 解旋酶将前引发复合体中双链 DNA 解旋，拓扑异构酶去除因解旋而产生的超螺旋结构。之后，DNA 引发酶和 DNA 聚合酶等多酶复合体与前引发复合体结合，生成 RNA 引物。当复制叉内的第一个 RNA 引物合成后，DNA 聚合酶Ⅲ将根据模板链 3′ → 5′ 的核苷酸顺序，在 RNA 引物 3′-OH 末端逐个添加脱氧核糖核苷三磷酸（dNTP）。每形成一个磷酸二酯键，就会释放一分子焦磷酸，直至合成整个连续的前导链和由冈崎片段连接而成的后随链[4]。对于一个双向复制的复制子来说，每一个复制叉上都有一个复制体，同时进行前导链和后随链的合成。

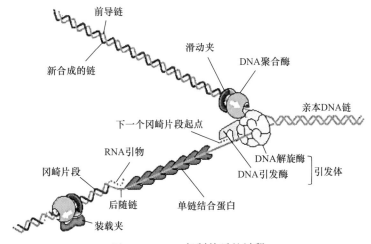

图 2-2　DNA 复制的延伸过程

DNA 的延伸需要延伸因子、ATP 及其他蛋白质的参与。前导链合成 1000 ～ 2000 个核苷酸后，后随链的第一轮复制才能开始。DNA 合成结束后，RNA 酶降解冈崎片段的 RNA 引物，DNA 聚合酶补齐缺口，DNA 连接酶催化形成磷酸二酯键，连接冈崎片段形成连续的 DNA 链[5]。

3）复制的终止

DNA 复制叉向前移动，在终止区域相遇并停止复制，该区域内含有多个长约 22 bp 的终止子。大肠杆菌通过终止序列调节 DNA 复制的终止过程：利用 Tus 蛋白识别并结合终止序列，终止 DNA 的复制（图 2-3）。DNA 复制的起点是固定和严格的，但终点并不唯一。复制叉总是在染色体的终止区域内相遇并终止复制过程。新生 DNA 分子需要在 DNA 促旋酶（DNA gyrase）的作用下形成具有特定空间结构的 DNA，是边复制边螺旋的过程。复制完成时，两个环状染色体相互接触，成为连锁体。

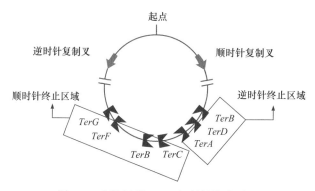

图 2-3　大肠杆菌 DNA 复制的终止过程

真核生物 DNA 多以染色体的形式存在，并从多个位点开始复制，复制叉在染色体的多个位点相遇并终止。由于 DNA 复制过程无法进行到染色体的末端，因此末端 DNA 在每个复制周期中都会丢失。端粒是一种接近末端、像帽子一样的特殊结构，含有特定的 DNA 重复序列，能够防止在复制过程中造成的基因丢失。细胞每经过一次分裂，染色体复制一次，会丢失 50 ~ 100 bp 碱基，端粒慢慢缩短，当缩短到一定程度（5 ~ 7 kb）时，细胞将无法继续分裂，并在形态功能上表现出衰老，最终凋亡。不同物种间的端粒 DNA 序列有所不同。

端粒酶（telomerase）是一种核糖蛋白逆转录酶[6]，在细胞中负责延长端粒，将端粒 DNA 加至真核细胞染色体末端，填补 DNA 复制过程中损失的端粒，在保持端粒稳定、基因组完整、细胞长期的活性和增殖能力等方面具有重要作用。但在正常人体细胞中，端粒酶的活性受到相当严密的调控，只有在造血细胞、干细胞和生殖细胞这些需要不断分裂的细胞中，才能检测到具有活性的端粒酶。

2.1.2　RNA 逆转录

逆转录（reverse transcription）是以 RNA 为模板合成 DNA 的过程，不仅存在于逆转录病毒的生活史中，还存在于一些真核生物和细菌内。逆转录过程需要逆转录酶的参与，逆转录酶以 RNA 为模板、dNTP 为底物、tRNA 为引物，按 5′ → 3′ 方向，在 tRNA 3′- 末端合成一条与 RNA 模板互补的 cDNA（complementary DNA）单链。cDNA 与 RNA 模板形成 RNA-cDNA 杂交体，随后在逆转录酶的作用下，水解 RNA 链，再以 cDNA 为模板合成第二条 DNA 链，完成由 RNA 指导的 DNA 合成过程。

2.2　化 学 合 成

通过形成 3′,5′- 磷酸二酯键实现核苷酸的定向连接是化学合成 DNA 的关键。最初的合成方法为液相磷酸二酯合成法和磷酸三酯合成法。

1955 年，英国剑桥大学 Todd（托德）实验室采用磷酸二酯法实现了二核苷酸的合成，打开了 DNA 化学合成的大门，但此方法合成长度有限，操作过程复杂、副反应多、产率低。20 世纪 60 年代末，Robert Letsinger（罗伯特·莱辛格）和 Colin B. Reese（科林·B. 里斯）等相继对磷酸二酯法进行了改进，发明了磷酸三酯法。相比于磷酸二酯法，磷酸三酯法具有副反应少、偶联产率高、反应快、分离纯化简便和操作周期短等优点，适用于固相合成，为 DNA 自动化合成提供了可能。20 世纪 70 年代中期，莱辛格和 Marvin H. Caruthers（马文·H. 卡鲁瑟斯）等进一步发展了亚磷酸三酯法。亚磷酸三酯法具有合成产率高和合成速度快两个突出优点，缩合和氧化两步仅需 10 min 左右，是固相合成的重要条件。20 世纪 80 年代，Serge L. Beaucage（塞尔日·L. 波卡奇）和卡鲁瑟斯发展了基于亚磷酰胺的 DNA 合成方法——固相亚磷酸三酯法，又称 DNA 柱法合成[7]。与液相合成相比，固相合成在简单的反应器皿中即可进行，避免了人工操作过程中，如物料转移等造成的损失，简化并加速了合成过程。DNA 柱法合成是目前寡核苷酸自动化生产的主要方法。本节将重点介绍 DNA 柱法合成。

DNA 柱法合成由目标产物的 3′ 端向 5′ 端逐步合成。初始脱氧核糖核酸的 3′-OH 通过长烷基臂与固相载体共价连接，5′-OH 连接保护基团。每延长一个核苷酸，需要四步化学反应，分别是去保护反应、偶联反应、加帽反应和氧化反应（图 2-4）。

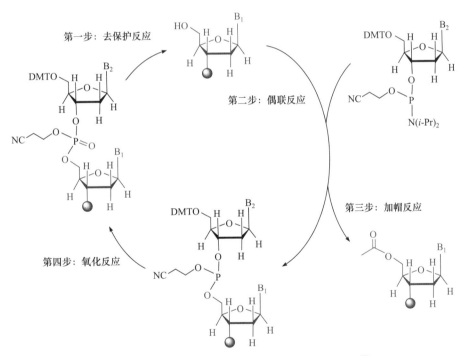

图 2-4　DNA 柱法合成寡核苷酸链的四步循环过程[7]

（1）去保护反应。用二氯乙酸或三氯乙酸等微酸性溶液冲洗固相载体上的核苷酸，脱去 5′-OH 保护基团对苯二甲酸二甲酯（dimethyl terephthalate，DMT），游离出 5′-OH。

（2）偶联反应。亚磷酰胺保护的核苷酸单体与活化剂四唑混合，得到反应活性很高的核苷亚磷酸活化中间体，与末端核苷酸上游离的 5′-OH 发生偶联反应，形成亚磷酸三酯。

（3）加帽反应。偶联反应中有极少数（< 2%）的 5′-OH 没有参加反应。将未反应的 5′-OH 乙酰化，使其所在的寡核苷酸链无法继续延长。这种短片段在纯化时易于分离去除，有利于减小合成错误率，得到纯度较高的目标 DNA 片段。

（4）氧化反应。新生成的亚磷酸三酯键不稳定，在酸性或碱性条件下易发生断裂。因此，在反应中加入碘液，将亚磷酸三酯键氧化为稳定的磷酸三酯键。

上述四个步骤每循环一次，核苷酸链向 5′-OH 方向延伸一个核苷酸，直至合成特定序列长度的 DNA 片段。延长的核苷酸链始终固定在固相载体上，过量的反应试剂或中间产物可通过溶剂冲洗去除。当 DNA 链达到预定长度后，从固相载体上切割下来，脱去保护基团，再经过分离纯化，得到目的 DNA 产物。通常可以根据 DNA 片段的长度和用途选择不同的纯化方式，目前常用的纯化方式有沉淀法、寡核苷酸柱纯化（oligonucletide purification cartridge，OPC）、聚丙烯酰胺凝胶电泳（polyacryamide gel electrophoresis，PAGE）纯化和高效液相色谱法（high performance liquid chromatography，HPLC）纯化。

近年来，针对 DNA 柱法合成通量低和成本高的问题，科学家开发了微阵列原位合成[8] 和微流控合成[9] 等新型技术方法，以实现 DNA 的高通量和低成本合成。

2.3 酶 法 合 成

2.3.1 模板合成法

模板合成法是以特定的 DNA 作为模板，经 DNA 聚合酶催化核苷酸单体聚合，实现 DNA 的高效合成，合成的 DNA 链与模板链互补。本节将介绍聚合酶链式反应（polymerase chain reaction，PCR）和滚环扩增（rolling circle amplification，RCA）反应两种常用的 DNA 合成技术。

1. 聚合酶链式反应

1985 年，美国科学家 Kary Mullis（卡里·穆利斯）发明了聚合酶链式反应。从此，PCR 技术在生命和医学领域广泛使用，穆利斯也因此获得了 1993 年的诺贝尔化学奖。

与 DNA 天然复制过程类似，PCR 技术的特异性依赖于与靶序列两端互补的寡核苷酸引物，主要包括变性、退火（复性）和延伸三个基本步骤（图 2-5）。

（1）变性。将含有模板 DNA 的体系加热至 90 ～ 95℃，双链 DNA 内部的氢键被破坏，双链 DNA 变性解离为单链 DNA。

（2）退火（复性）。将体系温度降至 55℃左右，模板 DNA 单链与具有互补序列的引物配对结合。

（3）延伸。将体系温度升高至 70 ～ 75℃，模板 DNA 与引物的结合物在 DNA 聚合酶的作用下，以 dNTP 为原料，靶序列为模板，按碱基互补配对与半保留复制的原则，合成一条与模板 DNA 链互补的复制链。

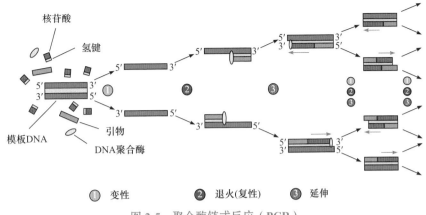

图 2-5　聚合酶链式反应（PCR）

变性、退火和延伸三个过程进行多次循环后，可获得更多的 DNA 复制链，而且这种新链又可以成为下次循环的模板，2～3 h 就能将待扩增的目的基因扩增至几百万倍。

2. 滚环扩增反应

滚环扩增是近年发展起来的一种恒温核酸扩增方法[10]。它是以环状 DNA 为模板，设计一段 DNA 引物与环状模板部分互补，在 Φ29 DNA 聚合酶的催化作用下，将 dNTP 转变为具有多个重复模板互补片段的长单链 DNA。该方法不仅可以直接扩增 DNA 和 RNA，还可以实现对靶核酸的信号放大，灵敏度达到一个拷贝的核酸分子，因此在核酸检测中具有很大的应用价值和潜力。

RCA 反应主要分为环化、连接和扩增三个步骤（图 2-6）。

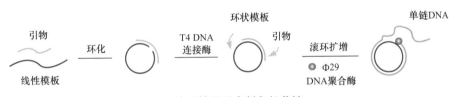

图 2-6　滚环扩增反应制备长单链 DNA

（1）环化。线性模板两端和引物两端的序列互补，二者混合后，经高温退火形成含有缺口的环化结构。

（2）连接。在 T4 DNA 连接酶的催化作用下，生成磷酸二酯键，连接环化结构的缺口，形成环状模板。

（3）扩增。以环状模板为靶序列、dNTP 为底物，在 Φ29 DNA 聚合酶的催化作用下，合成分子量超大且具有序列周期性的长单链 DNA。

2.3.2　无模板 DNA 合成

末端脱氧核苷酸转移酶（terminal deoxynucleotidyl transferase，TdT）简称末端转移酶，可以不依赖于 DNA 模板，直接催化 dNTP 合成 DNA 链，实现 DNA 从头合成。天然 TdT 酶只能在 DNA 链的末端随机添加新的 dNTP，无法精确控制 DNA 链的合成，不能满足人工合成 DNA 的需求。因此，无模板 DNA 酶法合成的研究重点是如何构建合适的反应体系，以达到控制 TdT 酶精确合成 DNA 链的目的。目前，已报道的策略主要分为两大类：一类是利用可逆终止基团阻断 3′-OH 成键位点法；另一类是利用 TdT-dNTP 缀合物为原料进行延伸，基于空间位阻效应，实现从头合成寡核苷酸链。

1. 阻断 3′-OH 成键位点法

利用 dNTP 3′-OH 与可逆终止基团结合以阻断成键位点是科学家最先尝试的方法[11]。当 DNA 延伸所需要的 3′-OH 基团被可逆终止基团阻断时，TdT 酶催化 DNA 链延长反应终止。随后，将终止延长的 DNA 链分离，洗涤去除未反应的底物和 TdT 酶，切除可逆终止基团，释放 DNA 链 3′-OH，继续进行链的延长反应。如此反复进行"停止 – 重启"过程，控制 TdT 酶完成目标 DNA 链的延伸。

阻断成键位点和利用可逆终止基团保护 3′-OH 的策略虽然可实现精确可控的 DNA 合成，但该策略涉及的反应过程较复杂，实际操作性不强，且产率较低。

2. 基于空间位阻效应的酶法合成

2018 年，Sebastian Palluk（塞巴斯蒂安·帕卢克）等以 TdT-dNTP 缀合物为原料进行延伸和阻断反应，实现寡核苷酸链的从头合成[12]。反应中 dNTP 的碱基修饰不会影响 TdT 酶催化 dNTP 的连接效率，而且完成一个循环过程只需 90 s，提高了循环延伸的效率，解决了阻断成键位点策略中合成效率低的问题。

基于空间位阻效应合成 DNA 主要分为以下两步（图 2-7）。

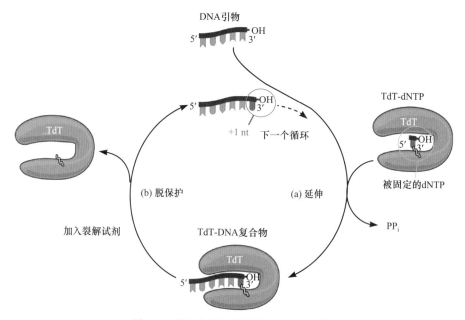

图 2-7　基于空间位阻效应合成 DNA[12]

（1）延伸。利用胺 – 硫醇交联剂将 TdT 酶和核苷酸类似物连接，形成 TdT-dNTP 缀合物。随后，TdT 酶催化缀合物与 DNA 引物的 3′-OH 结合。由于空间位阻效应，TdT-dNTP 缀合物会保护引物的 3′-OH，阻止 DNA 链的进一步延伸。

（2）脱保护。将剩余的缀合物从反应体系中去除，之后，加入裂解试剂，如二硫苏糖醇（DTT）和肽酶等，或者在 365 nm 的紫外光照射下，裂解核苷酸碱基 3′ 端与 TdT 酶之间的共价键，释放出引物的 3′ 端用于再次延伸。经过多次循环，实现目标 DNA 分子的合成。

酶法合成突破了化学法合成的局限性，拥有良好的发展前景，但现阶段 DNA 酶法合成研究仍处于发展初期，合成长度有限，且合成效率较低，尚需进一步开发优化，以满足工业化生产的条件。

2.4　天然提取

天然提取是获得大量核酸的一种重要方式。核酸在生物体中一般以核蛋白的形式存在，所以在进行核酸提取时，需要将核蛋白裂解为核酸和蛋白质并去除蛋白质。同时还必须维持目标核酸的生物活性和天然性状，避免 DNA 变性或者降解，尽量简化操作步骤，缩短操作时间，减少各种不利因素对核酸的破坏。天然核酸的提取主要包括组织抽提、细胞的破碎消化、核酸提取及核酸纯化。

2.4.1　病毒中 DNA 的提取

病毒的外壳蛋白比较容易拆除，在病毒悬液中加入蛋白变性剂，如十二烷基硫酸钠（SDS）或酚类化合物等，在温和条件下即可将 DNA 提取出来。但在拆除外壳蛋白的过程中，暴露出的病毒 DNA 容易被机械剪切力破坏，因此在提取过程中需要避免剧烈振荡和搅拌等操作。病毒核酸的提取一般采用去垢剂 SDS- 酚法，此法广泛用于口蹄疫病毒、多瘤病毒和昆虫 NPV 病毒等病毒核酸的提取。例如，从病毒 SV40 中提取 DNA，首先在提纯的 SV40 溶液中加入木瓜蛋白酶、乙二胺四乙酸（EDTA）和巯基乙醇，在 37℃保温数分钟后加入 5% SDS 继续保温，待溶液变透明后，加入等体积 pH = 8.0 的 Tris 饱和酚水溶液，轻轻振荡后离心。然后取上清液，加入高氯酸钠固体，再用等体积的氯仿 / 异戊醇（24 ∶ 1）反复抽提两次，进一步去除残余蛋白质和水相中溶解的酚类化合物。最后再次离心，将上清液转移至预先在 1 × SSC 缓冲液和 EDTA 溶液中煮沸的透析袋中，于 4℃下在 pH = 8.0 的 Tris-HCl 和 EDTA 溶液中透析数小时，即可获得目标 DNA。

2.4.2　细菌中 DNA 的提取

细菌 DNA 较病毒 DNA 更为复杂，易受剪切力的破坏，提取较困难。从细菌中提取 DNA 主要包括溶菌、去除蛋白质和去除 RNA 三步。在操作过程中，应尽量避免脱氧核糖核酸酶（DNase）和机械剪切力对所提取 DNA 的降解和破坏。

（1）溶菌。在细菌悬液中加入溶菌酶或 SDS 溶解细菌。在溶菌过程中，为了避免游离出的 DNase 对 DNA 的降解，在加入 SDS 之前需先加入 EDTA 螯合 Mg^{2+}，抑制 DNase 的活性。

（2）去除蛋白质。在破碎后的细菌悬液中加入有机试剂使蛋白质变性，随后离心细菌悬液，变性蛋白在有机相和水相之间析出。或者在细菌悬液中加入高浓度的盐离子，通过盐析的方式去除蛋白质。

（3）去除 RNA。一般利用核糖核酸酶（RNase）降解去除 RNA，也可以采用异丙醇选择性沉淀 DNA 的方法分离去除 RNA。

质粒是细胞染色体外能够自主复制的环状 DNA 分子，存在于大多数细菌和酵母菌等生物中。合理设计并构建质粒载体，通过转化或转导的方式进入寄主体内进行扩增，可以得到大量所需的目的基因。碱裂解法是一种应用广泛的质粒 DNA 提取方法，利用染色体 DNA 与质粒 DNA 变性与复性的差异达到分离目的。在裂解细胞时，除了加入 SDS 外，还需加入 NaOH 以形成强碱性环境。在 pH 高达 12.6 的碱性条件下，染色体 DNA 的氢键断裂，双螺旋结构解开。质粒 DNA 的大部分氢键也发生断裂，但由于超螺旋结构的存在，共价闭合环状的两条互补链不会完全分离。当加入 pH=4.8 的 NaAc/KAc 高盐缓冲液调节溶液 pH 至中性时，变性的质粒 DNA 恢复原来构型，保留在溶液中，而染色体 DNA 则不能复性形成缠连的网状结构。通过离心，即可去除染色体 DNA、不稳定大分子 RNA 和蛋白质-SDS 复合物等形成的沉淀物。

2.4.3　动物组织中 DNA 的提取

动物组织中 DNA 主要存在于细胞核和线粒体中，以细胞核为主。动物组织中 DNA 的提取主要面临两大困难：一是在细胞破碎过程中 DNA 可能会被 DNase 酶降解；二是动物细胞中染色体 DNA 分子量较大，难以避免因机械剪切而造成的损伤。相较于染色体 DNA，线粒体 DNA 分子量较小，提取过程中受机械剪切力影响小，较容易获取完整 DNA。提取动物组织 DNA 的传统方法大多是利用氯仿、苯酚及异丙醇等相关试剂，经典方法为酚氯仿抽提法、异丙醇沉淀法和甲酰胺裂解法。这三种经典方法均是利用 SDS 和蛋白酶 K 破碎细胞，不同的是前两种方法是使用酚氯仿去除蛋白质，再分别使用乙醇或异丙醇沉淀 DNA。甲酰胺裂解法则是利用高浓度的甲酰胺解聚蛋白质与 DNA 的结合体，然后通过透析得到 DNA 样品。这些方法提取的 DNA 纯度比较高，能够满足各种试验的要求，但操作繁琐、耗时久，且所用试剂具有一定的毒性。本节主要介绍基于经典方法改进的盐析法、玻璃颗粒吸附法和十二烷基硫酸三乙醇胺盐（triethanolamine lauryl sulfate，TLS）法。

（1）盐析法。盐析法是提取动物组织 DNA 尤其是全血基因组 DNA 最常用的方法之一，具有操作简便、耗时短和 DNA 质量高等优点。盐析法是利用高浓度的盐溶液去除蛋白质，获得 DNA。首先使用细胞裂解液和蛋白酶 K 裂解细胞，振荡混匀，65℃放置 30 min，其间振荡 2 次。然后离心，加入约 5 mol/L 的 NaCl 溶液，充分混匀后离心，取上清液，加入等体积的异丙醇，充分混匀后离心，弃上清液。在沉淀中加入 70% 乙醇溶解，离心后弃上清液。最后用 75% 乙醇漂洗，充分干燥后，加入 TE 缓冲液溶解沉淀，获得目标 DNA。

（2）玻璃颗粒吸附法。玻璃粉或玻璃珠是一种有效的核酸吸附剂。在高浓度的盐溶液中，核酸可以被吸附至玻璃基质上，在离液盐碘化钠或高氯酸钠存在时，促进 DNA 与玻璃基质的结合。首先利用细胞裂解液在玻璃匀浆器中裂解动物细胞，然后在匀浆液中加入玻璃颗粒和 Tris 饱和酚，充分振荡后离心。取上层水相，加入等体积的酚 / 氯仿 / 异戊醇（25 ∶ 24 ∶ 1）混匀后离心。再取上层水相，加入乙酸钠（NaAc）和冰乙醇，−80℃放置 1 h 左右，离心，弃上清液。最后用 75% 乙醇漂洗，充分干燥后，加入 TE 缓冲液溶解沉淀，获得目标 DNA。

（3）十二烷基硫酸三乙醇胺盐法。TLS 作为一种蛋白质溶解剂可以直接作用于细胞或组织匀浆，迅速溶解细胞膜和核膜，不经蛋白酶水解即可将 DNA 从核蛋白中分离出来，具有不受蛋白酶反应条件限制、操作简便和提取 DNA 产率高等优点。该方法适用于从外周血、培养细胞、羊水细胞等细胞或组织中提取 DNA，尤其适用于直接从微量血和活检组织中提取。TLS 是一种作用较强的表面活性剂，能够与蛋白质结合，使其无法与 DNA 结合，导致二者分离。首先在细胞悬液中加入 TLS 混匀，静置一段时间，采用酚 / 氯仿抽提法去除蛋白质。然后在分离得到的上清液中加入冰乙醇，沉淀 DNA，并用玻璃棒捞出沉淀，用 70% 乙醇洗涤后，真空抽干乙醇。最后加入 TE 缓冲液溶解沉淀，即可获得目标 DNA。

2.4.4　植物组织中 DNA 的提取

植物组织 DNA 绝大部分是核 DNA，与组蛋白结合在一起，并以核蛋白的形式存在于细胞核内。细胞质中含有少量 DNA，主要分布在线粒体或叶绿体内。植物组织含有坚硬的纤维素，在温和条件下难以破碎。此外，液泡、大量多糖、色素和酚类等物质的存在，极大增加了植物组织中 DNA 的提取和纯化难度。因此，提取植物组织 DNA 需要选用合理有效的方法和合适的植物组织与发育阶段。

植物组织中 DNA 的提取步骤：①破碎细胞壁释放内含物；②破除细胞膜和核膜释放 DNA；③除去 DNA 粗提液中的 RNA、蛋白质、多糖，以及色素等杂质。目前应用较多的提取方法主要有十六烷基三甲基溴化铵（cetyl trimethyl ammonium bromide，CTAB）法和十二烷基硫酸钠（sodium dodecyl sulfate，SDS）法。

（1）十六烷基三甲基溴化铵法。在众多提取方法中，CTAB 法是应用最广泛的一种，尤其适用于从酚类或糖类物质含量较高的植物组织中提取 DNA。该方法不仅可以裂解细胞，还可以有效去除提取液中的多酚类和多糖类物质，无论是新鲜植物组织或是脱水后的植物组织都同样适用。CTAB 作为一种阳离子去污剂，可以从较低浓度的盐溶液中沉淀 DNA。在大于 0.7 mol/L 的高浓度 NaCl 溶液中，CTAB 与 DNA 形成可溶性复合物；当溶液盐浓度逐渐降低至约 0.3 mol/L 时，CTAB-DNA 复合物会从溶液中沉淀出来，离心后即可与蛋白质、多糖类等物质分离。之后，将 CTAB-DNA 复合物重新溶解在高浓度盐溶液中，再加入乙醇，CTAB 溶解，离心后即可得到 DNA 沉淀。为了保证所提取 DNA 的纯度，在加入乙醇沉淀前，可以通过酚 / 氯仿抽提法进一步去除溶液中的蛋白质，通过高盐缓冲液的选择性沉淀进一步去除溶液中的多糖类杂质。

（2）十二烷基硫酸钠法。相比于 CTAB 法，SDS 法更加温和，操作也更方便简单。在 55～65℃的温度下，高浓度 SDS 提取缓冲液可以裂解植物细胞，使染色体解离。随后 SDS 的非极性基团破坏蛋白质分子的次级键，导致蛋白质解联和变性，释放出 DNA。变性后的蛋白质仍存留在溶液中，需要加入二分之一体积的饱和硫酸铵沉淀蛋白质，离心后去除。SDS 法提取植物组织 DNA 的产率高，对 DNA 活性影响小，但产品中会残留微量的蛋白质和较多的糖类杂质。此外，该方法对环境要求较高，SDS 在低温条件下或存在 K$^+$ 或二价金属离子时会形成沉淀，降低提取效率。为了提高产品纯度，常向含有 DNA 粗制品的 SSC 溶液中加入 RNase 去除 RNA，再利用酚 / 氯仿抽提法去除残留蛋白质和 RNase。离心收集上层水溶液，用冰乙醇沉淀 DNA。

在具体应用中，上述方法通常会根据所选取植物组织的不同而进行改进。对于细胞破碎较为困难的植物组织，可以在 EDTA 存在下加入蛋白酶 K 与 SDS 共同破碎细胞。对于马铃薯、番茄等含多酚类物质较多的植物，可以在提取液中加入 6% 的聚乙烯吡咯烷酮（PVP），与多酚类物质结合形成复合物沉淀，离心去除。

思 考 题

1. 简述 DNA 复制的基本特征。
2. 以原核生物为例，阐述 DNA 复制的过程。
3. 端粒在 DNA 复制中的作用是什么？
4. 简述 DNA 柱法合成的主要过程。
5. 简述聚合酶链式反应的过程。
6. 利用滚环扩增反应合成 DNA 的优点有哪些？
7. 简述基于空间位阻效应从头合成 DNA 的具体过程。
8. 从细菌中提取 DNA 主要包括哪些步骤？
9. 利用十二烷基硫酸三乙醇胺盐法提取动物组织 DNA 的优点有哪些？
10. 简述十六烷基三甲基溴化铵法提取植物组织 DNA 的主要过程。

参 考 文 献

[1] 王镜岩，朱圣庚，徐长法 . 生物化学 . 3 版 . 北京：高等教育出版社，2002.

[2] 杨荣武 . 分子生物学 . 2 版 . 南京：南京大学出版社，2017.

[3] 李冠一，林栖凤，朱锦天，等 . 核酸生物化学 . 北京：科学出版社，2007.

[4] Kainuma-Kuroda R, Okazaki R. Mechanism of DNA chain growth. Journal of Molecular Biology, 1975, 94(2): 213-228.

[5] Cronan G E, Kouzminova E A, Kuzminov A. Near-continuously synthesized leading strands in *Escherichia coli* are broken by ribonucleotide excision. Proceedings of the National Academy of Sciences of the United States of America, 2019, 116(4): 1251-1260.

[6] Vaziri H, Benchimol S. Reconstitution of telomerase activity in normal human cells leads to elongation of telomeres and extended replicative life span. Current Biology, 1998, 8(5): 279-282.

[7] 仰大勇，王升启 . 合成基因组学 . 北京：科学出版社，2020.

[8] Schena M, Shalon D, Davis R W, et al. Quantitative monitoring of gene expression patterns with a complementary DNA microarray. Science, 1995, 270(5235): 467-470.

[9] Whitesides G M. The origins and the future of microfluidics. Nature, 2006, 442(7101): 368-373.

[10] Gusev Y, Sparkowski J, Raghunathan A, et al. Rolling circle amplification. The American Journal of Pa-

thology, 2001, 159(1): 63-69.

[11] Mathews A S, Yang H K, Montemagno C. Photo-cleavable nucleotides for primer free enzyme mediated DNA synthesis. Organic & Biomolecular Chemistry, 2016, 14(35): 8278-8288.

[12] Palluk S, Arlow D H, Rond T, et al. *De novo* DNA synthesis using polymerase-nucleotide conjugates. Nature Biotechnology, 2018, 36 (7): 645-650.

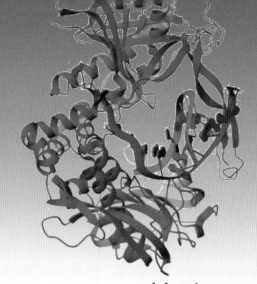

第 **3** 章

核酸工具酶

生物酶是保障生物体内各种反应正常进行的基础。其中，一部分生物酶能够对核酸进行特异性操作，这些酶称为核酸工具酶，以下简称工具酶。工具酶具有特异性的序列识别能力及高效的生物催化活性，在一定条件下可以对核酸分子进行切割、连接、扩增或修饰，同时工具酶的反应条件温和且具有良好的生物相容性。工具酶作为一种核酸操纵工具，在核酸功能材料的合成中发挥重要作用。根据功能不同，工具酶可分为切割酶、连接酶、聚合酶、变构酶、修饰酶和基因编辑工具酶等[1-9]。本章主要介绍各种工具酶的作用原理和功能等相关知识。

3.1 切 割 酶

切割酶能够识别并切割 DNA 或 RNA，主要包括限制性核酸内切酶、核酸外切酶、核酸内切酶、脱氧核糖核酸酶和核糖核酸酶。

3.1.1 限制性核酸内切酶

限制性核酸内切酶（restriction endonuclease）简称限制性内切酶或限制酶，能够水解 DNA 分子中的磷酸二酯键并切断双链 DNA。大多数限制酶具有特定的核苷酸识别序列和酶切位点。

1. 限制性核酸内切酶的种类

20 世纪 60 年代，Werner Alber（沃纳·阿尔伯）等在对大肠杆菌的限制－修饰（restriction and modification，R-M）现象的研究中发现了限制性核酸内切酶。宿主特异性降解外源遗传物质的现象称为限制。外源遗传物质通过甲基化等作用避免宿主的限制作用称为修饰。通常情况下，原核生物细胞内的限制性核酸内切酶伴随一到两种修饰酶（甲基化酶）出现，修饰酶起到保护细胞自身 DNA 不被自身限制性核酸内切酶破坏的作用。修饰酶识别的位点与相应的限制性核酸内切酶相同，但其作用并不是切开 DNA 链，而是对每条 DNA 链中的碱基进行甲基化修饰。甲基化所形成的甲基基团伸入到限制性核酸内切酶识别位点的双螺旋大沟中，阻碍限制性核酸内切酶发挥作用，保护 DNA 不被内切酶切割。因此，限制性核酸内切酶和修饰酶一起组成限制 – 修饰（R-M）系统。在一些 R-M 系统中，限制性核酸内切酶和修饰酶各自独立行使自己的功能；而另一些 R-M 系统由限制 – 修饰功能复合酶构成，复合酶中不同亚基或同一亚基的不同结构域分别执行限制和修饰功能。几乎所有种类的原核生物都能产生限制性核酸内切酶。根据结构和功能特性，可将限制性核酸内切酶分为三类：I 型酶、II 型酶和 III 型酶。

1）I 型酶

I 型限制酶是由 3 种不同亚基构成的蛋白复合体，同时具有对外源 DNA 的识别切割活性和对自身 DNA 的甲基化修饰活性，如 *Eco*B 和 *Eco*K。I 型限制酶能够识别双链 DNA 分子上特定的核苷酸序列，并在距离识别位点 1000 ～ 5000 bp 的位置随机切割，造成大约 75 个核苷酸的切口。因此，I 型限制酶不具有固定的酶切位点，切割后的 DNA 片段无特定的核苷酸序列。I 型限制酶在 ATP、Mg^{2+} 和 S- 腺苷蛋氨酸（SAM）同时存在时发挥作用。

2）II 型酶

1970 年，Hamilton Othanel Smith（汉弥尔顿·奥塞内尔·史密斯）等在流感嗜血杆菌（*Haemophilus influenzae*）的 Rd 型菌株中发现并分离出 *Hind* II 限制性核酸内切酶。II 型限制酶一般是同源二聚体，由两个相同亚基彼此反向结合而成，每个亚基作用在 DNA 双链的两个互补位点上。与 I 型限制酶不同，II 型限制酶不仅能够识别专一的核苷酸序列，并且可以在识别序列的内部或外部的固定位置，切割双链 DNA 分子中的磷酸二酯键。此外，大多数 II 型限制酶能够特异性识别四核苷酸或六核苷酸的回文序列，并通过切割产生带 3′-OH 和 5′- 磷酸基团的 DNA 产物。II 型限制酶在 Mg^{2+} 存在时发挥活性。不同的 II 型限制酶的切割位点不同，导致酶切片段产生两种末端。限制性内切酶交错切割产生两条单链末端，这种末端的核苷酸顺序互补，可形成氢键，因此称为黏性末端（sticky end）。限制性内切酶在 DNA 双链的相同位置切割 DNA 分子，得到的末端齐平，称为平末端（blunt end），简称平端。例如，限制性核酸内切酶 *Hind* II 识别序列为 GTC ↓ GAC，切割双链 DNA 产生平端（图 3-1）。

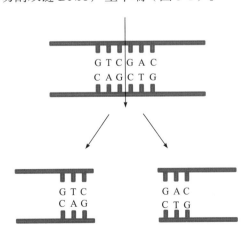

Hind II 切割产生平端

图 3-1　限制性核酸内切酶 *Hind* II 对 DNA 的切割作用

最普遍的Ⅱ型限制酶在特异性识别序列内部进行切割，如 *Hha* Ⅰ、*Hind* Ⅰ和 *Not* Ⅰ等。它们既可以识别连续序列（两个半识别序列连续，其中未间隔无关序列），如 *EcoR* Ⅰ识别 G↓AATTC，产生黏性末端（图 3-2）；又可以识别不连续序列（两个半识别序列中间隔其他无关序列），如 *Bgl* Ⅰ识别 GCCNNNN↓NGGC，N 表示任意碱基。

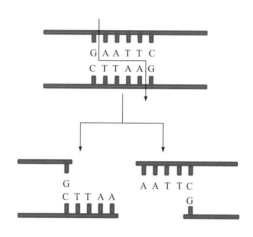

EcoR Ⅰ切割产生黏性末端

图 3-2　限制性核酸内切酶 *EcoR* Ⅰ对 DNA 的切割作用

另一种比较常见的Ⅱ型限制酶是在识别位点之外切割 DNA，称为ⅡS 型酶，如 *Fok* Ⅰ。ⅡS 型酶具有一个识别位点的结合域和一个切割 DNA 的功能域，主要以单体的形式结合到 DNA 上。ⅡS 型酶与邻近的ⅡS 型酶单体结合形成二聚体，识别连续的非对称序列，协同切割 DNA 链。因此，ⅡS 型酶在切割具有多个识别位点的 DNA 分子时活性更高。

第三类Ⅱ型限制酶（又称Ⅳ型限制酶）在同一条多肽链上同时具有限制和修饰酶活性。一些Ⅳ型限制酶可以识别连续序列，在识别位点的一端切开 DNA 链；另一些Ⅳ型限制酶（如 *Bcg* Ⅰ）识别不连续序列，在识别位点的两端切开 DNA 链，产生一小段含识别序列的片段。这类酶一级结构中的氨基酸序列各不相同，但结构组成一致：N 端具有切割 DNA 的功能域并与 DNA 修饰域连接；1~2 个识别特异 DNA 序列的功能域构成 C 端，或以独立的亚基形式存在。

Ⅱ型限制酶具有以下三个基本特征：①每种Ⅱ型限制酶都有其特异性识别序列；②Ⅱ型限制酶的识别序列是中心对称的回文序列（ⅡS 型酶除外）；③每种Ⅱ型限制酶都在识别序列的内侧或两侧进行特异位点切割。由于Ⅱ型限制酶具有特定的识别和切割位点，所以得到的限制性酶切 DNA 片段相同，且切割长短固定，是三类限制性内切酶中最常用的一类。

3）Ⅲ型酶

Ⅲ型限制酶集限制和修饰功能于一体，是由 M 和 R 两个亚基组成的蛋白质复合物，其中 M 亚基具有识别与修饰的功能，R 亚基具有核酸酶的活性。Ⅲ型限制酶能够识别反向重复序列，在识别位点下游 20~30 bp 处切割 DNA，不能准确定位切割位点。Ⅲ

型限制酶在 Mg^{2+}、ATP 和 SAM 同时存在下发挥对 DNA 分子的切割活性。

Ⅲ 型限制酶主要分为两种类型：一种是在反应过程中沿着 DNA 分子移动，并从识别序列的一侧单链切割 DNA，如 *EcoP* 1 和 *EcoP* 15，其识别序列分别为 AGACC 和 CAGCAG，切割位点在识别位点下游 24～26 bp 处。由于其单链切割特性，该酶很少能产生完全切割的 DNA 片段。另一种 Ⅲ 型限制酶，如 *Bcg* Ⅰ，其识别序列为 CGANNNNNNTGC，在识别序列的两端切开 DNA 链，产生含识别序列的片段。与 Ⅰ 型限制酶相似，Ⅲ 型限制酶的识别序列不连续，切割位点不固定。

三类限制性核酸内切酶的比较如表 3-1 所示。

表 3-1　三类限制性核酸内切酶比较

类型	Ⅰ 型酶	Ⅱ 型酶	Ⅲ 型酶
酶分子结构	三种亚基组成复合体	大多由两个亚基组成二聚体	两种亚基组成复合体
识别序列	非对称序列	大多数为回文对称序列（Ⅱ S 型酶除外）	非对称序列
切割位点	无特异性，在距离识别位点 1000～5000 bp 随机切割	有特异性，在识别位点内或靠近识别位点处切割	有特异性，在识别位点下游 24～26 bp 切割
限制作用条件	ATP、Mg^{2+} 和 SAM	Mg^{2+}	ATP、Mg^{2+} 和 SAM

另外，有一些特殊功能的限制性内切酶，如同尾酶（isocaudarner）和切口内切酶（nicking endonuclease）。同尾酶（如 *Xba* Ⅰ 和 *Spe* Ⅰ、*Bgl* Ⅱ 和 *BamH* Ⅰ 等）能够识别不同的核苷酸序列，但切割后产生相同的黏性末端。例如，*Xba* Ⅰ 识别 T↓CTAGA，*Spe* Ⅰ 识别 A↓CTAGA，二者识别序列不同，但切割后得到的黏性末端均为 CTAG。酶切后的两个 DNA 片段相连时，*Xba* Ⅰ 和 *Spe* Ⅰ 的识别位点不复存在，不能再被 *Xba* Ⅰ 和 *Spe* Ⅰ 识别，达到"焊死"状态。切口内切酶仅切割双链 DNA 中的一条链，造成缺口。例如，切口内切酶 Nt.*BbvC* Ⅰ 识别特定的序列 CC↓TCAGC，并在互补链上产生一个切口。

2. DNA 分子结构及构型对酶切效率的影响

DNA 分子结构对限制性核酸内切酶的活性影响很大。例如，*Hae* Ⅲ、*EcoR* Ⅰ、*MSP* Ⅰ 和 *Hind* Ⅲ 的酶切位点需呈双链状态，并且至少存在两圈双螺旋结构才能被切割。即使有些酶能分解单链 DNA，但其切割位点仍需呈双链分子结构。

限制性内切酶切割线性 DNA 时，对识别序列两端的无关序列也有长度要求，即在识别序列的两端必须具有一定数量的核苷酸，才可发挥切割活性。识别序列的末端长度对酶切效率影响显著，并且不同的酶对末端长度的要求不同。因此，在设计 PCR 引物时，如果要在 5′ 末端引入一个酶切位点，为了保证能够顺利切割 PCR 扩增产物末端的酶切位点，必须在引物的 5′ 末端加上能够满足酶切要求的碱基数目，也称保护碱基。此外，对于载体多克隆上相邻酶切位点，选择不同的酶组合及不同的酶切顺序，酶切效率差异大。

DNA 的超螺旋结构也会影响酶切效率，完全酶解超螺旋结构 DNA 需要的酶量高于酶切线性 DNA 需要的酶量，不同的限制性内切酶受超螺旋结构影响的程度不同。

3. 使用注意事项

使用限制性内切酶进行酶切反应时，需注意温度、盐离子浓度、缓冲液及反应体积等反应条件。

1）温度

限制性内切酶的酶活性受温度影响较大，具有热不稳定性，一般保存在 –20℃。大部分限制性内切酶的最适反应温度为 37℃。有些酶的最适温度较为特殊，如 *Sma* I 为 25℃、*Mae* I 为 45℃、*Taq* I 为 65℃。反应温度低于或高于最适反应温度都会影响酶活性。当温度降至低于限制性内切酶的最适反应温度时，酶切只会产生缺口，不会切断 DNA 双链。

2）盐离子浓度

不同的限制性内切酶对盐离子浓度（Na^+）的要求不同，一般按离子浓度分为低盐（0 mmol/L）、中盐（50 mmol/L）和高盐（100 mmol/L）三类。在进行双酶切或多酶切时，若多种酶在同一种缓冲液中都能保持良好的活性，则可同时进行酶切；若多种酶对缓冲液的要求不同，则一般先在低盐离子浓度下进行酶切，以确保高盐要求的酶依然能够保持活性，然后再加入适量盐离子，使高盐要求的酶继续在高盐离子浓度下进行酶切。此外，部分限制性内切酶的酶切反应以 Mg^{2+} 作为酶活性中心，所以反应体系中必须加入氯化镁或乙酸镁。

3）缓冲液

限制性内切酶的标准缓冲液包括氯化镁、氯化钠或氯化钾、Tris-HCl、β-巯基乙醇或二硫苏糖醇（DTT），以及牛血清白蛋白（BSA）等。其中，β-巯基乙醇或 DTT 防止酶的氧化；BSA 作为酶的稳定剂，防止酶的分解和非特异性吸附，维持限制性内切酶的活性和稳定性。限制性内切酶进行酶切反应时需要稳定的 pH 环境，最适 pH 范围一般为 7.0 ~ 7.9。

4）反应体积

为避免在 –20℃条件下结冰，商品化的限制性内切酶往往采用 50% 的甘油溶液形式提供。最终反应液中甘油浓度大于 12% 时，某些限制酶的识别特异性降低，更高浓度的甘油会抑制酶活性。因此在进行酶切反应时，加入反应的酶体积一般不超过总反应体积的 10%，避免限制酶活性受到甘油的影响，影响酶切效率。

3.1.2 核酸酶

核酸酶（nuclease）能以特定方式降解多核苷酸链。与限制性核酸内切酶不同，核酸酶没有专一的识别序列和切割位点，但具有底物特异性和降解特性。常用作工具酶的核酸酶主要包括核酸外切酶、核酸内切酶、脱氧核糖核酸酶和核糖核酸酶等。

1. 核酸外切酶

核酸外切酶（exonuclease）从多核苷酸链的一端开始，按一定顺序依次水解磷酸二酯键，产生单核苷酸。按其作用特性可分为两类，一类核酸外切酶作用于单链 DNA，如大肠杆菌核酸外切酶Ⅰ和大肠杆菌核酸外切酶Ⅶ；另一类核酸外切酶作用于双链 DNA，如大肠杆菌核酸外切酶Ⅲ、λ噬菌体核酸外切酶和 T7 基因 6 核酸外切酶等。

1）大肠杆菌核酸外切酶Ⅰ

大肠杆菌核酸外切酶Ⅰ（exonuclease Ⅰ，*exo* Ⅰ）利用 *exo* Ⅰ基因在大肠杆菌中表达并分离纯化得到，具有 $3' \rightarrow 5'$ 单链特异性，可以从 $3'$-羟基末端降解单链 DNA 生成 $5'$-单核苷酸，作用时需要 Mg^{2+} 参与，对单链 DNA 具有很高的特异性，不作用于双链 DNA 及 RNA。

2）大肠杆菌核酸外切酶Ⅶ

大肠杆菌核酸外切酶Ⅶ（*exo* Ⅶ）是一种单链核苷酸的外切酶，能够从 $5'$-磷酸末端或 $3'$-羟基末端降解呈单链状态的 DNA 分子，产生寡核苷酸片段（图 3-3）。与其他几种核酸外切酶不同，大肠杆菌核酸外切酶Ⅶ无需 Mg^{2+} 作为辅因子。

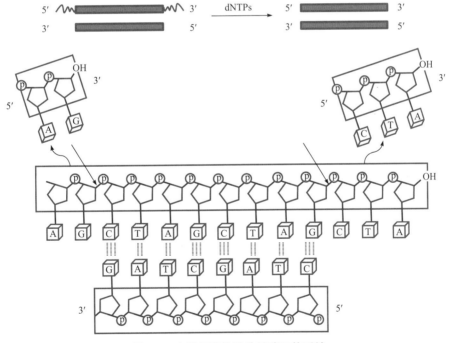

图 3-3　大肠杆菌核酸外切酶Ⅶ的活性

3）大肠杆菌核酸外切酶Ⅲ

大肠杆菌核酸外切酶Ⅲ（*exo* Ⅲ）是由大肠杆菌 *xthA* 基因编码的单体蛋白，表现出四种催化活性。包括 $3' \rightarrow 5'$ 脱氧核糖核酸外切酶活性、无嘌呤/无嘧啶–核酸内切酶活性、$3'$-磷酸酶活性和 RNase H 酶活性。

exo Ⅲ 的 3′→5′ 脱氧核糖核酸外切酶活性对双链 DNA 具有特异性。*exo* Ⅲ 从平末端、5′-突出端或缺口处降解双链 DNA，从 DNA 链的 3′-端释放 5′-单核苷酸，产生单链 DNA 片段。*exo* Ⅲ 在 DNA 3′-突出端（至少四个碱基长，且不带有 3′-末端 C-残基）、单链 DNA 或硫代磷酸酯连接的核苷酸上不具活性，作用时需 Mg^{2+} 作为辅因子参与反应（图 3-4）。*exo* Ⅲ 无嘌呤/无嘧啶–核酸内切酶活性在无嘌呤或无嘧啶位点切割磷酸二酯键，产生 5′-末端（无碱基脱氧核糖 5′-磷酸残基）。*exo* Ⅲ 3′-磷酸酶活性去除 3′-末端磷酸基团，生成一个 3′-OH 基团。*exo* Ⅲ RNase H 活性可以核酸外切方式降解 RNA-DNA 杂交体中的 RNA 链。

尽管 *exo* Ⅲ 可以作用于双链 DNA，切割产生单链缺口，但其最适底物是平端或是 3′ 末端凹陷的双链 DNA。由于对单链 DNA 无活性，3′ 末端突出的双链 DNA 可抵抗该酶的切割，抵抗程度与突出末端的长度有关，4 个碱基或者更长的突出完全不能被 *exo* Ⅲ 切割。

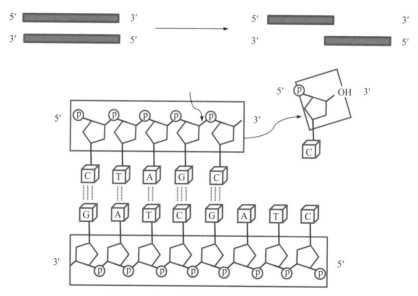

图 3-4　大肠杆菌核酸外切酶Ⅲ的活性

4）λ 噬菌体核酸外切酶和 T7 基因 6 核酸外切酶

λ 噬菌体核酸外切酶（λ *exo*）从 λ 噬菌体侵染的大肠杆菌中分离纯化得到，是一种双链核苷酸的外切酶。λ *exo* 能够催化双链 DNA 分子从 3′→5′ 方向降解，产生 3′-5′ 的线性单链 DNA。λ *exo* 的最适底物是 5′-磷酸化的双链 DNA，也能降解单链 DNA，但降解效率很低，不能从 DNA 的缺口处起始消化。

T7 基因 6 核酸外切酶是由大肠杆菌 T7 噬菌体基因 6 编码的产物，与 λ 噬菌体核酸外切酶的酶学特性相同，但活性低于 λ 噬菌体核酸外切酶。T7 基因 6 核酸外切酶可催化双链 DNA 从 5′-磷酸末端逐步降解释放出 5′-单核苷酸，也可同时从 5′-羟基和 5′-磷酸两个末端移去核苷酸（图 3-5）。T7 基因 6 核酸外切酶作用时需要 Mg^{2+} 参与。

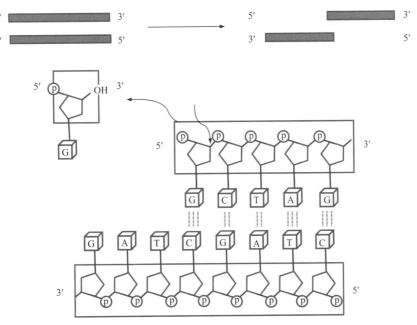

图 3-5　λ 噬菌体核酸外切酶和 T7 基因 6 核酸外切酶的活性

几种核酸外切酶底物和切割位点的比较如表 3-2 所示。

表 3-2　几种核酸外切酶底物和切割位点比较

核酸外切酶名称	底物	切割位点	主要用途
大肠杆菌核酸外切酶 I	ssDNA	5′-OH 末端	消除反应中的单链 DNA
大肠杆菌核酸外切酶 III	dsDNA	5′-OH 末端	制备 3′ 突出和缺失 DNA
大肠杆菌核酸外切酶 VII	ssDNA	5′-OH 末端	切割末端有单链突出的 DNA 分子
λ 噬菌体核酸外切酶	dsDNA	5′-磷酸末端	将双链 DNA 转变为单链 DNA
T7 基因 6 核酸外切酶	dsDNA	5′-磷酸末端	将双链 DNA 转变为单链 DNA

2. 核酸内切酶

核酸内切酶（endonuclease）可水解分子链内部的磷酸二酯键，生成寡核苷酸，与核酸外切酶相对应。

1）S1 核酸酶

S1 核酸酶（S1 nuclease）来源于米曲霉（*aspergillus oryzae*），是一种高度单链特异性的核酸内切酶。在最适反应条件下，S1 核酸酶以内切方式特异性地降解单链 DNA 或 RNA，产生 5′-磷酸的单核苷酸或寡核苷酸（图 3-6）。S1 核酸酶还可在由缺口、裂隙、错配或环造成的单链区域切割双链 DNA。S1 核酸酶在 DNA 上的活性是在 RNA 上的 5 倍，若 S1 核酸酶的酶量过大，则可完全消化双链 DNA。S1 核酸酶降解单链 DNA 的速率比降解双链 DNA 快 75000 倍，对双链 DNA、双链 RNA 和 DNA-RNA 杂交体不敏感。S1 核酸酶的最适 pH 范围为 4.0 ~ 4.5，作用时需要低水平的 Zn^{2+} 激活。

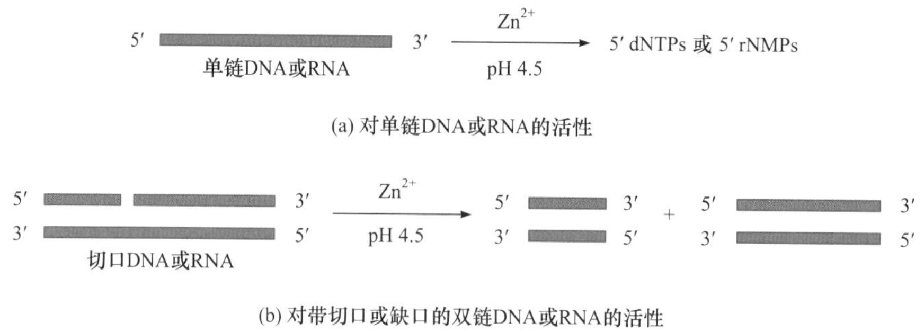

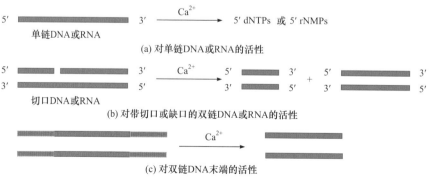

图 3-6　S1 核酸酶的活性

此外，S1 核酸酶常用于去除双链 DNA 分子或 DNA-RNA 杂交双链分子中的单链发夹区或突出的单链末端。

2）绿豆核酸酶

绿豆核酸酶（mung bean nuclease）来源于绿豆芽，是一种内切方式的单链特异性核酸内切酶，能够将单链 DNA 或 RNA 降解为 5′-端磷酸化的单核苷酸或寡核苷酸。绿豆核酸酶可作用于双链 DNA 的 3′-单链突出端，生成平端。与 S1 核酸酶不同，绿豆核酸酶不能切断缺口处的 DNA 链。并且，当绿豆核酸酶大量存在时，可以降解双链 DNA、RNA 或 DNA-RNA 杂交体，此时会优先选择性降解富含 AT 的区域，易在 A ↓ pN 和 T ↓ pN 的位置降解，尤其是在 A ↓ pN 位置上能 100% 降解，不易在 C ↓ pC 和 C ↓ pG 位置降解。绿豆核酸酶的酶学特性与 S1 核酸酶相似，但作用比 S1 核酸酶更温和。

3）BAL 31 核酸酶

BAL 31 核酸酶（BAL 31 nuclease）由海洋性细菌 *A. espejiana* BAL 31 在菌体外产生，既具有单链特异性的核酸内切酶活性，又具有双链特异性的核酸外切酶活性。BAL 31 核酸酶能够以内切方式特异性地降解单链 DNA，对双链 DNA 中的瞬时单链区也有降解作用，能切断单链缺口的双链 DNA 或双链 RNA 分子。在没有单链时也作用于双链 DNA，表现出从 DNA 两端同时降解的 5′→3′ 及 3′→5′ 的外切酶活性，但 3′→5′ 的外切酶活性高于 5′→3′，所以反应产物中平端的 DNA 分子只占 10% 左右，而 5′-突出的 DNA 分子约占 90%（图 3-7）。BAL 31 核酸酶需要 Ca^{2+} 和 Mg^{2+} 激活，加入乙二醇双（2-氨基乙基醚）四乙酸（EGTA）可终止其活性。

图 3-7　BAL 31 核酸酶的活性

3. 脱氧核糖核酸酶Ⅰ

脱氧核糖核酸酶Ⅰ（DNase Ⅰ）从牛胰腺中分离纯化得到，是一种非特异性的核酸内切酶。DNase Ⅰ能够切割单链或双链 DNA 分子，产生具有 3′-羟基和 5′-磷酸基团的单核苷酸或寡核苷酸产物。此酶的活性依赖于 Ca^{2+}，并且能被二价金属离子，如 Mg^{2+}、Mn^{2+} 等激活。5 mmol/L Ca^{2+} 可保护 DNase Ⅰ，使其不被水解；当 Mg^{2+} 存在时，DNase Ⅰ可随机剪切双链 DNA 的任意位点，形成切口；当 Mn^{2+} 存在时，DNase Ⅰ可在同一位点剪切 DNA 双链，形成平端或具有 1 ~ 2 个核苷酸突出的黏性末端。此外，还有一种重组的脱氧核糖核酸酶Ⅰ，或者 DNase Ⅰ（RNase-free）酶，几乎完全去除了 RNase 和蛋白酶，从而提高了酶在 pH 中性环境下的稳定性，可以安全地用于 RNA 的制取。

4. 核糖核酸酶

核糖核酸酶（ribonuclease，RNase）是能水解 RNA 磷酸二酯键的酶。RNase 可分为内切核糖核酸酶（endoribonuclease）和外切核糖核酸酶（exoribonuclease）。常用的有核糖核酸酶 A（ribonuclease A，RNase A）和核糖核酸酶 H（ribonuclease H，RNase H）。

RNase A 来源于牛胰腺，具有高度专一性，可特异性攻击 RNA 上嘧啶残基的 3′ 端，切割胞嘧啶或尿嘧啶与相邻核苷酸形成的磷酸二酯键，形成带 3′- 嘧啶单核苷酸或以 3′-嘧啶核苷酸结尾的低聚核苷酸产物。

RNase H 最早在小牛胸腺中发现并被分离纯化得到，现已知 RNase H 家族广泛存在于哺乳动物细胞、酵母、原核生物及病毒颗粒中。RNase H 可特异性水解 DNA-RNA 杂合链中 RNA 上的磷酸二酯键，产生生成 5′-磷酸封端的寡核糖核苷酸和单链 DNA。

3.2　连　接　酶

连接酶最早发现于大肠杆菌中，是生物体内重要的酶之一，在 DNA 的复制、修复和重组过程中起重要作用。DNA 连接酶能够催化单链或双链 DNA 分子中相邻的 3′-羟基和 5′-磷酸基团形成磷酸二酯键，使具有互补黏性末端或平端的 DNA 片段连接，形成新的 DNA 链。

3.2.1　DNA 连接酶的种类

DNA 连接酶分为两大类：一类是利用 ATP 的能量催化两个核苷酸链之间形成磷酸二酯键，即依赖 ATP 的 DNA 连接酶，如 T4 DNA 连接酶；另一类是利用烟酰胺腺嘌呤二核苷酸（NAD^+）的能量催化两个核苷酸链之间形成磷酸二酯键，即依赖 NAD^+ 的 DNA 连接酶，如大肠杆菌 DNA 连接酶（图 3-8）。

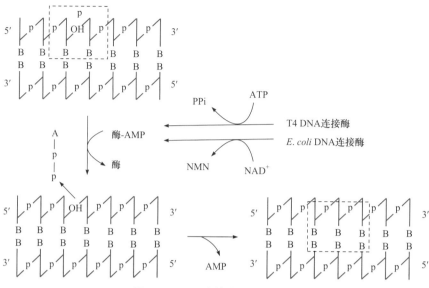

图 3-8 DNA 连接酶的作用机理

1. T4 DNA 连接酶

T4 DNA 连接酶（T4 DNA ligase）从 T4 噬菌体侵染的大肠杆菌中分离纯化得到，是由 T4 噬菌体 DNA 编码的多肽链。T4 DNA 连接酶具有 ATP 依赖性，可以催化 DNA 末端的 5′- 磷酸基团与另一个 DNA 末端的 3′- 羟基形成磷酸二酯键。T4 DNA 连接酶的作用模板是双链 DNA、双链 RNA 或 DNA/RNA 复合物。与大肠杆菌 DNA 连接酶不同，T4 DNA 连接酶既能连接黏性末端，也能连接平端的双链 DNA，但连接平端的效率低于连接黏性末端的效率。T4 DNA 连接酶容易制备，活力和连接效率高，在研究中应用最为广泛。

T4 DNA 连接酶的作用过程主要分三步进行：① T4 DNA 连接酶与辅因子 ATP 形成酶 – 腺嘌呤核糖核苷酸（AMP）复合物；②酶 -AMP 复合物结合到具有 5′- 磷酸基团和 3′-羟基切口的 DNA 上，使 DNA 腺苷化；③产生一个新的磷酸二酯键，将缺口连接起来，同时释放出 AMP。

2. 大肠杆菌 DNA 连接酶

大肠杆菌 DNA 连接酶（E.coli DNA ligase）从大肠杆菌细胞中分离纯化得到，是由大肠杆菌染色体 DNA 编码的多肽链。大肠杆菌 DNA 连接酶能够催化相邻双链 DNA 黏性末端的 5′- 磷酸和 3′- 羟基形成磷酸二酯键，对平端的连接效率极低，不能有效催化平端双链 DNA 的连接。大肠杆菌 DNA 连接酶以 NAD^+ 作为辅因子，在 4 ~ 37℃ 范围内均有活性，温度过高容易热失活。大肠杆菌 DNA 连接酶的活性比 T4 DNA 连接酶低，但连接率更高。大肠杆菌 DNA 连接酶可被胰蛋白酶水解，形成的小片段仍具有催化酶活性，可与 NAD^+ 反应形成酶 -AMP 中间物，但不能继续将 AMP 转移到 DNA 上促进磷酸二酯键的形成。需要注意的是，无论 T4 DNA 连接酶，还是大肠杆菌 DNA 连接酶，都不能催化两条游离的单链 DNA 链末端相连接。

3. T4 RNA 连接酶

T4 RNA 连接酶（T4 RNA ligase）来源与 T4 DNA 聚合酶相同，都是从 T4 噬菌体侵染的大肠杆菌中分离纯化得到。由于通过直接分离提取的酶纯度和活力较低，因此目前常用的 T4 RNA 连接酶由大肠杆菌重组表达得到。

T4 RNA 连接酶可以催化单链 RNA、单链 DNA、单核苷酸分子间或分子内 5′-磷酸末端与 3′-羟基末端之间形成磷酸二酯键，具有 ATP 依赖性。T4 RNA 连接酶主要用于 RNA 和 RNA 分子之间的连接，也可进行 RNA 分子（最短 8 个碱基）的环化连接、tRNA 修饰及 RNA 和单核苷酸之间的连接，其中单核苷酸的 5′-端和 3′-端均需磷酸化。T4 RNA 连接酶还可用于连接 DNA 和 RNA 分子，当 DNA 提供 5′-磷酸基，RNA 提供 3′-羟基时，连接效率较高；当 DNA 提供 3′-羟基，RNA 提供 5′-磷酸基时，连接效率非常低。

4. 热稳定 DNA 连接酶

热稳定 DNA 连接酶（thermostable DNA ligase）从嗜热高温放线菌（*Thermo-actinomyces thermophilus*）中分离纯化得到，可以在 85℃ 高温环境中保持连接酶的活性，并在重复多次升温到 94℃ 之后仍能保持连接酶的活性，因此被称为热稳定 DNA 连接酶。热稳定 DNA 连接酶可用于要求高温反应条件的连接反应，如连接酶链式反应（ligase chain reaction，LCR）。

热稳定 DNA 连接酶可以催化同一互补靶 DNA 链上的两条相邻寡核苷酸链的 5′-磷酸末端和 3′-羟基末端形成磷酸二酯键，相当于对双链 DNA 分子中的缺口进行连接。热稳定 DNA 连接酶的最适反应温度一般在 $45 \sim 65℃$，此过程需在辅因子 NAD^+ 的作用下进行。

不同连接酶的比较如表 3-3 所示。

表 3-3 不同连接酶比较

类型	T4 DNA 连接酶	*E.coli* DNA 连接酶	T4 RNA 连接酶	热稳定 DNA 连接酶
辅因子	ATP	NAD^+	ATP	NAD^+
底物	双链 DNA、DNA-RNA 和 RNA-RNA	双链 DNA 的互补黏性末端	RNA、单链 DNA	双链 DNA 缺口
用途	黏性末端或平端的连接	活力较 T4 DNA 连接酶低，只能用于黏性末端的连接	单链 RNA、单链 DNA 的连接	主要用于探针扩增技术 LCR

3.2.2 连接作用的分子机理

连接酶用于连接 DNA 链上的缺口，并借助 ATP 或 NAD^+ 水解提供的能量催化 DNA 链的 5′-磷酸基团与另一条 DNA 链的 3′-羟基生成磷酸二酯键。但是，两条 DNA 链必须与同一条互补链配对结合（T4 DNA 连接酶除外）才能被 DNA 连接酶催化生成磷酸二酯键。

3.2.3 使用注意事项

使用 DNA 连接酶时,需要注意连接产物的构型、连接温度、ATP 浓度及酶量等因素。

1. 连接产物的构型

由于连接是在两个或两个以上的 DNA 分子间进行,因此末端之间会产生相互竞争,影响连接产物的分子构型。连接产物的构型主要有两种:一种是由不同 DNA 分子首尾相连形成的线性 DNA 分子;另一种是由同一个 DNA 分子或多个 DNA 分子先连接形成线性分子,再进一步首尾相连形成的环状 DNA 分子。连接产物的分子构型不仅与连接 DNA 浓度有关,而且与连接 DNA 分子长度有关。在一定的浓度范围内,小分子 DNA 片段比大分子 DNA 片段更容易发生分子内环化。

2. 连接温度

理论上 DNA 连接酶的最适反应温度为 37℃,此时酶活性最高。但当连接酶作用于黏性末端时,由于末端只有约 4 个碱基互补配对,在 37℃ 形成配对结构的氢键结合不稳定,因此,连接反应一般在 4 ~ 16℃ 之间进行。一般情况下,对于黏性末端,连接温度设定为 20℃,时间为 30 min,可以达到较好的连接效果;对于平端连接,可以不用考虑氢键问题,连接温度设定为最适反应温度,使酶活性得到更好发挥。

3. ATP 浓度

T4 DNA 连接酶的活性依赖于 ATP,ATP 的最适浓度为 0.5 ~ 1 mmol/L,浓度过高会抑制反应进行。例如,5 mmol/L 的 ATP 会抑制 10% 的黏性末端连接,完全抑制平端连接,由此可知,连接平端所需 ATP 浓度低于连接黏性末端所需浓度。

4. 酶浓度

在连接反应中,使用的 DNA 浓度一般为酶单位定义的底物浓度的 10% ~ 20%。因此,连接黏性末端 DNA 的酶用量在 0.1 单位时即可达到很好的连接效果。由于平端的连接效率低于黏性末端的连接效率,因此连接平端时的酶用量需要高于连接黏性末端用量的 10 倍以上,并使用低浓度 ATP 以延长反应时间。

3.3 聚 合 酶

聚合酶是生物体内用于催化合成 DNA 或 RNA 的一类酶的统称,包括 DNA 聚合酶(DNA polymerase)和 RNA 聚合酶(RNA polymerase)。

1957 年,美国科学家 Arthur Kornberg(亚瑟·科恩伯格)首次在大肠杆菌中发现了 DNA 聚合酶。DNA 聚合酶参与 DNA 复制的过程,以脱氧核苷三磷酸(dNTPs)为底物,沿模板链 3′ → 5′ 方向,将对应的脱氧核苷酸连接到新生 DNA 链的 3′ 端,使新生链沿 5′→3′ 方向延长，合成一条与原有模板链序列互补的新链。已知的所有 DNA 聚合酶均以 5′→3′ 方向合成 DNA 链，但其不能从脱氧核苷酸单体起始合成新的 DNA，而只能将单个脱氧核苷酸加到与模板配对的引物的 3′-羟基末端。因此，DNA 聚合酶除了需要模板作为序列合成的指导外，还需要有引物来引导起始合成。各种 DNA 聚合酶都具有催化核苷酸聚合的能力，但在聚合速率和外切酶活性等方面有所差异。常用的 DNA 聚合酶主要有大肠杆菌 DNA 聚合酶 I、Klenow 大片段酶、T4 DNA 聚合酶、T7 DNA 聚合酶、Φ29 DNA 聚合酶和耐热 DNA 聚合酶等。

3.3.1　大肠杆菌 DNA 聚合酶 I

　　大肠杆菌 DNA 聚合酶 I 是由一条含有约 1000 个氨基酸残基的多肽链形成的单一亚基蛋白，主要参与 DNA 的修复过程，具有 5′→3′ 聚合酶活性。在一定的缓冲液条件下，大肠杆菌 DNA 聚合酶 I 能将底物添加到双链 DNA 分子的 3′-羟基末端，从而合成新的 DNA 片段（图 3-9）。聚合酶活性的发挥依赖三个基本条件：① 4 种脱氧核苷酸底物；② DNA 模板，单链或双链 DNA 都可作为 DNA 聚合酶的模板，但双链 DNA 只有在糖－磷酸主链上有一个至数个断裂的情况下，才能成为有效的模板；③带有游离 3′-羟基的引物链，引物必须是含有游离 3′-羟基的 DNA 或 RNA 链，才能发生延伸反应。

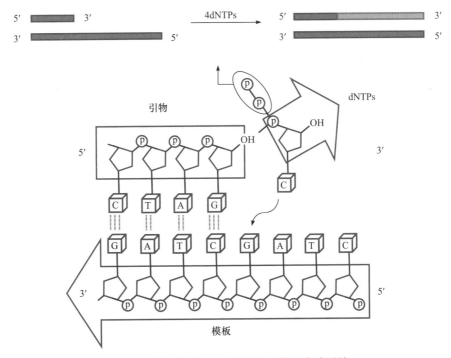

图 3-9　大肠杆菌 DNA 聚合酶 I 的聚合酶活性

　　大肠杆菌 DNA 聚合酶 I 除具有聚合酶活性外，还具有 5′→3′ 和 3′→5′ 的核酸外切酶活性。对于 5′→3′ 核酸外切酶活性，大肠杆菌 DNA 聚合酶 I 从双链 DNA 一条链的 5′-磷酸末端开始切割，降解双螺旋 DNA 结构，释放出单核苷酸或寡核苷酸。另外，此酶还可以降解 DNA-RNA 杂交体中的 RNA 成分。$5' \to 3'$ 核酸外切酶活性要求 DNA 链处于配对状态且 5'-端带有磷酸基团。对于 $3' \to 5'$ 核酸外切酶活性，大肠杆菌 DNA 聚合酶 I 从双链 DNA 一条链的 3'-羟基末端开始切割，降解双螺旋 DNA 结构，释放出单核苷酸或寡核苷酸，可被应用在 DNA 合成中识别并切除错配碱基。大肠杆菌 DNA 聚合酶 I 的 $3' \to 5'$ 核酸外切酶活性远低于 T4 DNA 聚合酶和 T7 DNA 聚合酶。

3.3.2　Klenow 大片段酶

Klenow 大片段酶（Klenow enzyme）由枯草杆菌蛋白酶（subtilisin）或胰蛋白酶分解切除大肠杆菌 DNA 聚合酶 I 的小亚基后得到。因此，Klenow 大片段酶不具有小亚基 $5' \to 3'$ 的核酸外切酶活性，但保留了 $5' \to 3'$ 聚合酶活性和 $3' \to 5'$ 核酸外切酶活性。Klenow 大片段酶主要用于补齐内切酶切割形成的 5'-黏性末端，形成平端。另外，由于 Klenow 大片段酶没有 $5' \to 3'$ 核酸外切酶活性，因此 5'-端的 DNA 不会被降解，容易合成全长 cDNA。

3.3.3　T4 DNA 聚合酶

T4 DNA 聚合酶（T4 DNA polymerase）是从 T4 噬菌体侵染的大肠杆菌中分离纯化得到。与 Klenow 大片段酶的活性相似，T4 DNA 聚合酶具有 $5' \to 3'$ 聚合酶活性和 $3' \to 5'$ 核酸外切酶活性，无 $5' \to 3'$ 核酸外切酶活性。T4 DNA 聚合酶需要在模板和引物存在条件下发挥两种活性：当反应体系中不含 dNTP 或 dNTP 不足时，表现出强烈的 $3' \to 5'$ 外切酶活性，且作用于单链 DNA 的外切酶活性强于作用于双链 DNA 中的非配对链时的活性，T4 DNA 聚合酶外切酶活性比 Klenow 酶强 100 ~ 1000 倍；当 dNTP 存在时，dNTP 会抑制 T4 DNA 聚合酶 $3' \to 5'$ 的核酸外切酶活性，表现出正常的 $5' \to 3'$ DNA 聚合酶活性。

3.3.4　T7 DNA 聚合酶

T7 DNA 聚合酶（T7 DNA polymerase）是从 T7 噬菌体侵染的大肠杆菌中分离纯化得到，由两种亚基组成，分别是来自 T7 噬菌体基因 5 编码的蛋白质和来自大肠杆菌 trxA 基因编码的硫氧还蛋白。T7 DNA 聚合酶的活性与 Klenow 大片段酶相似，具有 $5' \to 3'$ 聚合酶活性和 $3' \to 5'$ 核酸外切酶活性。不同的是 T7 DNA 聚合酶是所有 DNA 聚合酶中持续合成能力最强的一种，具有高保真性和快速延伸速率，特别适用于长链 DNA 模板的复制和大分子模板上由引物开始的 DNA 延伸合成。与其他聚合酶相比，T7 DNA 聚合酶受 DNA 二级结构的影响更小。

3.3.5　Φ29 DNA 聚合酶

Φ29 DNA 聚合酶是从嗜热脂肪芽孢杆菌（*Bacillus subtilis*）噬菌体 Φ29 中克隆出的一种嗜温（30℃）DNA 聚合酶[7]。Φ29 DNA 聚合酶具有较强的链置换能力和连续合成特性，可连续合成超过 70 kb 的 DNA 片段，并具有 $3' \to 5'$ 核酸外切酶校读活性，因此合成的 DNA 片段保真性较高。Φ29 DNA 聚合酶常用于在体外进行不依赖于热循环的等温 DNA 聚合反应，最终产生大量的高分子量 DNA。Φ29 DNA 聚合酶可以处理具有拓扑约束（topological constraints）、四路连接（four-way junctions）和多重交叉（multiple cross-overs）等非常复杂结构的环状 DNA 模板。在 Φ29 DNA 聚合酶的作用过程中，随着聚合反应的进行，该酶可以将前进方向上的前链从环状模板上解链和移开，从而进行 DNA 的连续合成，并使得环状模板上的每个碱基在后续反应中得到相同的 n 个拷贝。例如，在滚环扩增反应（rolling circle amplification，RCA）中，通过使用 Φ29 DNA 聚合酶可以得到具有周期性重复序列的超长 DNA 单链（图 3-10）。

图 3-10   滚环扩增的基本过程

3.3.6 耐热 DNA 聚合酶

耐热 DNA 聚合酶具有耐高温的特性，最适反应温度在 72 ～ 80℃之间，能耐受 PCR 反应循环中 94℃的高温，因此常被应用于 PCR 技术。不同来源的耐热 DNA 聚合酶均具有 5′→3′ 聚合酶活性，但不一定具有 5′→3′ 和 3′→5′ 核酸外切酶活性。5′→3′ 外切酶活性可以消除合成 DNA 的障碍，有利于 DNA 新链延长；而 3′→5′ 外切酶活性可以消除错配，具有高保真性。根据核酸外切酶活性的不同，可以将耐热 DNA 聚合酶分为两类：普通耐热 DNA 聚合酶和高保真耐热 DNA 聚合酶。

1. 普通耐热 DNA 聚合酶

普通耐热 DNA 聚合酶主要以 *Taq* DNA 聚合酶和 *Tth* DNA 聚合酶为代表。

1）*Taq* DNA 聚合酶

1967 年，美国科学家 T. Brook（布鲁克）从温泉中的嗜热水生菌中分离得到一种耐高温的 DNA 聚合酶，即 *Taq* DNA 聚合酶。*Taq* DNA 聚合酶是最早发现的一种耐热 DNA 聚合酶，也是 PCR 技术中应用最广泛的 DNA 聚合酶。其最适反应温度在 72 ～ 80℃之间，在 75℃时活性最强，能高效扩增 6 kb 以下的 DNA 片段，是已发现的耐热 DNA 聚合酶中比活性最高的一种。*Taq* DNA 聚合酶具有 5′→3′ 聚合酶活性和 5′→3′ 核酸外切酶活性，但无 3′→5′ 核酸外切酶校读活性，因此其保真度较差，缺乏错配碱基修复的能力，导致 PCR 扩增产物发生错配，错配率大约为 10^{-5}。*Taq* DNA 聚合酶是 Mg^{2+} 依赖性酶，其催化活性对 Mg^{2+} 浓度非常敏感。

Taq DNA 聚合酶具有非模板依赖性（又称末端转移酶活性），可以将 DNA 双链的每一条链 3′-端加上单核苷酸尾，使 PCR 产物具有 3′ 突出的单 A 核苷酸尾。另外，*Taq* DNA 聚合酶还具有类似于逆转录酶的逆转录活性，最适反应温度一般为 65 ～ 68℃，并且当 Mn^{2+} 存在时，逆转录活性更高。

2）*Tth* DNA 聚合酶

Tth DNA 聚合酶最初在极端嗜热菌（*Thermus thermophilus* HB8）中提取得到，其酶活性与 *Taq* DNA 聚合酶相似，具有 5′→3′ 聚合酶活性和 5′→3′ 核酸外切酶活性，无 3′→5′ 核酸外切酶校读活性，可在 74 ℃时进行 DNA 复制。在 Mg^{2+} 存在的条件下，*Tth* DNA 聚合酶可催化核苷酸沿 5′→3′ 方向发生聚合反应，形成双链 DNA。在 Mn^{2+} 存在的条件下，*Tth* DNA 聚合酶以 RNA 为模板，沿 5′→3′ 方向发生核苷酸聚合反应，合成 cDNA。

2. 高保真耐热 DNA 聚合酶

高保真耐热 DNA 聚合酶主要有 *Pfu* DNA 聚合酶、Vent DNA 聚合酶和 *Pfx* DNA 聚合酶等。

1）*Pfu* DNA 聚合酶

Pfu DNA 聚合酶（*Pfu* DNA polymerase）最初来源于嗜热火球菌（*Pyrococcus furiosus*），具有高度热稳定性和 5′→3′ 聚合酶活性，可以催化依赖于 DNA 模板的脱氧核苷酸聚合反应。与 *Taq* DNA 聚合酶不同，*Pfu* DNA 聚合酶不具有 5′→3′ 核酸外切酶活性，但具有 3′→5′ 核酸外切酶校读活性，可以大幅度降低在 PCR 扩增过程中出错的概率，错配率仅为 2.6×10^{-6}。但 *Pfu* DNA 聚合酶的扩增效率低于 *Taq* DNA 聚合酶，一般能很好地扩增 2 kb 以下的 DNA 片段。

2）Vent DNA 聚合酶

Vent DNA 聚合酶（Vent DNA polymerase）从火山口 100℃高温下生长的嗜热菌中分离得到，可以耐受 100℃的高温，在 100℃的半衰期是 95 min，在 95℃孵育 1 h 后，仍具有 90% 以上的聚合酶活性。Vent DNA 聚合酶具有 3′→5′ 核酸外切酶校读活性，能有效降低错配率，保真度比 *Taq* DNA 聚合酶高 5 倍。

3）*Pfx* DNA 聚合酶

目前，实际应用中还出现了一种从超嗜热古菌（*Thermococcus* sp.）菌株 KOD 中克隆得到的重组 DNA 聚合酶，即 *Pfx* DNA 聚合酶（*Pfx* DNA polymerase）。该酶不仅具有 5′→3′ 聚合酶活性，还具有 3′→5′ 核酸外切酶校读活性，保真度高于 *Pfu* DNA 聚合酶。另外，*Pfx* DNA 聚合酶扩增能力强，扩增速度快，可以达到 4 ～ 6 kb/min，能够极大地缩短反应时间。

几种耐热 DNA 聚合酶的比较如表 3-4 所示。

表 3-4   几种耐热 DNA 聚合酶比较

类型	*Taq* DNA 聚合酶	Vent DNA 聚合酶	*Pfu* DNA 聚合酶	*Pfx* DNA 聚合酶
扩增速度	1 kb/min	1 kb/min	0.5 ～ 1 kb/min	4 ～ 6 kb/min
保真度（与 *Taq* DNA 聚合酶比）	1 倍	5 ～ 6 倍	6 ～ 8 倍	26 倍
扩增长度	≤ 5 kb	≤ 6 kb	≤ 12 kb	≤ 20 kb
3′→5′ 核酸外切酶活性	无	有	有	有
5′→3′ 核酸外切酶活性	有	无	无	无

3.3.7　逆转录酶

逆转录酶（reverse transcriptase）又称反转录酶，存在于一些 RNA 病毒中，是一种依赖于 RNA 模板的 DNA 聚合酶，具有 5′→3′ 聚合酶活性，能以 mRNA 为模板合成单链 cDNA。逆转录酶由 α 和 β 两条多肽链组成，其中，α 链具有逆转录酶活性和 RNase H 活性，RNase H 活性由 α 链经蛋白酶水解切割后产生的一种具有核酸外切酶活性的多肽片段提供，能从 5′→3′ 或 3′→5′ 的方向降解 RNA-DNA 杂交分子中的 RNA 片段。大多数逆转录酶具有 DNA 聚合酶活性和 RNase H 活性，不具有 3′→5′ 核酸外切酶校读活性，因此由逆转录酶催化合成的 DNA 出错率较高。

3.3.8　末端脱氧核苷酸转移酶

末端脱氧核苷酸转移酶（ terminal deoxynucleotidyl transferase，TdT ）简称末端转移酶，在哺乳动物体内天然存在，是目前唯一已知的无需模板的 DNA 聚合酶，可直接将脱氧核苷酸沿 5′→3′ 方向催化结合到单链 DNA 分子的 3′-羟基末端（图 3-11），无 5′→3′ 和 3′→5′ 核酸外切酶活性。带有突出、凹陷或平滑末端的单链或双链 DNA 均可作为末端转移酶催化的底物。

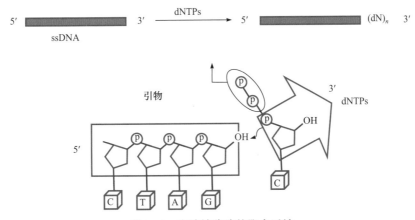

图 3-11　末端转移酶的聚合活性

末端转移酶的聚合活性依赖于二价阳离子，且加入核苷酸的种类决定了酶对阳离子的选择性：若加入嘧啶核苷酸（dTTP 或 dCTP），末端转移酶选择 Co^{2+} 作为辅因子发生聚合反应；若加入嘌呤核苷酸（dATP 或 dGTP），末端转移酶选择 Mg^{2+} 作为辅因子发生聚合反应。作为末端转移酶底物的 DNA 链可短至 3 个核苷酸长度，带有 3′-羟基突出末端的底物，作用效率最高。在离子强度较低时，带有 5′ 突出末端或平端的 DNA 链也可作为底物，但其作用效率较低。

末端转移酶是一种非特异性酶，也可作为一种修饰酶使用。任何一种 dNTP 都可以作为其前体物，当反应混合物中只有一种 dNTP 时，该酶可催化生成仅由一种核苷酸组成的 3′ 尾，称为同聚尾。在不同条件下，末端转移酶所合成的同聚尾长度是不同的，并且与 3'-羟基末端、dNTP 摩尔比和 dNTP 种类有关。反应温度一般是 37℃，作用时间为 15 min，随着时间延长，同聚尾也延长。

3.3.9 端粒酶

端粒酶（telomerase）是由 RNA 和蛋白质组成的核糖核酸 – 蛋白复合物，是一种能够使端粒延伸的逆转录 DNA 合成酶。端粒酶以自身携带的 RNA 组分作为模板，蛋白组分具有催化活性，以端粒 5' 末端为引物，通过逆转录合成端粒 DNA（图 3-12）。端粒酶在细胞中的主要生物学功能是合成端粒重复序列，并将端粒 DNA 加至真核细胞的染色体末端，修复和延长 DNA 复制时损失的端粒，使端粒不因细胞分裂而损耗，从而增加细胞的分裂次数。端粒酶在保持端粒稳定、基因组完整、细胞长期的活性和潜在的继续增殖能力等方面具有重要作用。在正常人体细胞中，端粒酶的活性受到相当严密的调控，只有在造血细胞、干细胞和生殖细胞等必须不断分裂的细胞中，才可以检测到端粒酶活性。

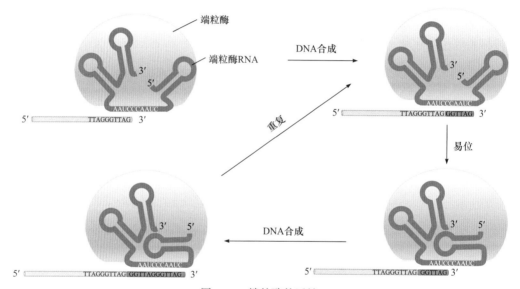

图 3-12　端粒酶的活性

3.4　变　构　酶

变构酶能够改变 DNA 的构象，如解旋酶和拓扑异构酶等。

3.4.1 解旋酶

DNA 解旋酶（DNA helicase）由水解 ATP 供给能量，在 DNA 复制过程中断裂 DNA 双链中的氢键，解开双螺旋结构。常依赖于单链存在，并能识别复制叉的单链结构。DNA 解旋酶是一种运动蛋白，通常为流体蛋白环，其活性依赖于 ATP，可以沿着 DNA 主链定向移动，大部分解旋酶沿 5' → 3' 方向移动，小部分也可沿 3' → 5' 方向移动。

解旋酶结合到 DNA 上的过程称为加载（load）。利用 ATP 水解产生的能量，解旋酶装载器将解旋酶装载到 DNA 单链上（单链穿过环中央）。加载前，DNA 解旋酶不具有活性；加载之后，解旋酶装载器自动离开，DNA 解旋酶活性被激活，直到 DNA 双链全部解开，解旋酶运动到单链末端时，从单链上离开（图 3-13）。解旋酶在许多重要的生物学过程中发挥重要作用，如 DNA 复制、修复、重组、转录、剪接和翻译等。

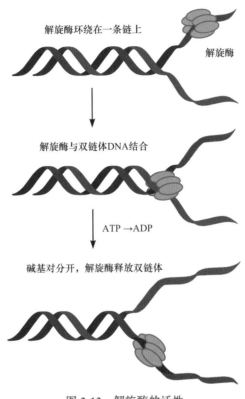

解旋酶环绕在一条链上

解旋酶

解旋酶与双链体DNA结合

ATP →ADP

碱基对分开，解旋酶释放双链体

图 3-13　解旋酶的活性

3.4.2　拓扑异构酶

拓扑异构酶（topoisomerase）存在于细胞核内，通过催化切断 DNA 链的磷酸二酯键，使 DNA 产生缺口，经过重新缠绕和封口改变 DNA 分子拓扑结构的连环数。该酶在基因复制、转录、重组、修复和染色体重塑过程中主要参与 DNA 超螺旋结构的调节。在哺乳动物中，拓扑异构酶有两种基本类型：拓扑异构酶 I（topoisomerase I，Top 1）和拓扑异构酶 II（topoisomerase II，Top 2）。拓扑异构酶 I 催化 DNA 分子产生瞬时的单链缺口；拓扑异构酶 II 催化 DNA 分子产生瞬时的双链缺口。

拓扑异构酶 I 催化 DNA 双链中的其中一条单链断裂产生缺口，另一条单链从此缺口处穿过，改变 DNA 超螺旋或螺旋化不足的情况。拓扑异构酶 I 中的酪氨酸可以与 DNA 链 3'-断端的磷酸盐以共价键结合，同时在断裂缺口的 5'-位形成羟基末端，5'-羟基末端绕另一完整的 DNA 链旋转，当完整 DNA 链完全进入到拓扑异构酶 I 的活性空腔后，拓扑异构酶 I 的活性空腔关闭，DNA 断裂链重连。之后，拓扑异构酶 I 的闭环再次打开，DNA 链被释放出来，完成一次松弛过程，整个过程使 DNA 的螺旋程度增加或降低一个连环数。因此，这种结构上的特性使拓扑异构酶 I 对正超螺旋和负超螺旋 DNA 具有几乎相同的松弛能力。拓扑异构酶 I 与 DNA 的作用过程无需能量辅因子（如 ATP 或 NAD）参与。

拓扑异构酶 II 作用于 DNA 时，同时将双链 DNA 的两条链切开，拓扑异构酶的变构效应使双链 DNA 穿过切口，松弛超螺旋结构后再重新形成磷酸二酯键连接切口。与拓扑异构酶 I 不同，拓扑异构酶 II 发挥作用时需要 ATP 参与。另外，原核生物中存在一种特殊的拓扑异构酶 II，称为促旋酶（gyrase），此酶利用 ATP 水解提供的能量，向 DNA 分子中引入负超螺旋结构。大肠杆菌中的促旋酶除引入负超螺旋结构外，还具有形成或拆开双链 DNA 环连体和成结分子的能力。

3.5　修　饰　酶

DNA 修饰酶能够对 DNA 末端进行化学修饰，但不改变其序列结构，主要包括末端去磷酸化酶和磷酸酶等。

3.5.1　T4 多聚核苷酸激酶

T4 多聚核苷酸激酶（T4 polynucleotide kinase，T4 PNK）又称 T4 激酶，从 T4 噬菌体侵染的大肠杆菌中分离得到，是一种由 T4 噬菌体 pse T 基因编码的蛋白质。T4 激酶可以催化 ATP 分子的 γ-磷酸基团转移到寡核苷酸链（单链或双链 DNA/RNA）的 5′-羟基末端和 3′-单磷酸核苷上，该反应可逆。T4 激酶催化 γ-磷酸基团从 ATP 转移到 DNA 或 RNA 分子的 5′-羟基末端，这种反应是正向反应，常用来磷酸化寡核苷酸 5′-羟基。当使用 γ-^{32}P 标记的 ATP 作为前体物时，通过磷酸化反应使底物核酸分子的 5′-羟基末端标记上 γ-^{32}P，即 T4 激酶末端磷酸化标记法。磷酸化的最适底物一般是 5′-末端突出的单链 DNA 或双链 DNA。此外，T4 激酶具有 3′-磷酸酶活性，可以水解寡核苷酸的 3′-磷酸末端、脱氧 3′-单磷酸核苷和脱氧 3′-二磷酸核苷上的 3′-磷酸基团。

在高浓度 ATP 及新鲜缓冲液中，T4 激酶表现出最适的酶活力。在旧缓冲液中，DTT 的氧化会造成实际 DTT 含量减少，从而降低酶活力。NH_4^+ 可强烈抑制 T4 激酶的活力，因此在磷酸化前，溶液中不能存在 NH_4^+。

3.5.2　碱性磷酸酶

碱性磷酸酶（alkaline phosphatase，ALP）可以催化核酸分子去除 5′-磷酸基团，使 DNA 或 RNA 片段的 5′-磷酸末端转换成 5′-羟基末端，即核酸分子的去磷酸化作用（图 3-14）。碱性磷酸酶不是单一的酶，而是一组同工酶，在碱性环境下有最大活力，对 5′-突出末端、5′-凹陷末端和平端都有去磷酸化作用，但效率存在很大差异，因此在实际应用中的反应条件也各不相同。

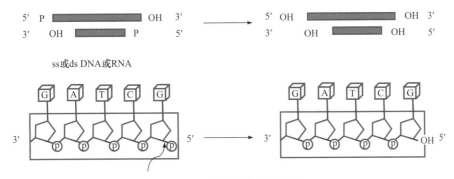

图 3-14　碱性磷酸酶的活性

目前，碱性磷酸酶主要有两种，分别是来自于大肠杆菌的细菌碱性磷酸酶（bacterial alkaline phosphatase，BAP）和从小牛肠中分离出的小牛肠碱性磷酸酶（calfintestinal alkaline phosphatase，CIP）。二者都可以催化核酸分子脱去 5′-磷酸末端，但在催化活性方面有差别，CIP 的比活性高出 BAP 的比活性 10 ～ 20 倍。

3.6　基因编辑工具酶

　　CRISPR/Cas 系统是一种存在于原核生物细胞中针对外源性遗传物质的免疫系统。其中，CRISPR 全称 clustered regularly interspaced short palindromic repeats，意为规律间隔成簇短回文重复序列，由富含 A、T 碱基的前导序列与跟随其后的，被短重复序列隔开的特殊间隔序列（spacer）所组成。Cas 指 CRISPR-associated system，是一种核酸内切酶，可以利用 CRISPR 序列中 spacer 对应的 RNA 指引，识别并且切割特定与其序列互补的 DNA 链。该系统通过特异性 RNA 介导，实现对外源 DNA 的切割与降解。CRISPR/Cas9 技术是继 ZFN（锌指核酸酶）和 TALEN（转录激活因子样效应物核酸酶）技术后最新发现的一种可以对基因组进行高效靶向修饰的基因编辑技术。与 ZFN 和 TALEN 技术相比，CRISPR/Cas9 系统设计简便、价格低廉且易于操作，在很大程度上提高了基因靶向修饰的效率。随着研究的不断深入及技术的不断改进，CRISPR 技术在动植物育种和遗传疾病定点修复等方面具有更广阔的应用前景。

　　本节主要介绍基因编辑工具酶 CRISPR/Cas 系统的发现历史、结构、分类和作用原理。

3.6.1　CRISPR/Cas 系统的发现

　　1987 年，日本科学家 Yoshizumi Ishino（石野良纯）在大肠杆菌基因组 DNA 上发现一段重复间隔的序列（CRISPR）。这些序列既不能编码氨基酸，也不能辅助 DNA 转录。2000 年，西班牙科学家 Francisco Mojica（弗朗西斯科·莫西卡）在 20 种不同的微生物中都发现了这种 CRISPR 结构，他认为这种结构可能有着非常重要的生物学功能。2005 年，莫西卡发现 CRISPR 中的间隔序列与一些噬菌体序列同源，猜想 CRISPR 是细菌对噬菌体的一种免疫机制，含有 CRISPR 的宿主菌株不会感染含有同源间隔序列的噬菌体，并且每当有新的噬菌体病毒入侵时，细菌就会把它的部分基因组序列整合到自己的

CRISPR 基因中，形成免疫记忆。这一猜想在 2007 年得到证实，将噬菌体序列插入嗜热链球菌 CRISPR 的间隔区，该菌株对相应的噬菌体产生抗性，而删除噬菌体序列后，细菌丧失对该噬菌体的抗性。

2013 年初，Jennifer Doudna（珍妮弗·道德纳）、Feng Zhang（张峰）和 George Church（乔治·丘奇）相继证明，将人工设计的 CRISPR 序列与 Cas9 蛋白结合，可高效编辑人类基因组。2014 年，道德纳和 Emmanuelle Charpentier（艾曼纽·卡朋特）实验室报道了 CRISPR/Cas9 系统的工作原理。之后，CRISPR/Cas9 作为第三代基因编辑技术得到快速发展。

3.6.2 CRISPR/Cas 系统的结构

CRISPR 基因位点主要由前导区序列（leader）、多个高度重复序列（repeat）和间隔序列（spacer）串联组成（图 3-15）。CRISPR 基因位点的前导区长度通常为 300 ～ 500 bp，富含 A 和 T 碱基。同物种间的前导区序列一般比较保守，具有约 80% 的同源性序列；不同物种间的前导区序列一般无同源性。前导区可以作为启动子启动 CRISPR 序列的转录，但没有开放阅读框，不编码蛋白质。前导区下游是重复序列，一般由 23 ～ 50 bp 碱基组成，平均长度约为 31 bp。重复序列中包含部分回文序列，由此转录出的 RNA 可形成稳定的茎环结构，并介导 CRISPR 与 Cas 蛋白结合形成核糖核蛋白复合物。间隔序列由 17 ～ 84 bp 碱基组成，平均长度约为 36 bp。在同一个 CRISPR 位点中，基本没有相同或较为相似的间隔序列。不同的 CRISPR 基因位点包含的间隔序列数量差别很大，从几个到几百个不等。

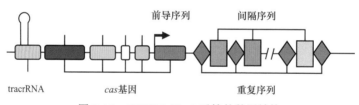

图 3-15　CRISPR/Cas9 系统的基因结构

3.6.3 CRISPR/Cas 系统的作用原理

CRISPR/Cas 系统能够针对噬菌体感染、质粒接合和转化所造成的基因导入而形成特异性防御机制。以噬菌体感染为例，CRISPR/Cas 系统的作用途径主要分三个阶段，分别是适应、表达和干扰（图 3-16）。

（1）适应（adaptation）：外源 DNA 捕获。当噬菌体或质粒等外源 DNA 入侵宿主微生物时，Cas 蛋白可以识别外源 DNA 的前间隔序列邻近基序（protospacer adjacent motif，PAM），并将前间隔序列切割下来，插入到 CRISPR 序列前导区的下游中作为一个新间区，完成外源 DNA 的捕获。

（2）表达（expression）：CRISPR RNA（crRNA）合成。CRISPR 位点转录生成 crRNA 前体（pre-crRNA）。在Ⅰ型和Ⅲ型 CRISPR 系统中，pre-crRNA 会被 CRISPR

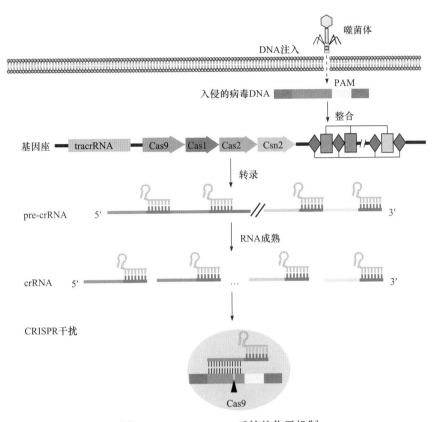

图 3-16　CRISPR/Cas 系统的作用机制

特异性核酸内切酶（Cas 蛋白）在重复序列位点处切割形成成熟的 crRNA；在 Ⅱ 型 CRISPR 系统中，pre-crRNA 先通过重复序列与其互补序列 transacting RNA（tracrRNA）反式结合，随后，被 RNase Ⅲ 加工为成熟的 crRNA-tracrRNA 复合体。

（3）干扰（interference）：外源 DNA 干扰。相同的外源 DNA 再次入侵宿主细胞时，宿主细胞可以快速识别外源 DNA，转录生成特定的 crRNA，招募 Cas 蛋白，形成特定的蛋白-RNA 复合物。随后，Cas 效应蛋白复合物通过间区序列与外源 DNA 序列碱基互补配对，对双链 DNA 进行切割，实现外源 DNA 的清除。

3.6.4　CRISPR/Cas 系统的分类

根据识别与切割机制不同，CRISPR/Cas 系统分为 Ⅰ、Ⅱ 和Ⅲ型，三种类型具有不同功能的 Cas 蛋白和不同的外源基因组降解机制。

Ⅰ 型 CRISPR 系统：在细菌和古细菌中均有分布，Cas 蛋白最多且最复杂，特征蛋白为属于解旋酶家族成员的 Cas3 蛋白。

Ⅱ 型 CRISPR 系统：只存在于细菌中，是结构最为简单的类型，特征蛋白为 Cas9 蛋白。

Ⅲ 型 CRISPR 系统：常见于古细菌中，古细菌中 75% 的 CRISPR 系统均为Ⅲ型，特征蛋白为 Cas10 蛋白。Cas10 蛋白具有核酸聚合酶和核酸环化酶同源结构域。

近年来，已知 CRISPR/Cas 系统的数量和多样性大幅增加。目前，最新的分类包括 2 个大类（2 classes）、6 种类型（6 types）及 33 种亚型（33 subtypes）。

根据效应蛋白的不同，CRISPR/Cas 系统可以分为两类：Class 1（包含 type Ⅰ、type Ⅲ 和 type Ⅳ）和 Class 2（包含 type Ⅱ、type Ⅴ 和 type Ⅵ）。对于 Class 1 系统，其效应蛋白通常由多个 Cas 蛋白组成，一部分 Cas 蛋白负责与 crRNA 结合，另一部分 Cas 蛋白负责 crRNA 的加工、成熟及后续的切割过程等。对于 Class 2 系统，其效应蛋白只有一个，如 Cas 9 蛋白。在体外应用 CRISPR 系统时，由于 Class 2 CRISPR 系统对于 DNA 的切割只需要单一的 Cas 蛋白，相对简单便捷，因此最为常用。

3.6.5　Class 2 的分类及作用方式

Class 2 CRISPR/Cas 系统是目前研究最多的一种 CRISPR/Cas 系统，主要分为 type Ⅱ、type Ⅴ 和 type Ⅵ，分别以 Cas 9、Cas 12a、Cas 13a 蛋白为代表[8]。

1. CRISPR/Cas 9

Cas 9 系统的向导 RNA 由 crRNA 和非编码 tracrRNA 两部分组成，其中 crRNA 负责与靶标 DNA 互补配对，tracrRNA 负责与 Cas 蛋白特异性结合。Cas 9 蛋白识别靶标 DNA 5′-NGG 的 PAM 序列，发挥解旋酶和核酸酶活性，解开双链，使 crRNA 与靶标 DNA 互补配对，在 PAM 序列前 3 个碱基处切割 DNA 双链，产生平端。Cas 9 系统只具有顺式切割活性，只能切割靶基因。

2. CRISPR/Cas 12a

Cas 12a 系统的向导 RNA 不需要 tracrRNA，只需要单一的 crRNA，负责结合 Cas 核酸酶和靶标序列。Cas 12a 蛋白识别靶标 DNA 5′-TTTN 的 PAM 序列，当 PAM 序列下游 23 bp 的 DNA 序列与 crRNA 互补时，Cas 12a 切割 DNA 双链，产生黏性末端。除了切割特定的靶标双链 DNA 外，Cas 12a 还具有反式切割活性，即 Cas 12a 与靶标 DNA 结合之后，非特异性核酸酶活性被激活，可以切割体系中任意的单链 DNA。

3. CRISPR/Cas 13a

与 Cas 12a 系统类似，Cas 13a 系统只需要 crRNA 来切割靶标 DNA，但其靶标是单链 RNA 序列。Cas 13a 蛋白结合 crRNA 后，首先识别前间隔序列侧翼位点（PFS）序列，之后与靶标 DNA 进行碱基互补配对，从而对下游 RNA 进行切割。当 crRNA 与靶标 DNA 结合后，CRISPR/Cas 13a 系统的非特异性切割活性被激活，除了能够对靶标 DNA 进行特异性切割外，还能够对非特异性的单链 RNA 进行切割。

Class2 CRISPR/Cas 系统效应系统中不同亚型核酸的靶向相关特性的比较如表 3-5 所示。

表 3-5 CRISPR-Class 2 效应系统不同亚型核酸靶向相关特性的比较[8]

CRISPR-Class 2		
Type Ⅱ -Cas 9	Type Ⅴ -Cas 12a	Type Ⅵ -Cas 13a

靶向类型	DNA	DNA	RNA
功能域	HNH & RuvC: 顺式切割	RuvC:顺式切割 反式切割	HEPN:顺式切割 反式切割
PAM/PFS	3'-NCC-5' 5'-NGG-3'	3'-AAAN-5' 5'-TTTN-3'	5'-A/T/C-3'

注:PAM = 前间隔序列邻近基序;crRNA = CRISPR RNA;tracrRNA = 反式激活 RNA;PFS = 前间隔序列侧翼位点;RuvC = 以大肠杆菌蛋白命名的内切酶结构域;HNH = 高等真核生物和原核生物核苷酸结合域。N 表示碱基(A/T/G/C)。

思 考 题

1. 切割酶有哪几类?主要特点分别是什么?
2. 下面几种序列中哪些最有可能是 Ⅱ 型限制性核酸内切酶的识别序列?为什么?
   GAATCG、AAATTT、GATATC 和 ACGGCA
3. 在酶切反应缓冲液中加入 BSA 的目的是什么?原理是什么?
4. 影响限制性核酸内切酶活性的因素有哪些?请简要说明各因素的影响作用。
5. DNA 聚合酶主要有几类?其特点分别是什么?
6. 比较 T4 DNA 连接酶、*E.coli* DNA 连接酶、T4 RNA 连接酶和热稳定连接酶的作用特点。
7. 影响 DNA 连接酶活性的因素有哪些?请简要说明各因素的影响作用。
8. 比较 *Taq* DNA 聚合酶与几种高保真 DNA 聚合酶的特点。
9. 简要说明末端转移酶(TdT)的各种酶活性及作用原理。
10. 什么是 DNA 聚合酶?DNA 聚合酶 I 有哪些生物活性?
11. 简要说明 Φ29 DNA 聚合酶的作用特点,并画出滚环扩增(RCA)过程的示意图。
12. 画出示意图表示逆转录酶与端粒酶作为 DNA 聚合酶是如何发挥作用的。
13. CRISPR/Cas 系统的作用途径主要分几个阶段?每个阶段的功能是什么?
14. 简述三种代表性 CRISPR-Class 2 系统的作用方式,并总结和比较其特性。
15. 比较三代基因编辑工具的优缺点。

参 考 文 献

[1] 金红星 . 基因工程 . 北京:化学工业出版社,2016.
[2] 韦宇拓 . 基因工程原理与技术 . 北京:北京大学出版社,2017.
[3] 仰大勇,王升启 . 合成基因组学 . 北京:科学出版社,2020.
[4] 袁婺洲 . 基因工程 . 北京:化学工业出版社,2010.
[5] 朱圣庚,徐长法,等 . 生物化学 . 下册 . 4 版 . 北京:高等教育出版社,2016.

[6] Addison V, James K, Jennifer A. Biology and applications of CRISPR systems: harnessing nature's toolbox for genome engineering. Cell, 2016, 164(1-2): 29-44.

[7] Ali M M, Li F, Zhang Z Q, et al. Rolling circle amplification: a versatile tool for chemical biology, materials science and medicine. Chemical Society Reviews, 2014, 43(10): 3324-3341.

[8] Dai Y F, Wu Y F, Liu G Z, et al. CRISPR mediated biosensing toward understanding cellular biology and point-of-care diagnosis. Angewandte Chemie International Edition, 2020, 59(47): 20754-20766.

[9] English M A, Soenksen L R, Gayet R V, et al. Programmable CRISPR-responsive smart materials. Science, 2019, 365(6455): 780-785.

第 **4** 章

核酸修饰技术

核酸修饰技术丰富了核酸分子的结构和功能，拓展了核酸功能材料的生物应用。按照修饰位点，对核酸的修饰可分为碱基修饰、糖基修饰和磷酸修饰等。本章按照修饰位点对这三种修饰技术进行介绍。

4.1 碱 基 修 饰

碱基是合成核苷、核苷酸和核酸的基本组成单位，主要包括嘌呤和嘧啶两类。嘌呤修饰主要包括嘌呤 6- 位和嘌呤 8-位的修饰，嘧啶修饰主要包括嘧啶 4- 位和嘧啶 5- 位的修饰。这些位点的修饰不会影响碱基配对，并且能很好地适应 DNA 双链的沟槽结构。碱基编号规则如图 4-1 所示。

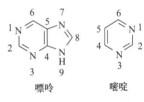

图 4-1　碱基编号规则

4.1.1 嘌呤修饰

1. 嘌呤 6- 位修饰

嘌呤 6- 位的修饰主要包括烷基化、芳基化、胺化和卤化。

1）嘌呤 6- 位烷基化

嘌呤 6- 位的烷基化修饰方法分为三类：亲核取代反应、偶联反应和其他反应。亲核取代反应包括普通亲核取代反应和微波辅助的亲核取代反应。偶联反应包括 Heck 反应、格氏试剂偶联反应、Negishi 偶联反应和 Wittig 反应。其他反应包括硫促反应和光催化方法。

（1）利用普通亲核取代反应实现嘌呤 6- 位烷基化。

糖基保护的 6-硫嘌呤核苷 **1** 在弱碱性 N,N- 二甲基甲酰胺（DMF）溶液中与 CH_3I 反应，转化为中间体 6- 甲磺酰基嘌呤核苷 **2**[1]。在含有氢化钠的四氢呋喃（THF）溶液中，亲核试剂 EtOAc 进攻中间体 **2** 的 6- 位碳原子，发生亲核取代，生成中间产物 **3**，之后经过糖基脱保护和 6- 位脱羧，生成 6- 位烷基化的嘌呤核苷 **5**（图 4-2）。

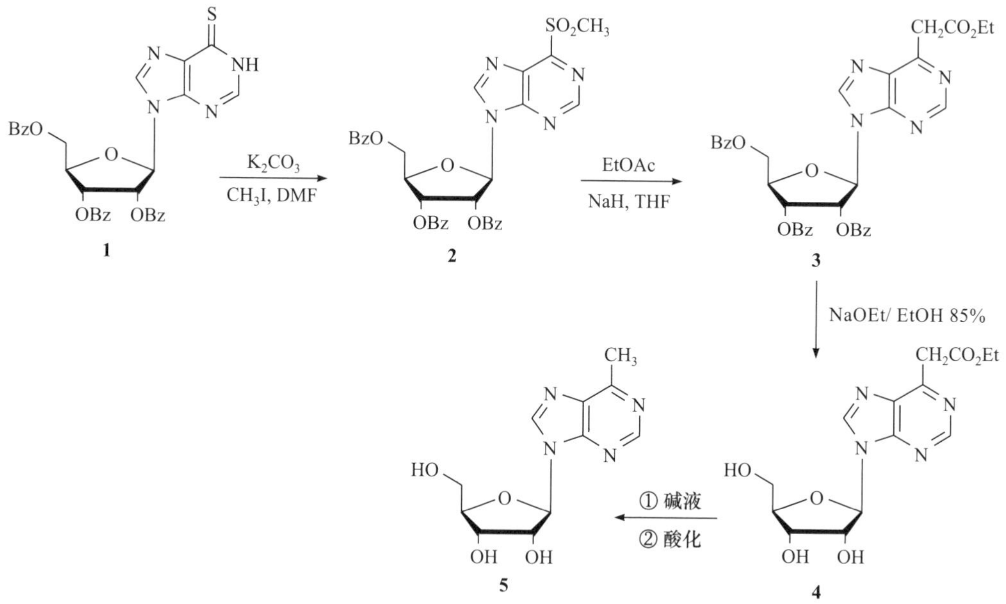

图 4-2　利用普通亲核取代反应实现嘌呤 6- 位烷基化 [1]

（2）利用微波辅助的亲核取代反应实现嘌呤 6- 位烷基化。

在微波辅助下，6- 位氯代嘌呤化合物 **6** 与乙酰丙酮在二甲基亚砜（DMSO）溶液中发生 6- 位亲核取代反应，可以快速高效地合成系列 6- 位甲基取代的嘌呤化合物 **7**[2]（图 4-3）。

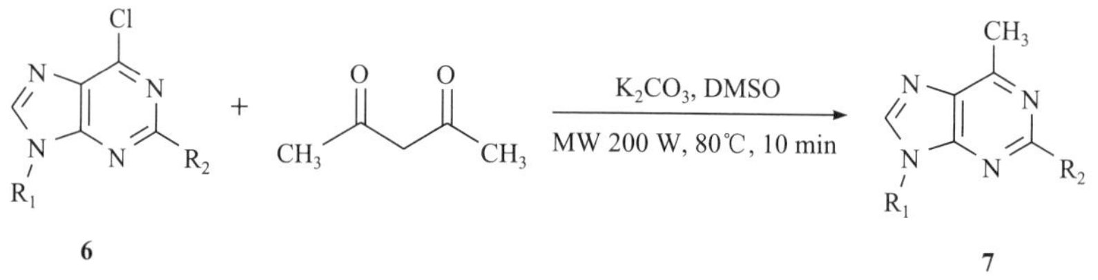

R_1= H、Cl
R_2= H、Bn、CH_2=$CHCH_2$、$CH_3CH_2CH_2CH_2$ 等

图 4-3　利用微波辅助的亲核取代反应实现嘌呤 6- 位烷基化 [2]

（3）利用 Heck 反应实现嘌呤 6- 位烷基化。

Heck 反应是指卤代烃与不饱和烃在钯催化下生成反式产物 [3]。6- 碘 -9- 苄基嘌呤和链端烯烃 **8** 在三乙基甲酸铵和钯类化合物存在时，反应生成 6- 位烷基化的产物 **9** 和 **10**。上述反应的选择性较低，可能会生成直链和支链的混合物（图 4-4）。

（4）利用格氏试剂偶联反应实现嘌呤 6- 位烷基化。

将需要引入的烷基制备成格氏试剂，利用格氏试剂的亲电特性，与 9- 苯基嘌呤发生加成反应生成中间产物 **11**，之后通过消除反应生成 6- 位烷基取代的嘌呤 **12**[4]（图 4-5）。

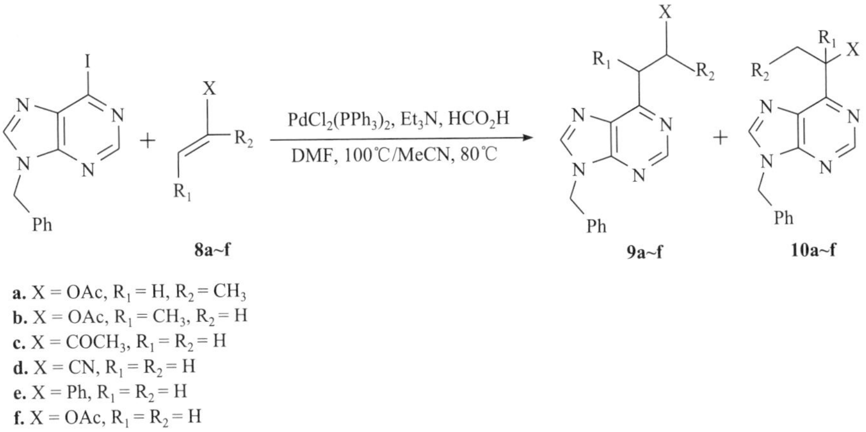
I
N
N
N
N
Ph
X
R2
R1
8a~f
PdCl2(PPh3)2, Et3N, HCO2H
DMF, 100℃/MeCN, 80℃
X
R1
R2
9a~f
R1
X
R2
10a~f
a. X = OAc, R1 = H, R2 = CH3
b. X = OAc, R1 = CH3, R2 = H
c. X = COCH3, R1 = R2 = H
d. X = CN, R1 = R2 = H
e. X = Ph, R1 = R2 = H
f. X = OAc, R1 = R2 = H

图 4-4　利用 Heck 反应实现嘌呤 6- 位烷基化 [3]

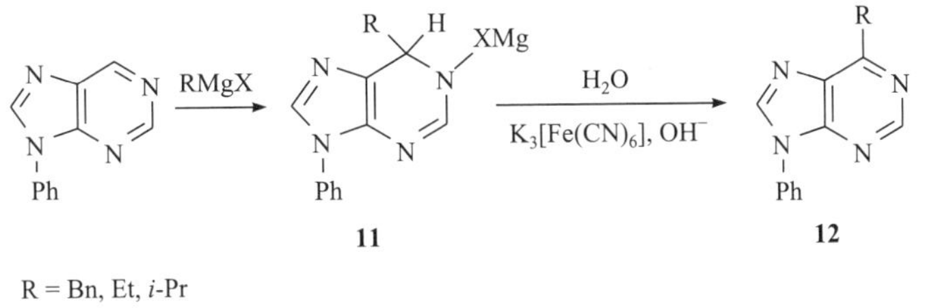
RMgX
R
H
XMg
H2O
K3[Fe(CN)6], OH−
Ph
11
12
R = Bn, Et, i-Pr

图 4-5　利用格氏试剂偶联反应实现嘌呤 6- 位烷基化 [4]

（5）利用 Negishi 偶联反应实现嘌呤 6- 位烷基化。

Negishi 偶联反应是一种在杂环化合物中构建 C—C 键的合成方法 [5]。在反应中，金属锌试剂和卤代烃在镍或钯的配合物催化下发生 C—C 偶联，生成新的 C—C 键。例如，有机锌试剂和 6- 氯嘌呤 **13** 反应，实现嘌呤 6- 位烷基化修饰，生成产物 **14**（图 4-6）。

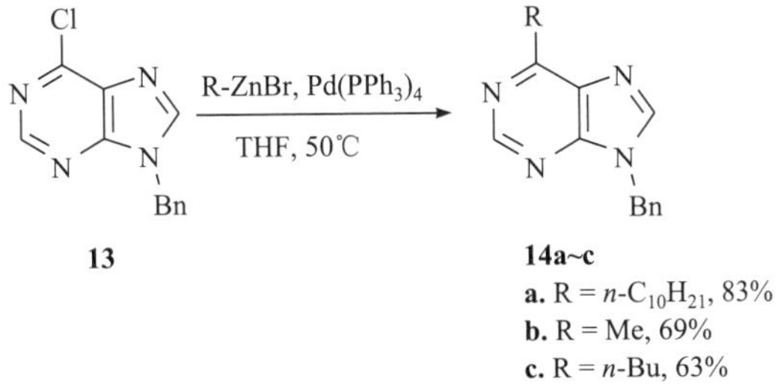
Cl
R-ZnBr, Pd(PPh3)4
THF, 50℃
R
Bn
13
14a~c
a. R = n-C10H21, 83%
b. R = Me, 69%
c. R = n-Bu, 63%

图 4-6　利用 Negishi 偶联反应实现嘌呤 6- 位烷基化 [5]

（6）利用 Wittig 反应实现嘌呤 6- 位烷基化。

Wittig 反应是醛或酮与 Wittig 试剂发生亲核加成生成烯烃的反应 [6]。利用 6- 氯 -9-（四氢 -2- 吡喃基）嘌呤作为起始原料与 Wittig 试剂 **15** 反应，生成的中间产物 **16** 与醛或酮在酸性条件下水解生成 6- 位烷基取代的嘌呤类产物 **17** 和 **18**（图 4-7）。

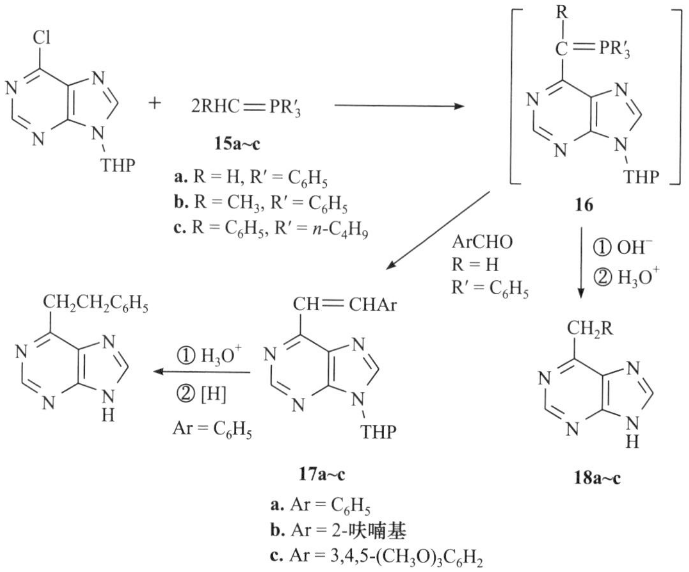

图 4-7　利用 Wittig 反应实现嘌呤 6- 位烷基化 [6]

（7）利用硫促反应实现嘌呤 6- 位烷基化。

6- 巯基嘌呤 **19** 与苯甲酰基溴化物、溴丙酮或乙基溴乙酸乙酯反应可生成相应的 6- 硫杂烷羰基系列化合物 **20**[7]（图 4-8）。

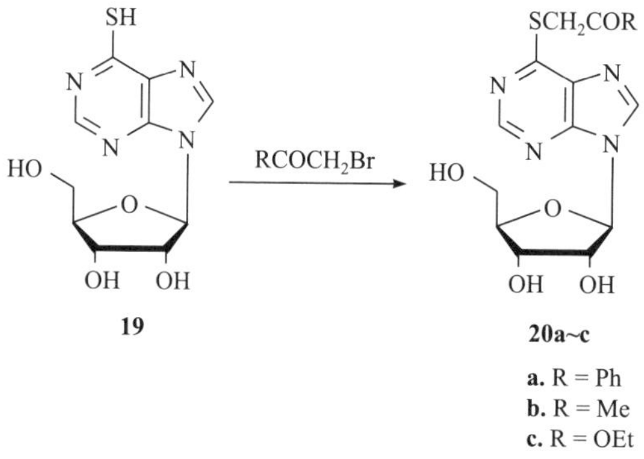

图 4-8　利用硫促反应实现嘌呤 6- 位烷基化 [7]

（8）利用光催化反应实现嘌呤 6- 位烷基化。

在光照条件下，6- 碘 -9- 乙基嘌呤 **21** 分别与邻甲基环己酮 **22** 和溴代丙酮 **25** 发生光催化的亲核取代反应，生成 6- 位烷基取代的嘌呤类似物 **23**、**24**、**26** 和 **27**[8]（图 4-9）。

2）嘌呤 6- 位芳基化

嘌呤 6- 位的芳基化修饰方法分为三类：偶联反应、光催化合成法和微波辅助法。偶联反应包括 Suzuki 偶联反应、Suzuki-Miyaura 偶联反应、Kumuda 偶联反应和 Negishi 偶联反应。

（1）利用 Suzuki 偶联反应实现嘌呤 6- 位芳基化。

在钯催化下，嘌呤核苷 **28** 和芳基硼酸 **29** 发生取代反应，生成 6- 芳基嘌呤核苷 **30**[9]（图 4-10）。

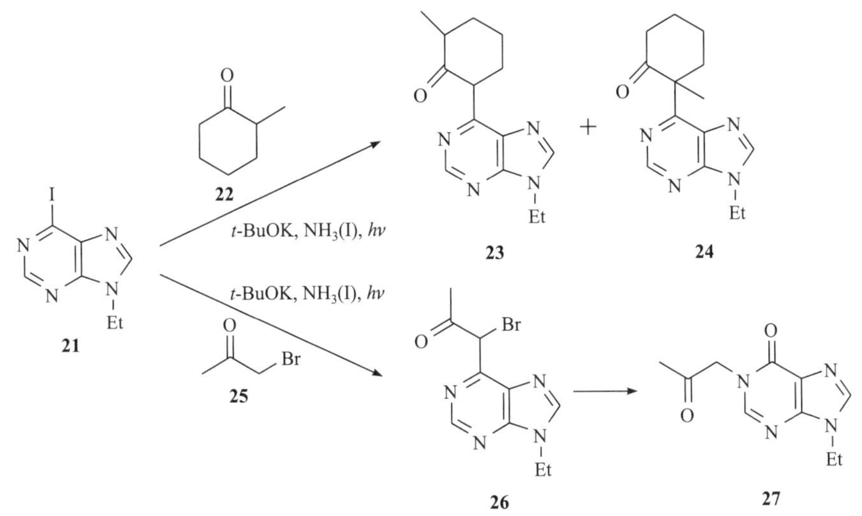

图 4-9 利用光催化反应实现嘌呤 6-位烷基化[8]

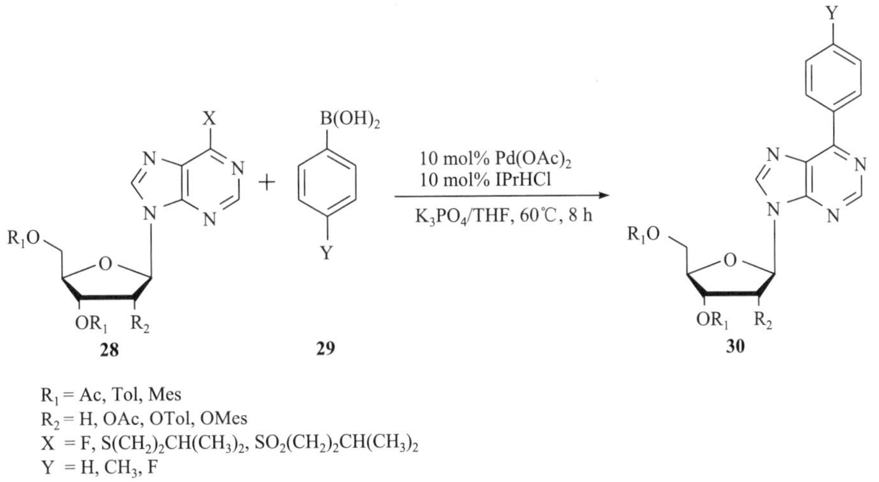

R₁ = Ac, Tol, Mes

R_1 = Ac, Tol, Mes
R_2 = H, OAc, OTol, OMes
X = F, S(CH_2)_2CH(CH_3)_2, SO_2(CH_2)_2CH(CH_3)_2
Y = H, CH_3, F

图 4-10 利用 Suzuki 偶联反应实现嘌呤 6-位芳基化[9]

（2）利用 Suzuki-Miyaura 偶联反应实现嘌呤 6-位芳基化。

以 2,6,8-三氯-9-（四氢-2-吡喃基）嘌呤 **31** 作为底物进行 Suzuki-Miyaura 偶联反应，经过以下图示过程可实现 6-位芳基化，生成产物 **32**[10]（图 4-11）。

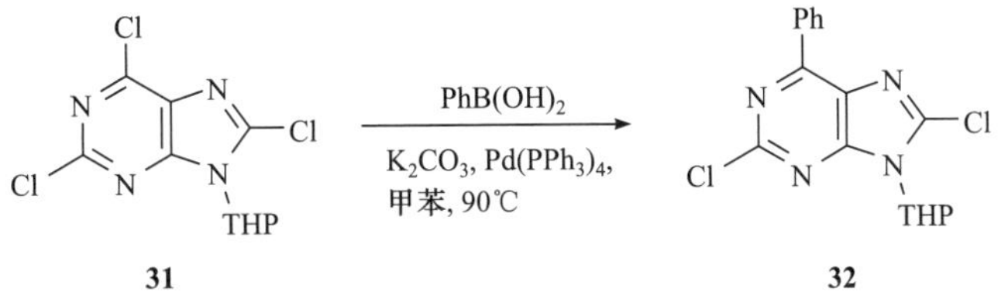

图 4-11 利用 Suzuki-Miyaura 偶联反应实现嘌呤 6-位芳基化[10]

（3）利用 Kumuda 偶联反应实现嘌呤 6-位芳基化。

利用格氏试剂合成 6-芳基嘌呤[4]。9-苯基嘌呤 **33** 和格氏试剂反应生成中间体 **34**，中间体水解后生成化合物 **35**，最后在铁氰化物的氧化作用下生成 6,9-二苯基嘌呤 **37**。

如果以 6-甲磺酸基-9-苯基嘌呤 **36** 作为底物，可以通过一步反应实现 6-位芳基化，生成产物 **37**（图 4-12）。

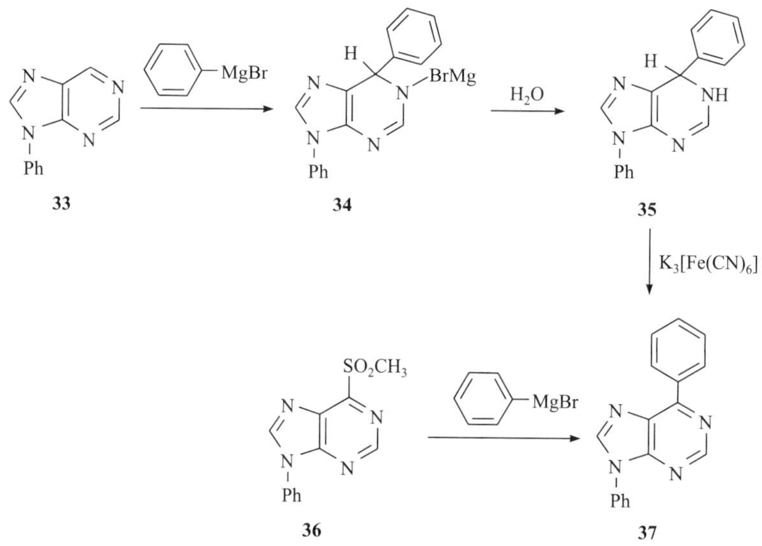

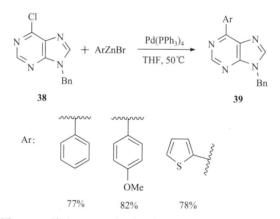

图 4-12 利用 Kumuda 偶联反应实现嘌呤 6-位芳基化 [4]

（4）利用 Negishi 偶联反应实现嘌呤 6-位芳基化。

四（三苯基膦）钯存在时，6-氯-9-苄基嘌呤 **38** 和格氏试剂在四氢呋喃溶液中加热至 50℃可进行 Negishi 偶联反应，实现 6-位芳香化，生成产物 **39**[5]（图 4-13）。

图 4-13 利用 Negishi 偶联反应实现嘌呤 6-位芳基化 [5]

（5）利用光催化方法实现嘌呤 6-位芳基化。

6-位碘取代的嘌呤化合物 **40** 在汞灯照射下光解，6-位碘离去后，剩余自由基和苯或芳香杂环类化合物反应，生成 6-苯基嘌呤 **41** 和杂环类似物 [11]（图 4-14）。

（6）利用微波辅助方法实现嘌呤 6-位芳基化。

6-氯-9-苄基嘌呤与四苯基硼钠在微波辅助下，以乙酸钯作为催化剂，发生 6-位亲核取代，实现 6-位芳基化，生成产物 **42**[12]（图 4-15）。

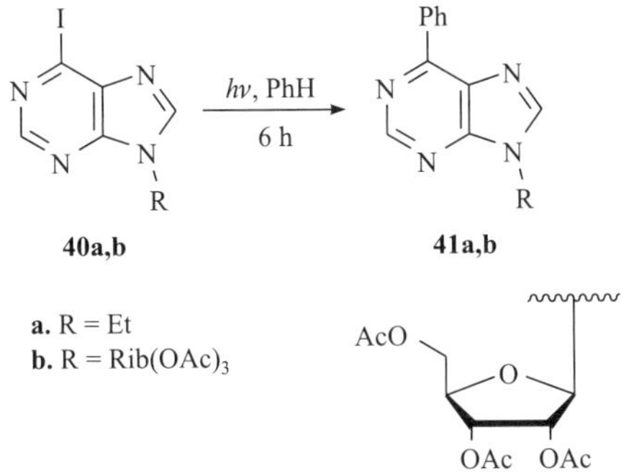

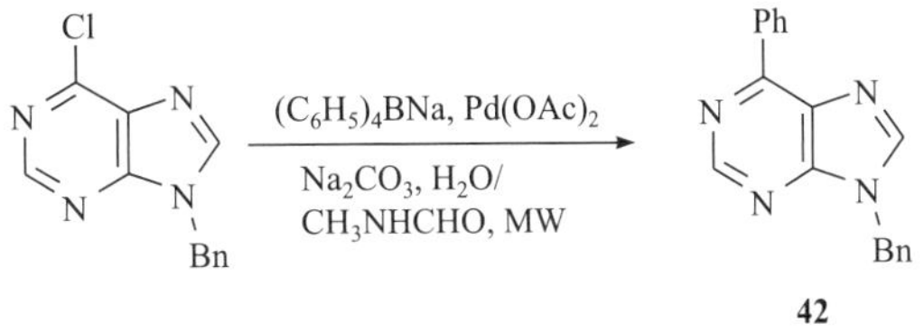

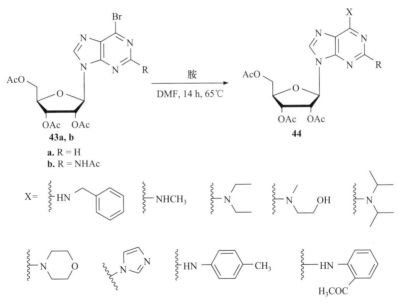

图 4-14　利用光催化反应实现嘌呤 6- 位芳基化 [11]　图 4-15　利用微波辅助方法实现嘌呤 6- 位芳基化 [12]

3）嘌呤 6- 位胺化

嘌呤 6- 位的胺化修饰方法主要包括三类：亲核取代反应、钯催化胺化反应和氧化胺化反应。

（1）利用亲核取代反应实现嘌呤 6- 位胺化。

6- 位溴代嘌呤 **43** 和胺类化合物可发生亲核取代反应，实现嘌呤 6- 位的胺化修饰，生成产物 **44**（图 4-16）。此方法也适用于弱亲核胺类化合物 [13]。

图 4-16　利用亲核取代反应实现嘌呤 6-位胺化 [13]

（2）利用钯催化胺化反应实现嘌呤 6- 位胺化。

大多数 6- 位卤代嘌呤的胺化是利用脂肪胺作为强亲核试剂通过取代反应完成的。在钯催化下，6- 位卤代嘌呤和芳胺偶联形成 C—N 键，也可以实现嘌呤 6- 位胺化修饰 [14]。例如，以 6- 溴 -2′- 脱氧核苷 **45** 为原料，通过钯催化，历经两步反应可生成 N^6- 芳胺 -2′- 脱氧腺苷类化合物 **47**（图 4-17）。

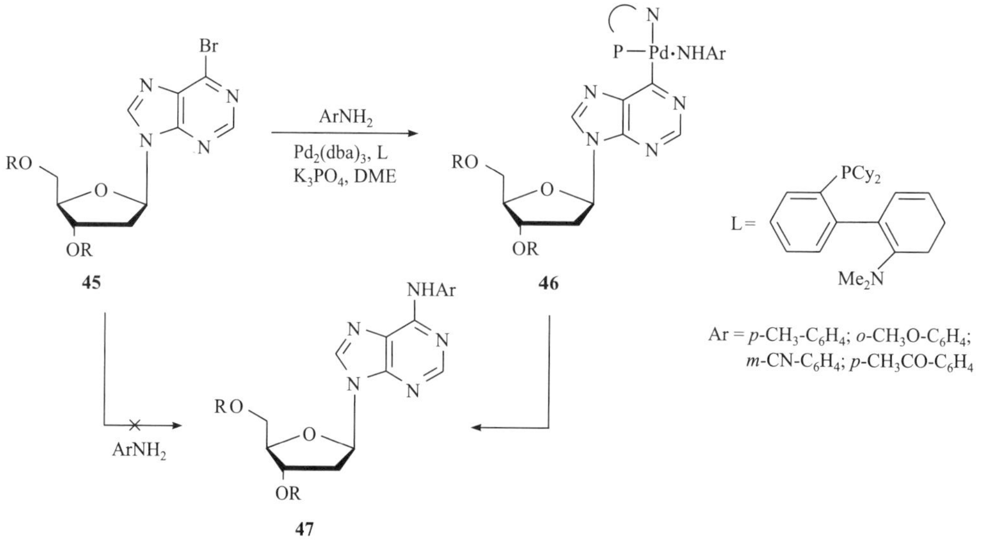

图 4-17   利用钯催化胺化实现嘌呤 6- 位胺化 [14]

（3）利用氧化胺化反应实现嘌呤 6- 位胺化。

9- 异丙基 -2- 氯 -6- 碘嘌呤 **48** 和卤化亚铜发生取代反应生成亚铜取代的嘌呤化合物 **49**，用双三甲基硅基胺基锂（LiHMDS）对化合物 **49** 进行氧化胺化，再用四丁基氟化铵（TBAF）脱甲硅基，最终生成 9- 异丙基 -2- 氯腺嘌呤 **50**[15]（图 4-18）。

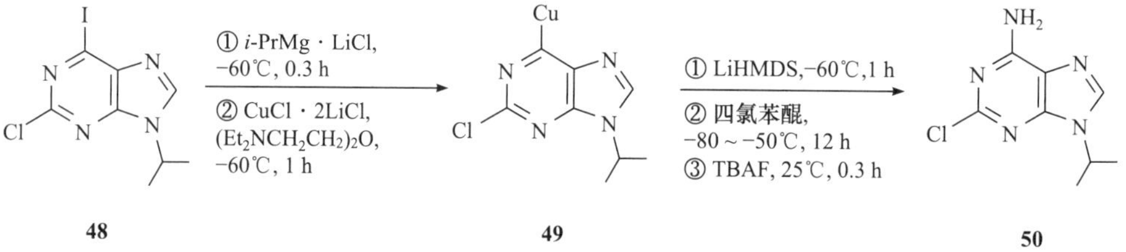

图 4-18   利用氧化胺化反应实现嘌呤 6- 位胺化 [15]

4）嘌呤 6- 位卤化

嘌呤 6- 位的卤化主要介绍两类：嘌呤 6- 位氟化和嘌呤 6- 位氯化。

（1）嘌呤 6- 位氟化。

含氟芳香族化合物具有重要的药用价值，因此制备 6- 氟嘌呤衍生物在药物研发方面具有广泛用途。以氟化钾作为氟化试剂，由 6- 氯嘌呤衍生物制备 6- 氟嘌呤衍生物 **51**，实现嘌呤 6- 位的氟化 [16]（图 4-19）。

（2）嘌呤 6- 位氯化。

磷酰氯是合成 6- 氯嘌呤衍生物的常用试剂 [17]。在二甲苯胺存在时，6- 羟基嘌呤与磷酰氯反应生成 6- 氯嘌呤 **52**（图 4-20）。这种方法被广泛用于制备 6- 氯嘌呤衍生物。

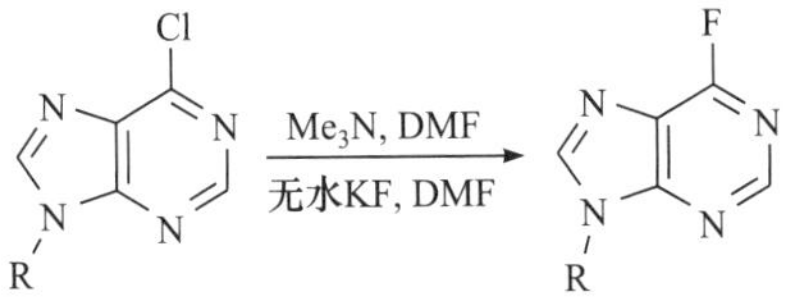

51

R = H; 核糖

图 4-19　嘌呤 6-位氟化[16]

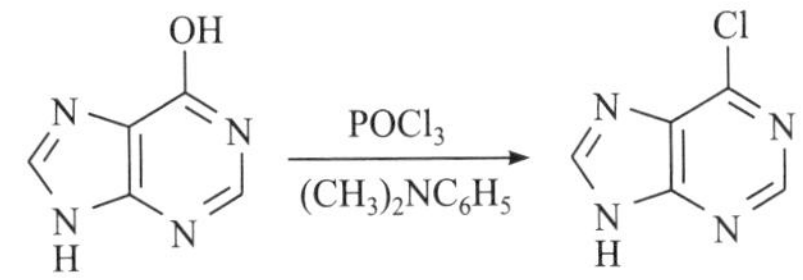

52

图 4-20　嘌呤 6-位氯化[17]

2. 嘌呤 8-位修饰

嘌呤 8-位的修饰主要包括烷基化、芳基化、胺化和卤化四种。

1）嘌呤 8-位烷基化

嘌呤 8-位的烷基化修饰方法分为三类：亲核取代反应、偶联反应和碳氢活化反应。其中，偶联反应包括 Suzuki-Miyaura 偶联反应和 Kumuda 偶联反应。

（1）利用亲核取代反应实现嘌呤 8-位烷基化。

5′-O- 乙酰基 -2′,3′-*O-* 异亚丙基 -8- 甲磺酰基嘌呤核苷 **53** 与乙酰乙酸乙酯的钠盐在四氢呋喃溶液中反应，生成化合物 **54**[18]。经过水解脱羧生成中间物 **55**，再进一步脱保护生成 8- 甲基腺苷 **56**，实现嘌呤 8- 位烷基化修饰。如果用碘甲烷或碘乙烷对化合物 **54** 进行烷基化，可以用相同的方法生成 8- 乙基腺苷 **59a** 或者 8- 丙基腺苷 **59b**（图 4-21）。

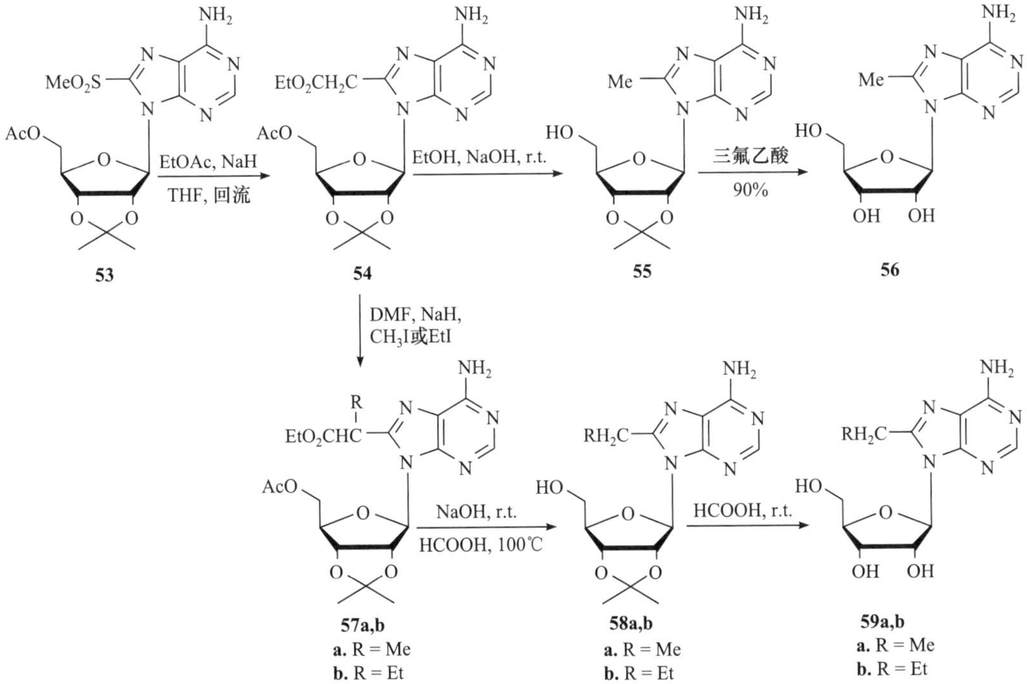

53　**54**　**55**　**56**

57a,b
a. R = Me
b. R = Et

58a,b
a. R = Me
b. R = Et

59a,b
a. R = Me
b. R = Et

图 4-21　利用亲核取代反应实现嘌呤 8-位烷基化[18]

（2）利用 Suzuki-Miyaura 偶联反应实现嘌呤 8- 位烷基化。

以 8- 溴腺苷 **60** 为起始原料，通过取代反应生成 6- 碘 -8- 溴 -9-（2′,3′,5′- 三乙酰基 -β-D- 呋喃核糖）嘌呤 **61**，之后通过区域选择性的 Suzuki-Miyaura 反应实现 6- 位芳基化，生成中间产物 **62**，再与三甲基铝或三乙基铝或苄基氯化锌交叉偶联生成化合物 **63**，经过脱保护即可生成一系列 6- 位芳基化和 8- 位烷基化的嘌呤核苷 **64**[19]（图 4-22）。

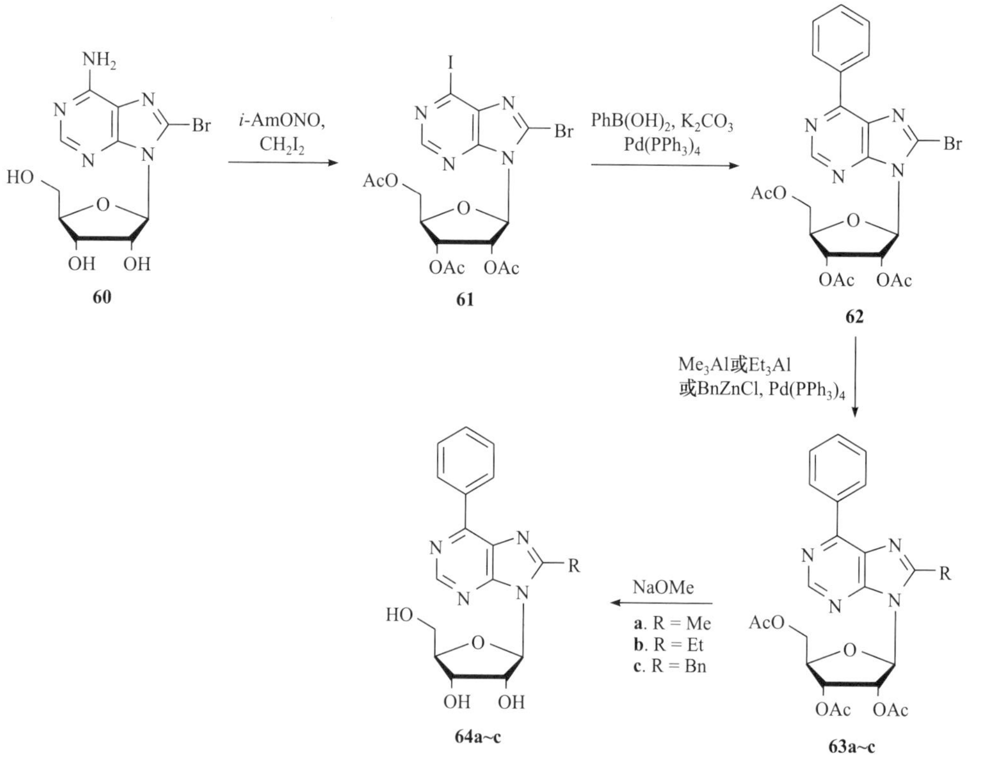

图 4-22　利用 Suzuki-Miyaura 偶联反应实现嘌呤 8- 位烷基化[19]

（3）利用 Kumuda 偶联反应实现嘌呤 8- 位烷基化。

6,8- 二氯 -9-（四氢 -2- 吡喃基）嘌呤 **65** 与甲基氯化镁发生区域选择性偶联反应，生成 8- 位烷基化的嘌呤衍生物 **66** 和 **67**[20]。当使用 1.1 当量甲基氯化镁时，发生 8- 位甲基化；当甲基氯化镁的用量提高到 9 当量时，发生 6- 位和 8- 位的双甲基化（图 4-23）。

（4）利用碳氢活化反应实现嘌呤 8- 位烷基化。

不活泼的烯烃可在铑催化作用下实现碳氢键活化，与杂环化合物发生 C—C 加成，实现分子间 C—C 偶联[21]。例如，以双环辛烯氯化铑二聚体（[RhCl(coe)$_2$]$_2$）作为催化剂，嘌呤与 3,3- 二甲基 -1- 丁烯反应生成 8-（3,3- 二甲基丁基）嘌呤 **68**（图 4-24），收率为 76%。

2）嘌呤 8- 位芳基化

嘌呤 8- 位的芳基化修饰方法分为两类：偶联反应和碳氢活化反应。其中，偶联反应包括 Stille 偶联反应和 Suzuki 偶联反应。

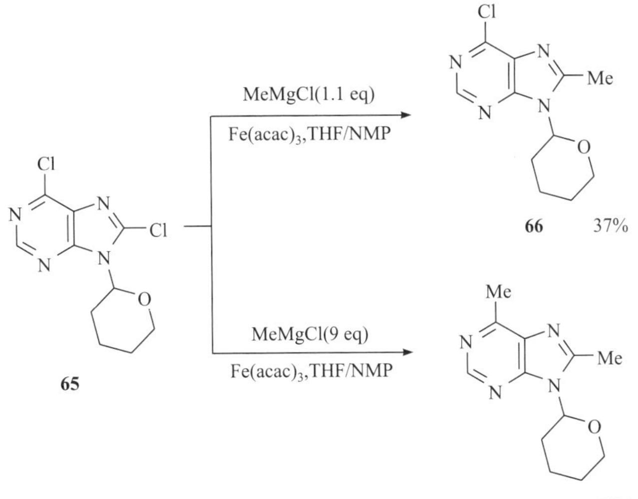

图 4-23　利用 Kumuda 偶联反应实现嘌呤 8-位烷基化[20]

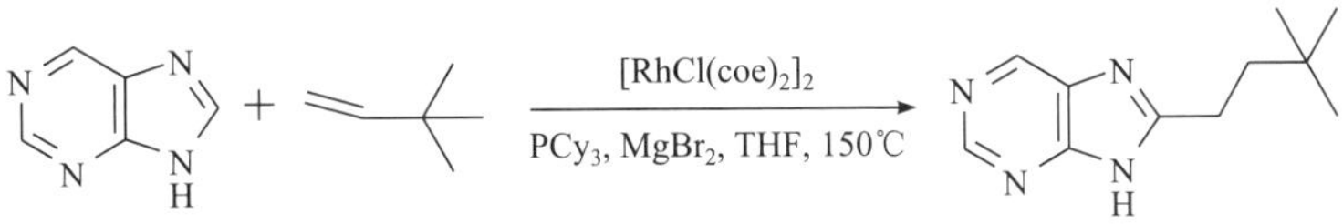

图 4-24　利用碳氢活化反应实现嘌呤 8-位烷基化[21]

（1）利用 Stille 偶联反应实现嘌呤 8-位芳基化。

Stille 偶联反应是指有机锡试剂和卤代物或类卤代物在钯催化下进行 C—C 键偶联的反应[22]。利用 Stille 偶联可方便快捷地实现 8-溴鸟苷衍生物的芳基化。例如，鸟苷衍生物 69 和芳基锡化合物通过 Stille 偶联反应可生成 8-位芳基化的鸟苷衍生物 70，收率为 82% ～ 99%（图 4-25）。

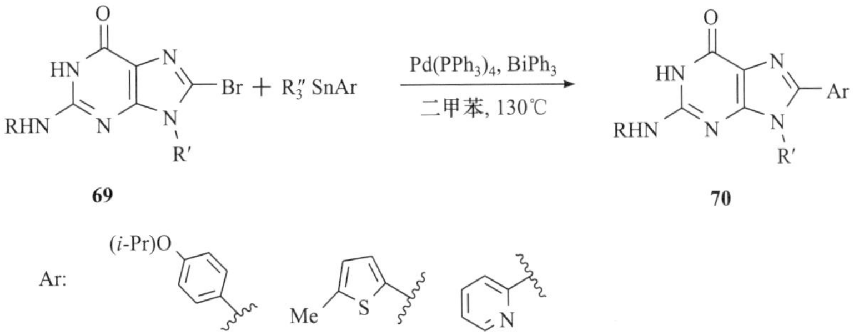

图 4-25　利用 Stille 偶联反应实现嘌呤 8-位芳基化[22]

（2）利用 Suzuki 偶联反应实现嘌呤 8-位芳基化。

在乙酸钯和三苯基膦三间磺酸钠盐（TPPTS）存在的催化体系中，8-溴-2'-脱氧鸟苷（8-BrdG）71 和多种芳基苯硼酸 72 发生 Suzuki 偶联反应，生成 8-位芳基化的嘌呤核苷 73，收率为 73% ～ 95%[23]（图 4-26）。

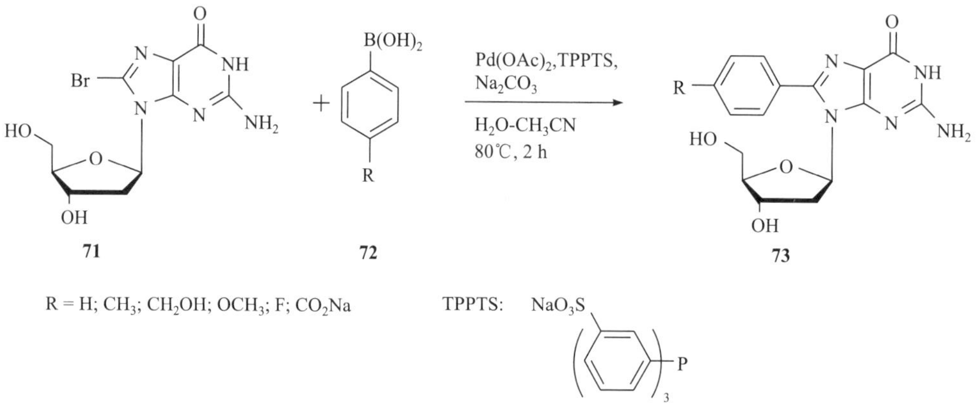

图 4-26 利用 Suzuki 偶联反应实现嘌呤 8-位芳基化 [23]

（3）利用碳氢活化反应实现嘌呤 8- 位芳基化。

以苄基嘌呤 **74** 作为起始反应物，在微波条件下，用氢氧化钯炭 [Pd(OH)₂/C] 等化合物作为催化剂对碳氢键进行活化，与碘代芳香化合物发生取代反应，生成 8- 位芳基化的腺嘌呤衍生物 **75**[24]（图 4-27）。

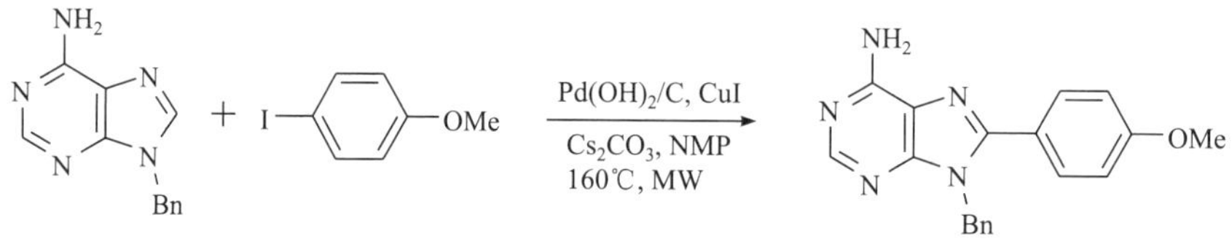

图 4-27 利用碳氢活化反应实现嘌呤 8-位芳基化 [24]

3）嘌呤 8- 位胺化

嘌呤 8- 位的胺化修饰方法分为三类：亲核取代反应、氧化胺化反应和钯催化胺化反应。

（1）利用亲核取代反应实现嘌呤 8- 位胺化。

亲核取代反应是一个经典的在嘌呤环上引入 N—、O—、S—等官能团的合成方法。将 8- 溴嘌呤作为初始反应物，利用烷基胺作为亲核试剂进攻 8- 位碳原子，通过取代反应实现 8- 位碳原子的胺化修饰。例如，9- 位保护的嘌呤类似物 **76** 和甲基胺发生反应，实现嘌呤 8- 位胺化修饰，生成产物 **77**[25]（图 4-28）。

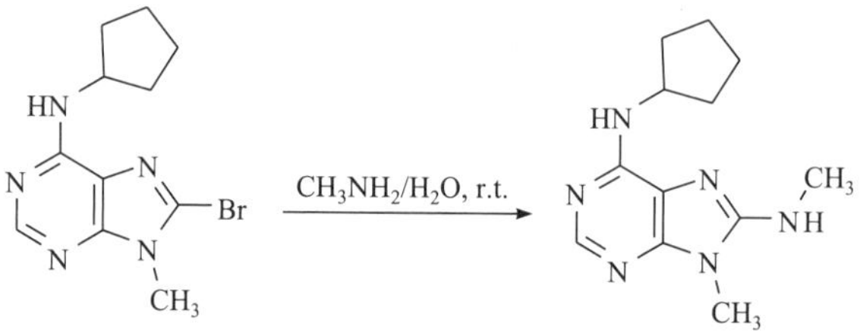

图 4-28 利用亲核取代反应实现嘌呤 8- 位胺化 [25]

（2）利用氧化胺化反应实现嘌呤 8- 位胺化。

嘌呤化合物 **78** 和四甲基哌啶氯化镁（TMPMgCl）反应后，进一步在过渡金属催化下与二乙基氨基锂反应生成 8- 位铜胺螯合物 **79**，之后在氧化剂作用下脱去铜，实现嘌呤 8- 位胺化修饰，生成产物 **80**，收率为 66%[26]（图 4-29）。

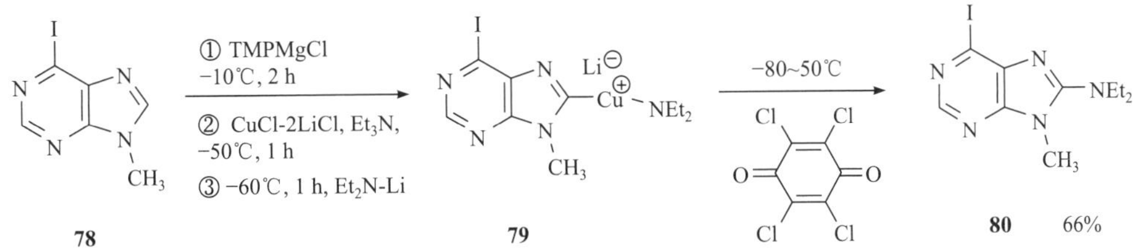

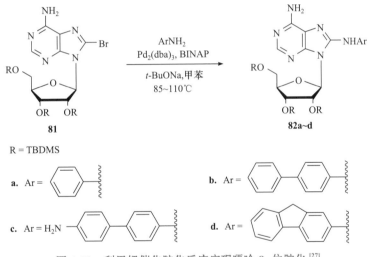

图 4-29　利用氧化胺化反应实现嘌呤 8- 位胺化 [26]

（3）利用钯催化胺化反应实现嘌呤 8- 位胺化。

羟基保护的 8- 溴腺苷 **81**，在 85 ～ 110℃ 的无水甲苯溶液中，以 $Pd_2(dba)_3$ 和联萘二苯磷（BINAP）作为催化剂，可与不同种类的芳香胺发生取代反应，最终生成目标化合物 **82**，实现嘌呤 8- 位胺化 [27]（图 4-30）。

图 4-30　利用钯催化胺化反应实现嘌呤 8- 位胺化 [27]

4）嘌呤 8- 位卤化

嘌呤 8- 位的卤化主要介绍三类：嘌呤 8- 位氟化、嘌呤 8- 位氯化和嘌呤 8- 位溴化。

（1）嘌呤 8- 位氟化。

8- 硝基咖啡因和氢氟酸发生亲核取代反应可生成 8- 氟代咖啡因。另外一种合成 8- 氟代嘌呤的途径是卤素交换，即 8- 位溴代或氯代嘌呤与 KF 或 CsF 等交换试剂发生反应生成 8- 位氟代嘌呤。

（2）嘌呤 8- 位氯化。

嘌呤化合物 **83** 与二异丙基氨基锂（LDA）或四甲基哌啶锂（LTMP）发生反应生成锂代嘌呤化合物，然后以 TsCl 作为氯源发生取代反应，生成氯代嘌呤 **84**，实现嘌呤

8-位的氯化[28]（图 4-31）。

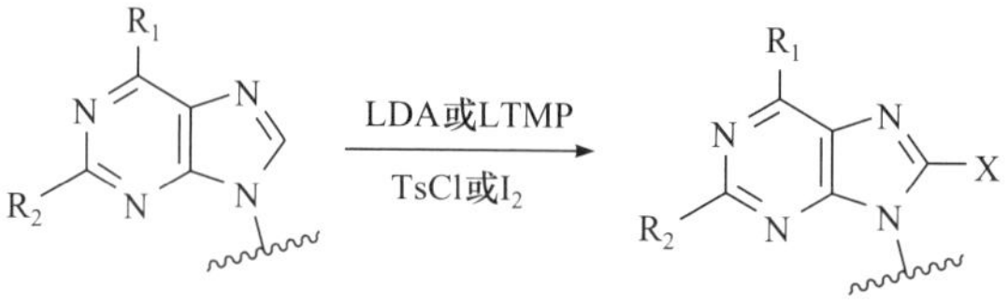

83

84 X = Cl; I

图 4-31 嘌呤 8-位氯化[28]

（3）嘌呤 8-位溴化。

通常情况下，8-位溴代嘌呤 **86** 的合成在溴水或 *N*-溴代琥珀酰亚胺（NBS）的体系中完成[29]（图 4-32）。

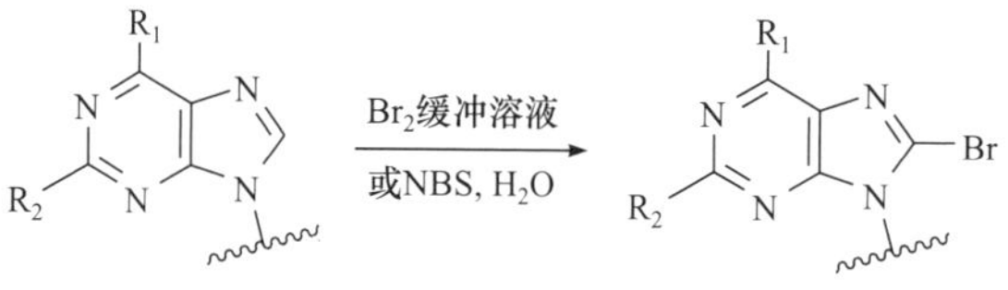

85

86

图 4-32 嘌呤 8-位溴化[29]

4.1.2 嘧啶修饰

1. 嘧啶 4-位修饰

目前报道最多的嘧啶 4-位修饰是胺化，主要通过亲核取代反应实现。碱基含氮杂环中各原子上的电子云密度分布不均匀，在一定条件下可以发生亲核加成反应。例如，肼能对嘧啶碱基进行胺化修饰（图 4-33），此反应只发生在嘧啶碱基上，而不发生在嘌呤碱基上，因此在核酸分析中具有重要的应用价值[30-31]。

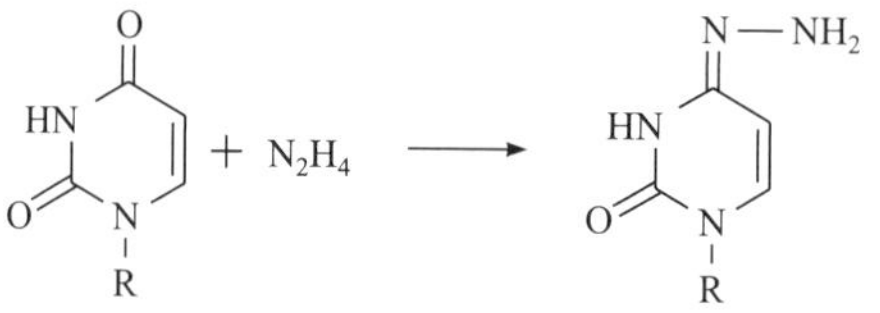

图 4-33 嘧啶 4-位胺化[30-31]

2. 嘧啶 5-位修饰

嘧啶 5-位修饰主要为卤化。尿嘧啶既有 *α*, *β*-不饱和酮结构，又有烯醇结构，使其可以进行加成消除反应。嘧啶碱基的卤代反应都发生在 C5 上，产生 5-卤代碱基。

嘧啶 5-位氟化时，糖羟基需保护，而溴化时糖羟基不需保护。5-氟尿嘧啶的制备是以酰化的尿嘧啶为起始反应物，以三氟甲基次氟酸酯（CF_3OF）为催化剂，在惰性溶剂中反应，生成嘧啶 5- 位氟化产物[30-31]（图 4-34）。

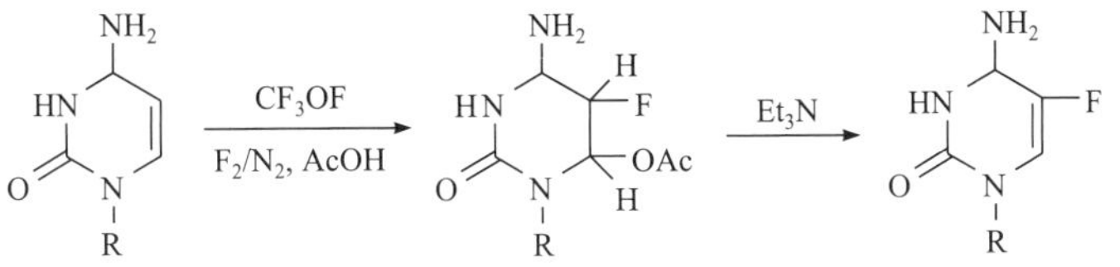

图 4-34　嘧啶 5- 位氟化[30-31]

嘧啶在溴水中经过加成和消除反应，可以合成 5- 位溴化的嘧啶核苷。（图 4-35）。

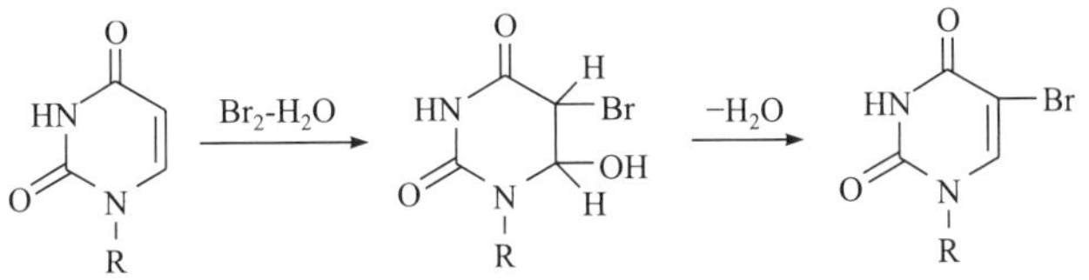

图 4-35　嘧啶 5- 位溴化[30-31]

4.2　糖基 2- 位修饰

糖基修饰一般发生在糖基 2- 位，主要为糖基 2- 位烷基化和氟化。

1）Ludwig-Eckstein 策略

先将核苷酸 5- 位通过三苯甲基化进行保护，随后进行 2- 位和 3- 位乙酰化，引入修饰基团，最后脱保护 4,4- 二甲基三甲苯（DMTr）基团生成目标产物 90[32]（图 4-36）。

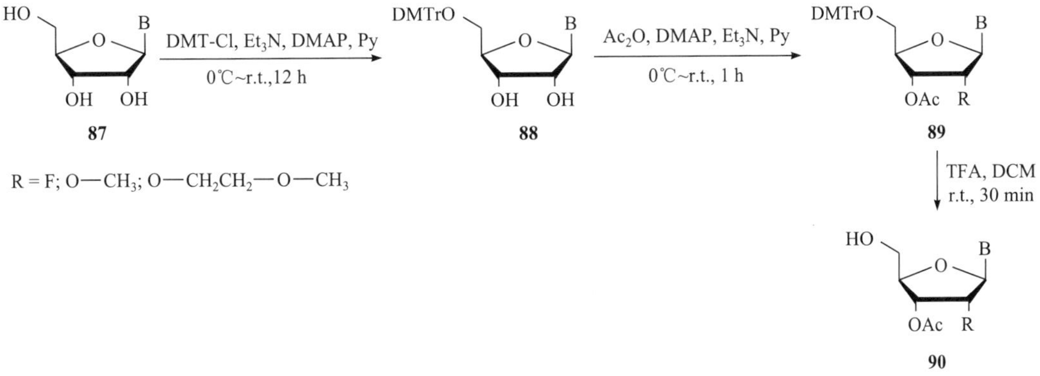

R = F; O—CH$_3$; O—CH$_2$CH$_2$—O—CH$_3$

图 4-36　利用 Ludwig-Eckstein 策略实现糖基 2- 位修饰[32]

2）Ludwig-Eckstein 拓展策略

核苷酸 91 的 5-OH 和中间保护基团迅速反应，生成中间体 92[32]，再进一步氧化生成另一中间体 93，萃取分离后与焦磷酸进行反应，使乙酰基脱保护，生成产物 94（图 4-37）。此拓展策略比 Ludwig-Eckstein 策略产率更高。

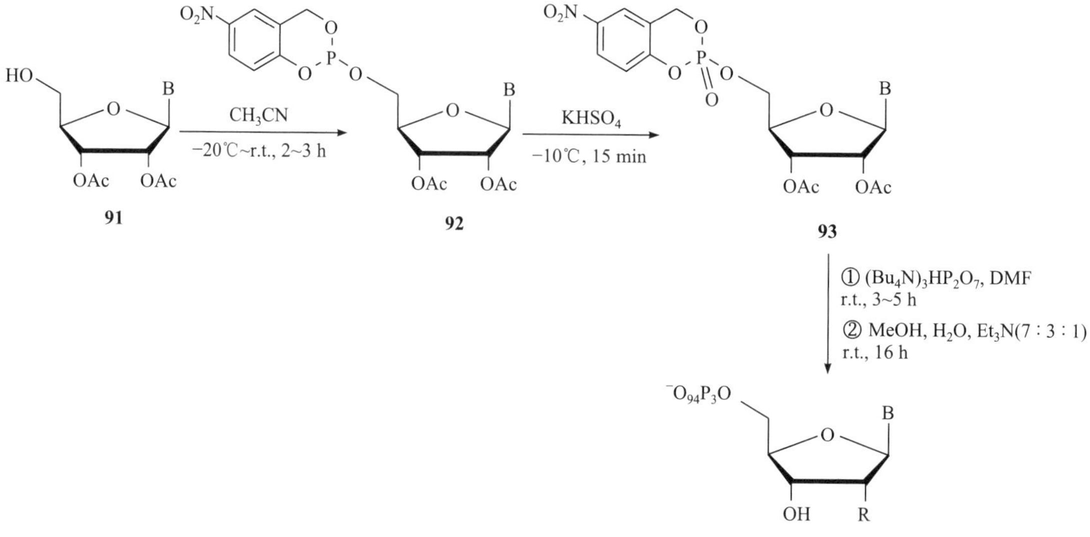

图 4-37　利用 Ludwig-Eckstein 拓展策略实现糖基 2- 位修饰 [32]

4.3　磷酸骨架修饰

　　磷酸骨架的修饰主要为非桥连氧原子的硫代修饰，生成硫代磷酸酯。硫代磷酸酯的合成一般是在亚磷酰胺法固相合成核酸长链过程中，通过使用硫转移试剂，引入硫代磷酸酯，完成磷酸骨架的修饰 [33]。

　　较常用的硫转移试剂为 3*H*-1,2- 苯并二硫醇 -3- 酮 -1,1- 二氧化物（Beaucage 试剂）和 *N*, *N*- 二甲基 -*N'*-（3- 硫代 -3*H*-1,2,4- 二噻唑 -5- 基）甲脒（DDTT）。

思　考　题

1. 碱基的修饰位点主要有哪些?

2. 简述嘌呤 6- 位烷基化的主要方法。

3. 简述嘌呤 6- 位和 8- 位芳基化的主要方法。

4. 简述嘌呤 6- 位和 8- 位卤化的区别。

5. 简述嘌呤 6- 位和 8- 位的主要胺化方法。

6. 简述嘧啶 4- 位的修饰方法。

7. 简述碱基化学修饰中常用的偶联反应及其机理。

8. 嘧啶 5- 位的修饰方法有哪些?

9. 嘧啶 4- 位和 5- 位修饰方法的区别是什么?

10. 简述糖基化学修饰的主要位点和方法。

11. 糖基修饰方法中，Ludwig-Eckstein 策略和 Ludwig-Eckstein 拓展策略各自的优势是什么?

12. 磷酸骨架的修饰位点在哪里?

13. 磷酸骨架修饰过程中用到的硫转移试剂有哪些?

14. 核酸修饰的应用有哪些?

参 考 文 献

[1] Yamane A, Matsuda A, Ueda T. Reaction of 6-methylsulfonylpurine riboside with carbon nucleophiles and the synthesis of 6-alkylpurine (nucleosides and nucleosides. XXIX). Chemical and Pharmaceutical Bulletin, 1980, 28(1): 150-156.

[2] Guo H M, Zhang Y, Niu H Y, et al. Microwave promoted C6-alkylation of purines through S(N)Ar-based reaction of 6-chloropurines with 3-alkyl-acetylacetone. Organic & Biomolecular Chemistry, 2011, 9(7): 2065-2068.

[3] Tobrman T, Dvořák D. 'Reductive heck reaction' of 6-halopurines. Tetrahedron Letters, 2004, 45(2): 273-276.

[4] Hayashi E, Shimada N, Matsuoka Y, et al. On the reaction of 9-phenyl-9H-purine and 7-phenyl-7H-purine with Grignard reagent. Yakugaku Zasshi: Journal of the Pharmaceutical Society of Japan, 1979, 99(2): 114-119.

[5] Gundersen L L, Kristin B A, Jørgen A A, et al. 6-Halopurines in palladium-catalyzed coupling with organotin and organozinc reagents. Tetrahedron, 1994, 50(32): 9743-9756.

[6] Taylor E C, Jacobi P A. Letter: An unequivocal total synthesis of L-erythro-biopterin. Journal of the American Chemical Society, 1974, 96(21): 6781-6782.

[7] Butora G, Schmitt C, Levorse D A, et al. The elusive 8-fluoroadenosine: a simple non-enzymatic synthesis and characterization. Tetrahedron, 2007, 63(18): 3782-3789.

[8] Griffith D A, Hadcock J R, Black S C, et al. Discovery of 1-[9-(4-chlorophenyl)-8-(2-chlorophenyl)-9H-purin-6-yl]-4-ethylaminopiperidine-4-carboxylic acid amide hydrochloride (CP-945,598), a novel, potent, and selective cannabinoid type 1 receptor antagonist. Journal of Medicinal Chemistry, 2009, 52(2): 234-237.

[9] Liu J Q, Robins M J. Fluoro, alkylsulfanyl, and alkylsulfonyl leaving groups in suzuki cross-coupling reactions of purine 2′-deoxynucleosides and nucleosides. Organic Letters, 2005, 7(6): 1149-1151.

[10] Čerňa I, Pohl R, Klepetářová B, et al. Synthesis of 6,8,9-tri- and 2,6,8,9-tetrasubstituted purines by a combination of the suzuki cross-coupling, N-arylation, and direct C—H arylation reactions. The Journal of Organic Chemistry, 2008, 73(22): 9048-9054.

[11] Bramsen J B, Kjems J. Development of therapeutic-grade small interfering RNAs by chemical engineering. Frontiers in Genetics, 2012, 154(3): 1-22.

[12] Villemin D, Gómez-Escalonilla M J, Saint-Clair F. Palladium-catalysed phenylation of heteroaromatics in water or methylformamide under microwave irradiation. Tetrahedron Letters, 2001, 42(4): 635-637.

[13] Véliz E A, Beal P A. 6-bromopurine nucleosides as reagents for nucleoside analogue synthesis. The Journal of Organic Chemistry, 2001, 66(25): 8592-8598.

[14] Lakshman M K, Hilmer J H, Martin J Q, et al. Palladium catalysis for the synthesis of hydrophobic C-6 and C-2 aryl 2′-deoxynucleosides. Comparison of C—C versus C—N bond formation as well as C-6 versus C-2 reactivity. Journal of the American Chemical Society, 2001, 123(32): 7779-7787.

[15] Boudet N, Dubbaka S R, Knochel P. Oxidative amination of cuprated pyrimidine and purine derivatives. Organic Letters, 2008, 10(9): 1715-1718.

[16] Agrofoglio L A, Gillaizeau I, Saito Y. Palladium-assisted routes to nucleosides. Chemical Reviews, 2003, 103(5): 1875-1916.

[17] Sun H R, Di Magnos G. Room-temperature nucleophilic aromatic fluorination: experimental and theoretical studies. Angewandte Chemies International Edition, 2006, 45(17): 2720-2725.

[18] Inamori Y, Kato Y, Kubo M, et al. The biological actions of deoxypodophyllotoxin (anthricin). Ⅰ . Phys-

iological activities and conformational analysis of deoxypodophyllotoxin. Chemical and Pharmaceutical Bulletin, 1985, 33(2): 704-709.

[19] Hocek M, Holý A, Dvořáková H. Cytostatic 6-arylpurine nucleosides Ⅳ+. synthesis of 2-substituted 6-phenylpurine ribonucleosides. Cheminform, 1925, 34(3): 325-335.

[20] Hocek M, Pohl R. Regioselectivity in cross-coupling reactions of 2,6,8-trichloro-9-(tetrahydropyran-2-yl) purine: synthesis of 2,6,8-trisubstituted purine bases. Synthesis, 2004, 1(17): 2869-2876.

[21] Tan K L, Park S, Ellman J A, et al. Intermolecular coupling of alkenes to heterocycles via C—H bond activation. The Journal of Organic Chemistry, 2004, 69(21): 7329-7335.

[22] Arsenyan P, Ikaunieks M, Belyakov S. Stille coupling approaches for the synthesis of 8-aryl guanines. Tetrahedron Letters, 2007, 48(6): 961-964.

[23] Western E C, Daft J R, Johnson E M, et al. Efficient one-step suzuki arylation of unprotected halonucleosides, using water-soluble palladium catalysts. The Journal of Organic Chemistry, 2003, 68(17): 6767-6774.

[24] Samoun S, Messaoudi S, Peyrat J F, et al. Microwave-assisted Pd(OH)$_2$ -catalyzed direct C—H arylation of free-(NH$_2$) adenines with aryl halides. Tetrahedron Letters, 2008, 49(51): 7279-7283.

[25] Schmitt L, Tampé R. ATP-lipids-protein anchor and energy source in two dimensions. Journal of the American Chemical Society, 1996, 118(24): 5532-5543.

[26] Boudet N, Dubbaka S R, Knochel P. Oxidative amination of cuprated pyrimidine and purine derivatives. Organic Letters, 2008, 10(9): 1715-1718.

[27] Schoffers E, Olsen P D, Means J C. Synthesis of C8-adenosine adducts of arylamines using palladium catalysis. Organic Letters, 2001, 3(26): 4221-4223.

[28] Moreau C, Wagner G K, Weber K, et al. Structural determinants for N1/N7 cyclization of nicotinamide hypoxanthine 5′-dinucleotide (NHD+) derivatives by ADP-ribosyl cyclase from *Aplysia californica*: Ca^{2+}-mobilizing activity of 8-substituted cyclic inosine 5′-diphosphoribose analogues in T-lymphocytes. Journal of Medicinal Chemistry, 2006, 49(17): 5162-5176.

[29] Gannett P M, Sura T P. An improved synthesis of 8-bromo-2′-deoxyguanosine. Synthetic Communications, 2006, 23(11): 1611-1615.

[30] 陈宏博, 李忠义. 生物有机化学. 大连: 大连理工大学出版社, 2011.

[31] 古练权, 马林. 生物有机化学. 北京: 高等教育出版社, 1998.

[32] Flamme M, McKenzie L K, Sarac I, et al. Chemical methods for the modification of RNA. Methods, 2019, 161(1): 64-82.

[33] Zhou W H, Wang F, Ding J S, et al. Tandem phosphorothioate modifications for DNA adsorption strength and polarity control on gold nanoparticles. ACS Applied Materials and Interfaces, 2014, 6(17): 14795-14800.

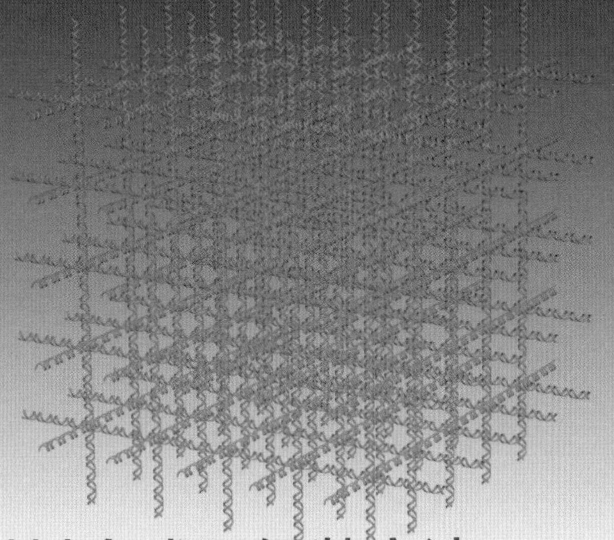

第**5**章

核酸功能材料合成和组装方法

　　本章介绍核酸功能材料的合成和组装方法，包括枝状 DNA 单体和瓦块单元两种结构基元的构建方法，以及枝状 DNA、框架核酸、核酸纳米颗粒和 DNA 水凝胶四种典型核酸功能材料的合成和组装方法。

5.1　结　构　基　元

5.1.1　枝状 DNA 单体

　　线性 DNA 具有设计简单和获取容易的优点，是最常用的结构基元。设计碱基序列是构建线性 DNA 基元过程中至关重要的环节。为了保证碱基序列组装形成所需构象，需要考虑序列长度、GC 含量、吉布斯自由能和二级结构等多种因素。稳定 DNA 结构的形成需要核苷酸链有一定长度，且具有较低的自由能，以避免形成自二聚体、二级结构、三联体或 Z-DNA 等非目标结构。根据自我识别、构建网络结构等需求，还需考虑 DNA 的末端序列设计。例如，具有回文黏性末端的枝状 DNA 可以发生分子间自互补，进而形成 DNA 网络水凝胶等自组装材料。

　　由于线性 DNA 延伸方向有限，难以构筑高度有序的结构，因此需要引入一种可从多维度扩展的 DNA 结构作为构筑单元。枝状 DNA 是一种具有从单一分支点延伸出多条 DNA 分支臂的结构。相比于线性 DNA，枝状 DNA 的结构更为丰富，因此更有利于组装成高度复杂、精准可控的多功能核酸材料。目前枝状 DNA 结构单体有碱基配对、化学键连接和酶延伸三种合成方式。

　　1. 基于碱基配对的合成方法

　　基于碱基配对的合成方法，利用 A 与 T、G 与 C 的特异性识别配对，依靠氢键和碱基堆积力合成枝状 DNA 单体，要求枝状 DNA 的各分链间彼此部分互补。以三枝状 DNA（Y-DNA）为例[1]，如图 5-1 所示，Y-DNA 由三条部分互补的单链 DNA 组成，分别标记为蓝色、绿色和红色。蓝色链的部分序列与绿色链的部分序列互补，绿色链的部分序列与红色链的部分序列互补，红色链的部分序列与蓝色链的部分序列互补。Y-DNA的分支臂包含两个区域，双链互补区域和单链黏性末端区域。双链互补区域主要用于维持结构的刚性和稳定性，单链黏性末端区域主要用于结构延展和功能化修饰。

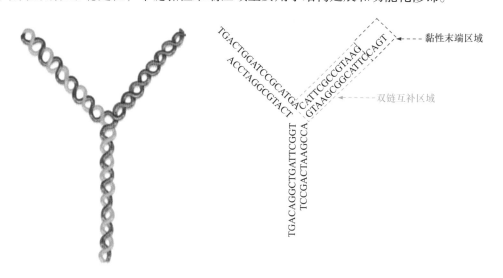

图 5-1 Y-DNA 的构建 [1]

Y-DNA 可以通过逐步组装和一步组装两种方法合成。如图 5-2 所示，逐步组装是指先将两条 DNA 链混合制得中间体，然后加入第三条链，形成 Y-DNA。假设组成链分别为 Y_a、Y_b 和 Y_c，在逐步组装过程中，先将 Y_a 链和 Y_b 链混合形成 Y_{a-b} 结构，再加入 Y_c 链；或将 Y_a 链和 Y_c 链混合形成 Y_{a-c} 结构，再加入 Y_b 链；或将 Y_b 链和 Y_c 链混合形成 Y_{b-c} 结构，再加入 Y_a 链。一步组装是指将三条链同时混合，通过"一锅法"进行合成，不区分加入顺序。逐步组装和一步组装两种方法均可成功制备 Y-DNA，产率均接近 100%，这既说明 DNA 链的加入顺序不会影响枝状 DNA 的组装，也证明基于碱基配对的组装方式具有多样性、可操作性和高组装效率。

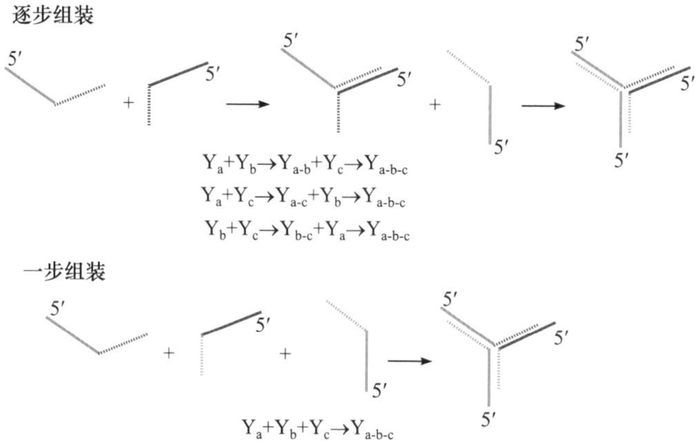

逐步组装

$Y_a+Y_b\rightarrow Y_{a-b}+Y_c\rightarrow Y_{a-b-c}$
$Y_a+Y_c\rightarrow Y_{a-c}+Y_b\rightarrow Y_{a-b-c}$
$Y_b+Y_c\rightarrow Y_{b-c}+Y_a\rightarrow Y_{a-b-c}$

一步组装

$Y_a+Y_b+Y_c\rightarrow Y_{a-b-c}$

图 5-2 Y-DNA 的逐步组装和一步组装 [1]

合理的序列设计是成功合成枝状 DNA 单体的关键，需要遵循三条基本原则：①通过调控优化碱基组成和单链 DNA 长度，DNA 组成链间彼此部分互补配对，且具有较高的结合能，即满足熔解温度（T_m 值）高于组装温度的要求；②避免单链形成稳定的二级结构；③在上述基础上，单链 DNA 须不出现相同序列，以避免分支点的动态迁移。基于碱基配对的枝状 DNA 单体合成方法具有众多优点，如合成操作便捷和无需后续纯化等，适用于动态 DNA 元件和生物体内原位动态系统的构建。

催化发卡组装是最常用的基于碱基配对的合成方法，可以合成多枝状 DNA 单体。参与组装的元件包括 DNA 触发链和若干亚稳态的发卡链。触发链和发卡链均具有特定序列和精确结构，其中发卡链为含有黏性末端的茎环结构。在催化发卡组装中，黏性末端也称为支点域。

当没有触发链时，由于较高的动力学势垒，环中储能的发卡不能发生构象转变，而是保持稳定的茎环结构。当添加触发链时，发卡链的茎环结构打开，经分支迁移后互补形成带有黏性末端的双链 DNA 结构。

以 Y-DNA 为例[2]，组装元件包括触发链 I 和三种发卡链，分别称为 A、B、C，具体过程见图 5-3。

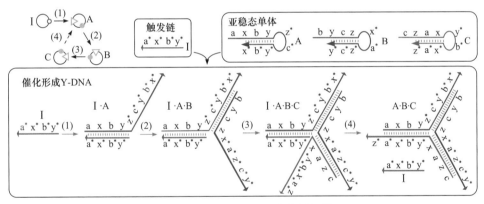

图 5-3　Y-DNA 的催化发卡组装[2]

（1）触发链 I 的支点域 a* 与发卡链 A 的支点域 a 互补结合，经过链置换反应和分支迁移后，打开发卡链 A。

（2）发卡 A 暴露出序列（z*+c*+y*+b*+x*），包含与发卡链 B 支点域 b 互补结合的 b*，作为新的触发链，触发发卡链 B 的打开。

（3）被打开的发卡链 B 暴露出新的触发链（x*+a*+z*+c*+y*），继续触发打开发卡链 C。

（4）发卡链 C 被打开后，将最开始结合的触发链 I 置换下来，释放的触发链 I 继续参与下一轮的催化发卡组装。

其中，触发链具有两个作用：①作为催化剂，降低反应的活化能，保证反应顺利开始；②作为循环元件用于下一轮反应，直至消耗掉所有的发卡链。

催化发卡反应是无酶的等温过程，仅需少量反应试剂即可触发。该反应能高效地将单链 DNA 扩增成枝状 DNA，在等温核酸扩增、生物分子检测和分子机器等领域有广阔的应用前景。

2. 基于化学键连接的合成方法

基于化学键的合成方法通常需要借助非核酸化学分子，如有机金属络合物、二硫化物和有机分子等，这些化学分子一般充当枝状 DNA 的分支点。化学键的引入为 DNA 链的有序排布提供了核心与定制位点，丰富了枝状 DNA 的结构与化学性质，有效缓解了链间张力，提高了枝状 DNA 结构的柔性和热稳定性。

1）有机金属络合物

以有机金属络合物为分支点的枝状 DNA 单体通常由固相合成法制成。以分支点为过渡金属钌（Ru）的有机络合物的枝状 DNA 为例 [3]，如图 5-4 所示，该枝状 DNA 包含两条平行的 DNA 链，以 Ru 的有机络合物 cis-[(bpy)₂Ru(imidazole)₂]²⁺ 为分支点，DNA 链与分支点之间通过己基间隔链相连。该金属络合物具有氧化还原、荧光和光催化的特性，通过序列设计和配体设计，以 Ru（Ⅱ）络合物为分支点的枝状 DNA 单体可以组装形成环形 DNA、带状 DNA 等结构。

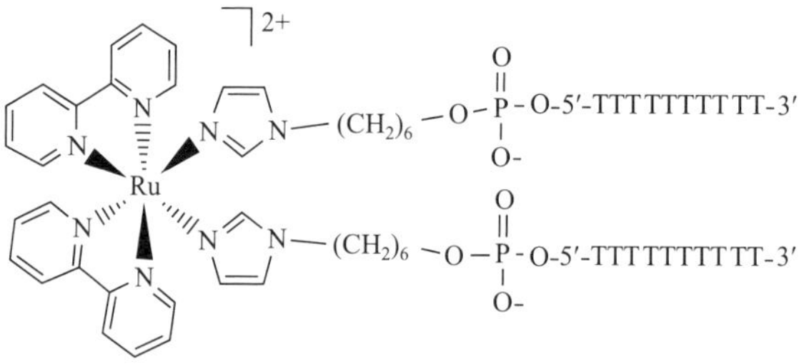

图 5-4　以有机金属络合物为分支点的枝状 DNA[3]

有机金属络合物的引入有效缓解了 DNA 链间分子张力，其几何构型和配位方式直接影响 DNA 链的排布方式和枝状 DNA 的分支臂数量。除 Ru 之外，还有很多过渡金属，如镍（Ni）、铁（Fe）、锌（Zn）等，均可以形成有机金属络合物，用于构建枝状 DNA 单体。以有机金属络合物为分支点形成的枝状 DNA 单体分支臂数量可达两条至八条不等，具有结构多样性与很强的化学稳定性，还具有过渡金属赋予的氧化还原能力、光催化活性、电活性与荧光性能等。

2）二硫化物

以二硫化物为分支点的枝状 DNA 单体是将二硫化物或其衍生物作为 DNA 链间的连接分子，二者通过共价作用和氢键连接，这种方法可以有效削弱枝状 DNA 链间的分子张力 [4]。首先将二硫键修饰在 DNA 链外侧的磷原子上，连接两条 DNA 单链，然后根据双链间碱基互补配对，通过"一锅法"制备枝状 DNA 单体。由于二硫键可以连接两条方向不同的 DNA 链，产生两个非对映体，故经碱基互补配对后，可以产生平行构型和反平行构型两类枝状 DNA 单体，见图 5-5。

3）有机分子

以有机分子为分支点的枝状 DNA 单体制备方法可以分为固相亚磷酰胺化学法、模板指导的化学复制法和交叉耦合反应三类。

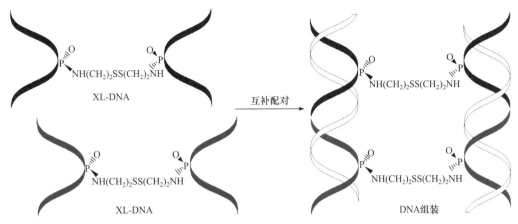

图 5-5　以二硫化物为分支点的枝状 DNA[4]

固相亚磷酰胺化学法是最早应用于合成以有机分子为分支点的枝状 DNA 的方法之一。该方法先将枝状的有机分子固定在固相支撑物表面，然后利用固相亚磷酰胺化学法在枝状有机分子的各个分支上原位生成寡核苷酸链，即生成以有机分子为分支点的枝状 DNA。以有机分子为分支点的枝状 DNA 分支臂数量和分支层数取决于枝状有机分子固有的分支数量和分支层数，也称为"代"。以有机分子为分支点的枝状 DNA 各层间均由共价键连接，具有极好的热稳定性，甚至能在 95℃高温下形成稳定的核酸功能材料。有机分子的引入缓解了 DNA 分子的链间张力，以其作为分支核心，可同时组装八条 DNA 链，几乎达到枝状 DNA 分支臂的数量极限。

模板指导的化学复制法在固相亚磷酰胺化学法的基础上发展而来，一般以固相亚磷酰胺化学法合成的有机分子 – 枝状 DNA 作为模板。修饰特定基团的游离单链 DNA 分子先与有机分子 – 枝状 DNA 中的分支链通过碱基互补配对结合，再加入有机分子与单链 DNA 分子上的特定基团化学偶联，生成新的有机分子 – 枝状 DNA 分子。在此过程中，模板分子的分支链指导了游离 DNA 链在特定位置上的走向和排布，有助于进行后续的化学偶联反应。

固相亚磷酰胺化学法和模板指导的化学复制法均存在局限性，即 DNA 分子与有机分子之间方向固定，限制了 DNA 序列的双向延伸。与之相比，交叉耦合反应作为合成有机分子 – 枝状 DNA 杂化化合物常用方法之一，对 DNA 链的合成方向没有限制，具有较高的产率和纯度。根据参与的反应基团种类不同，交叉耦合反应可分为多种类型，如氨基耦合反应、异硫脲键耦合反应、硫醇耦合反应和点击化学反应等。下面以氨基耦合反应为例介绍以有机分子为分支点的枝状 DNA 单体的具体制备过程[5]。氨基修饰的 DNA 链和 N-羟基琥珀酰亚胺（NHS）修饰的苯三羧酸酯经氨基耦合反应，形成有机分子 – 单链 DNA 的枝状结构，然后通过 DNA 杂交和连接技术，制备出微米级的有机分子 – 双链 DNA 枝状结构，见图 5-6。

有机分子的特定构型为枝状 DNA 的构建提供了预设的延伸方向和可控的位点，提高了枝状 DNA 的结构多样性和热稳定性。点击化学反应作为常用的交叉耦合反应，通常发生在炔烃修饰的 DNA 链与叠氮基团之间，具有反应条件温和、化学选择性强、产率高和反应速率快等特点。

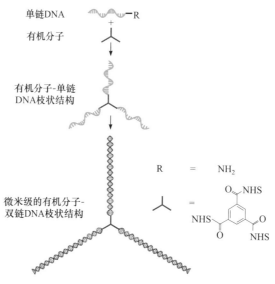

图 5-6　以有机分子为分支点的枝状 DNA[5]

3. 基于酶延伸的合成方法

在传统的聚合酶链式反应（polymerase chain reaction，PCR）中，若使用枝状 DNA 作为引物，在经历高温变性后，引物无法保持枝状结构，不能得到具有超长链的枝状 DNA。为解决此问题，研究者开发出一种枝状 PCR 方法[6]。区别于传统 PCR 中常用的单链 DNA 引物，枝状 PCR 中以添加化学修饰（如补骨脂素修饰）的热稳定性枝状 DNA 作为引物链，经变性、退火和延伸后，生成超长链枝状 DNA，见图 5-7。

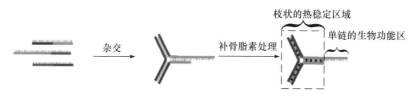

图 5-7　热稳定性枝状 DNA 引物的制备 [6]

如图 5-8 所示，DNA 分子与补骨脂素共孵育时，补骨脂素优先嵌入富含碱基 T 的双链区域，经紫外光照射后，补骨脂素与碱基 T 之间形成共价键，即锁定双链。即使碱基间的氢键在高温下被打开，共价键的存在也可以保证枝状 DNA 的稳定性，且不影响其中单链 DNA 的生物功能区。

热稳定性枝状 DNA 可制备多种功能性材料。在枝状 DNA 两端修饰荧光分子，经枝状 PCR 扩增后可得到一系列带有特定荧光标记的枝状 PCR 产物，见图 5-9（a）。也可将枝状 DNA 的三条黏性末端均设计为 PCR 的前后引物，制得具有超长链的枝状 DNA，见图 5-9（b）。

总的来说，枝状 DNA 单体构建方法分为基于碱基配对、化学键连接和酶延伸三种。不同的方法各具特色，适用于不同的场景，具体见表 5-1。

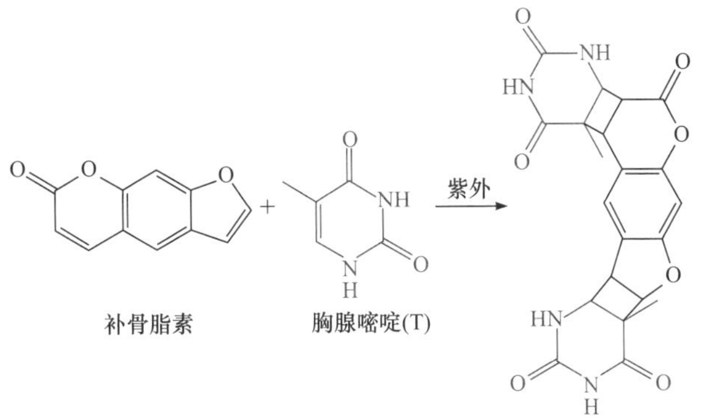

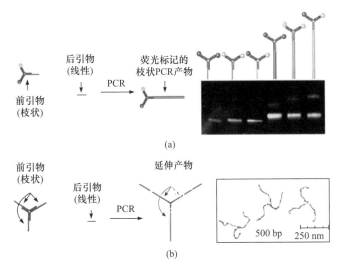

图 5-8　补骨脂素与碱基 T 形成共价键[6]

图 5-9　枝状 PCR 制备得到的荧光标记产物（a）和超长链枝状 DNA（b）[6]

表 5-1　枝状 DNA 单体的构建方法及其特点与应用

构建方法	特点	应用场景
基于碱基配对	① 非共价作用力 ② 热灵敏性 ③ 操作便捷 ④ 环境友好 ⑤ 无需后期纯化	① 动态元件的构建 ② 生命体系中原位无损反应
基于化学键连接	① 减弱链间张力 ② 良好的稳定性 ③ 几何构象和配位模式影响枝状 DNA 单体拓扑结构 ④ 控制枝状 DNA 链间相对导向 ⑤ 快速性和鲁棒性 ⑥ 允许自我复制和顺序组装	① 适用于需要氧化还原、光活性、磁性、催化和荧光性能的体系 ② 合成大多数有机分子与枝状 DNA 的共轭体 ③ 枝状 DNA 与蛋白质、多种活性有机分子的连接 ④ 不对称枝状 DNA 的构建
基于酶延伸	① DNA 链的高效扩增 ② 原子经济性高 ③ 绿色化学	具有超长分支臂的枝状 DNA、DNA 网络和水凝胶的构建

5.1.2 瓦块单元

1. 枝状 DNA 瓦块

由于 DNA 分子间存在固有的静电斥力和分子张力，枝状 DNA 的合成难度随着分支臂数量的增多而上升。为了缓解分子张力对合成枝状 DNA 的影响，研究者构建出了一种多点星状枝状 DNA（multi-point-star branched DNA）结构。以三点星状枝状 DNA（three-point-star branched DNA）为例[7]，该结构旋转对称，每个分支臂含有两股 DNA 双链。如图 5-10 所示，两股 DNA 双链保持紧密堆积的平行状态，因此该结构具有良好的稳定性和刚性。

三点星状枝状 DNA 由三部分组成，包括一条具有重复序列的长链 DNA（蓝色和红色链，L/L′），三条固定链（绿色链，M）和三条外围短链（黑色链，S）。其中蓝色链与绿色链的部分区域互补，黑色链与绿色链的部分区域互补，蓝色链与黑色链之间没有互补区域。黑色链和绿色链均设计有黏性末端，用于结构的延伸，见图 5-11。这种结构最大的特点在于中心环（红色链）的设计，中心环的存在有效降低了侧链分子间张力。经过合理的序列设计，这种多点星状枝状 DNA 瓦块可以进一步组装成高度有序的二维阵列和三维多面体结构。

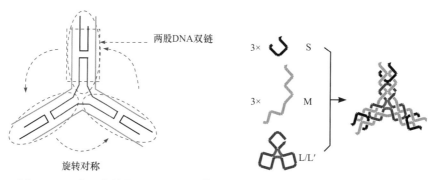

图 5-10　三点星状枝状 DNA 的结构[7]　　　图 5-11　枝状 DNA 瓦块的构建[7]

2. DNA 张拉整体三角形瓦块

为获得更稳定的枝状 DNA 结构，研究者构建了一种枝状 DNA 单体——DNA 张拉整体三角形[8]，其由 L、M 和 S 三种类型的链按一定化学计量比制成，见图 5-12。L 链和 M 链组成三角形骨架，带有黏性末端的 S 链可实现结构延伸。DNA 张拉整体三角形具有三重旋转对称的空间结构，可向六个不同平面延伸，具备良好的力学性能。刚性的双螺旋区域能够有效增强结构的机械强度，较为柔性的单链 DNA 区域能在一定程度上维持结构的松弛状态，平衡两个区域间的张力，保持三个内角为 60°。通过调整 DNA 张拉整体三角形的边长可得到具有特定晶格和衍射分辨率的三维晶体结构。

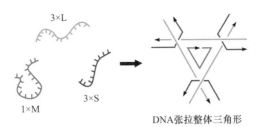

图 5-12　DNA 张拉整体三角形的构建 [8]

5.2　枝状 DNA

枝状 DNA 是常见的 DNA 构型之一，通常由多条 DNA 分支臂从分支点延伸得到，具有以下特性：①枝状 DNA 的分支臂可根据需要设计，具有各向同性或各向异性、对称性或非对称性；②枝状 DNA 的分支臂可修饰或连接多种功能性元件，如荧光团、纳米颗粒和刺激响应性元件等；③枝状 DNA 可作为重复的生长构筑模块，经分支臂上黏性末端自组装，以可控方式构建高度有序的 DNA 结构，如 DNA 阵列、DNA 多面体、DNA 晶体和 DNA 水凝胶等。因此，枝状 DNA 不仅具备线性 DNA 分子的特性，如序列可编程性、分子可操纵性、特异性识别能力和生物学功能等，还具有多价性、尺寸可调性和结构精准可控性等特性。这些特性使枝状 DNA 作为一种灵活通用的构筑模块，精准构建高度复杂的功能结构和材料，广泛应用于分子诊断、蛋白工程、细胞工程和生物医学等领域。本节介绍枝状 DNA 的四种组装方式：瓦块介导组装、DNA 折纸、动态组装和杂化组装。

5.2.1　瓦块介导组装

瓦块介导组装以枝状 DNA 单体作为构筑模块，即瓦块基序，通过单链悬垂的杂交连接形成复杂结构。在瓦块介导组装中，不同的枝状 DNA 单体具有不同的结构和力学性能，适用于构建不同类型的复杂结构。

1. 以枝状 DNA 为单体

1）模块组装法

模块组装法是瓦块介导组装的代表，开辟了由多点星状枝状 DNA 构筑二维或三维 DNA 精准结构的新途径。精确设计的、具有不同旋转对称性的多点星状枝状 DNA 可以形成不同类型的周期性 DNA 阵列。例如，三点星状枝状 DNA 基序可以构建六边形二维 DNA 阵列，四点星状枝状 DNA 基序可以构建四边形二维 DNA 阵列等。多点星状枝状 DNA 的序列与长度和分子张力影响最终组装体的稳定性、刚性和几何构型。以三点星状枝状 DNA 基序构建六边形二维 DNA 阵列为例 [9]。三点星状枝状 DNA 的中心环设计为聚胸腺嘧啶序列，阻止碱基间的堆积。如图 5-13 所示，两个中心环间的 DNA 双链约为 4.5 个螺旋（47 个碱基对），消除相邻单体间的扭曲，保证结构沿平面进行延展。

黏性末端序列的回文设计便于结构的无限延伸，形成具有周期性图案排布的六边形二维DNA阵列。

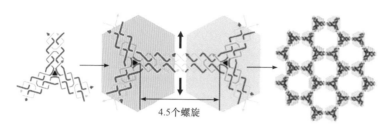

图 5-13　模块组装法制备二维 DNA 阵列结构[9]

模块组装法也可以用于构建枝状 DNA-RNA 杂交模块，形成的杂交模块作为可编程的构建单元可进一步构造二维 DNA-RNA 杂交阵列。完全由短链构建的 DNA 线框通过模块组装法可以形成具有不同构型的二维 DNA 阵列。由于该方法没有固定的长链支架作为模板，与"乐高积木"拼装过程类似，因此也称为无支架的"乐高"法。

2）表面介导组装法

表面介导组装法一般包括在溶液中退火形成模块和在固体表面形成二维纳米阵列两个过程[10]。如图 5-14 所示，在表面介导组装过程中，温度是非常重要的参数，需要将单个模块与整个阵列的形成温度控制在合适的范围内。另外，精细设计邻近分支间的角度和分支长度，可以在固体表面通过钝端堆积形成不规则的 DNA 阵列。相比于在溶液中组装的方法，表面介导组装法可以省略样品从制备到表征的过程，并且防止形成三维聚集体。

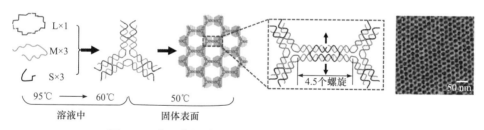

图 5-14　表面介导组装法制备二维 DNA 阵列结构[10]

3）多层级组装法

多层级组装法在指导枝状 DNA 构建三维 DNA 多面体方面具有很大的潜力。在多层级组装中枝状 DNA 的分支点一般作为 DNA 多面体的顶点，黏性末端连接体作为多面体的边。调整枝状 DNA 分支臂的长度和曲率，可以增加结构的多样性。降低枝状单体的浓度，更有利于形成多面体结构。枝状 DNA 在序列、长度、角度和方向上具有多样性，可以通过多种组合方式构建 DNA 多面体。如图 5-15 所示，同一类型的多点星状枝状 DNA 单体可以构建不同类型的 DNA 多面体，如三点星状枝状 DNA 在调控中心环碱基数和单体浓度的条件下可分别得到 DNA 四面体、十二面体和巴基球等构型[7]。不同类型多点星状 DNA 也可以协同构成同一类型的 DNA 多面体。一般来说，形成的

DNA 多面体构型受单体浓度、中心环长度、分支臂数量、双链长度和螺旋数等多种因素影响。

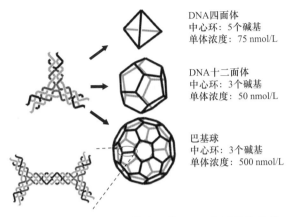

DNA四面体
中心环：5个碱基
单体浓度：75 nmol/L

DNA十二面体
中心环：3个碱基
单体浓度：50 nmol/L

巴基球
中心环：3个碱基
单体浓度：500 nmol/L

图 5-15　多层级组装法构建三维 DNA 多面体结构 [7]

多层级组装法也可以用于构建具有精准定位和有限边界的 DNA 阵列 [11]。在传统的多层级组装法中，单链 DNA 首先连接形成构筑单体，然后经黏性末端相互连接，自组装形成二维 DNA 纳米阵列，见图 5-16（a）。反向层级组装法则以单链 DNA 构建含有多单链分支的构筑单体作为连接线，也可以作为反向层级组装的分支结，通过自组装形成含有周期性晶格的 DNA 纳米结构，见图 5-16（b）。与传统多层级组装法相比，反向层级组装法有利于形成拓扑中心对称的超支化结构，可以设计出半双股连接线 [图 5-16（c）] 和双股连接线 [图 5-16（d）]，两种连接线巧妙组合，通过自组装形成稳定的零维、一维、二维、三维 DNA 阵列。

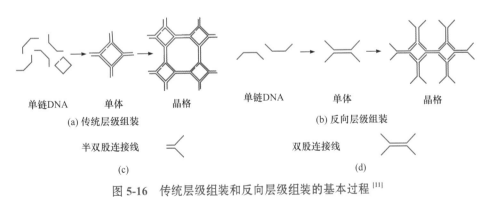

单链DNA　　　单体　　　晶格　　　　单链DNA　　　单体　　　晶格

(a) 传统层级组装　　　　　　　　　　(b) 反向层级组装

半双股连接线　　　　　　　　　　　双股连接线

(c)　　　　　　　　　　　　　　(d)

图 5-16　传统层级组装和反向层级组装的基本过程 [11]

多层级组装中存在两种极限情况，最小化组装步骤（也称为组装深度）和最小化组装单元数 [12]。以 4 行 ×4 列的 DNA 阵列为例，如图 5-17（a）所示，在最小化组装步骤的情况下，需要 16 个基序参与组装，这 16 个基序均含有独立设计的黏性末端，等摩尔混合后，经一步法制备得到 DNA 阵列。在最小化组装单元数的情况下，每 2 个 DNA 基序构成一个序列集，16 个基序共构成 8 个序列集，8 个序列集作为基元组装成 DNA 阵列，见图 5-17（b）。平衡这两种极限，可以有效提高组装体的产率。

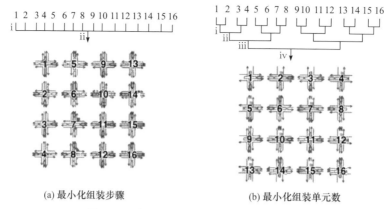

(a) 最小化组装步骤　　　　　　(b) 最小化组装单元数

图 5-17　多层级组装中的两种极限情况 [12]

4）逆向合成组装法

逆向合成组装法是从预期结构出发，按照自上而下的原则逆向推导得到所需单体构型，再将单体组装成预期结构。以组装 DNA 二十面体为例 [13]，如图 5-18 所示，按照逆向合成组装法，首先将二十面体平分成两个半二十面体结构（VU₅ 和 VL₅），然后将每个半二十面体按摩尔比 1：5 分解成两种五枝状 DNA（V 和 U 或 V 和 L）。其中 V 为半二十面体的顶部，五个分支臂延伸出的黏性末端（橙色链）能与五倍计量比的 U 和 L 相连。U 和 L 含有自互补的单链区域，分别标记为绿色链和蓝色链，可环绕在顶部的五枝状 DNA 分子周围。U 与 L 之间存在互补的黏性末端区域（紫色链），以保证结构完整密封。由该方法制备的 DNA 二十面体内部空腔较大，表面紧密，有助于生物大分子的包封和装载。在该结构基础上引入荧光基团或刺激响应性元件，可观察生物大分子在细胞内的时空分布和释放情况。逆向合成组装法具有最大化降低试错、有效缩短实验周期和丰富枝状 DNA 构型等明显优势。

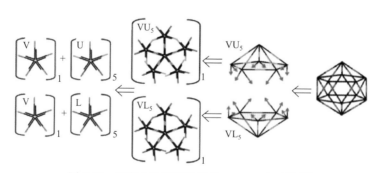

图 5-18　逆向合成组装法制备 DNA 二十面体 [13]

借助瓦块介导组装法，枝状 DNA 单体还可以重复排布形成多代枝状 DNA 分子。以三代枝状 DNA 分子的合成为例 [1]。如图 5-19 所示，Y-DNA 作为结构单元，按照"同层分子相同，异层分子相异"的原则特异性设计其黏性末端，通过碱基互补配对进行多层组装，形成多代枝状 DNA 分子。为避免发生自连接，Y-DNA 的黏性末端设计为非回文序列。多代枝状 DNA 分子具有合成产率高、表面积大、结合位点多、单分散性与稳定性良好等优点。在多代枝状 DNA 分子中引入 pH 响应模块，如 i-motif 基序，还可以赋予其刺激响应和尺寸可调等特性。

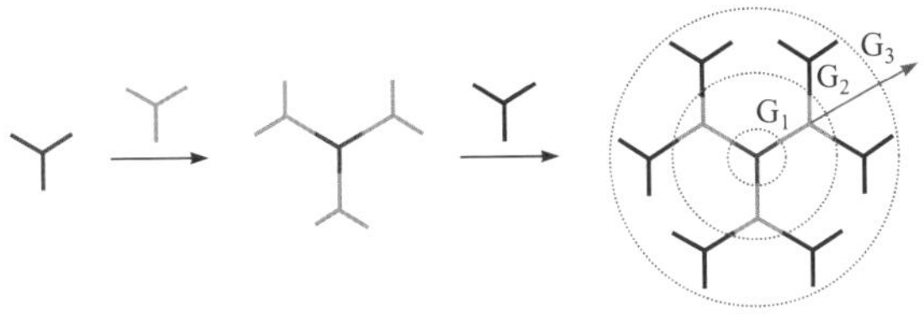

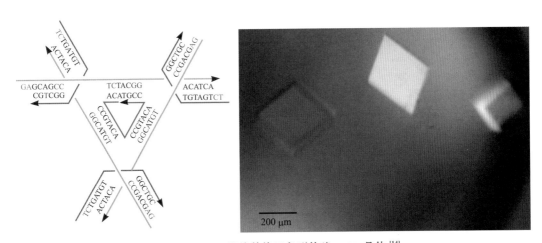

图 5-19　多代枝状 DNA 分子的组装 [1]

2. 以 DNA 张拉整体三角形为单体

借助瓦块介导组装法，结构良好的刚性 DNA 张拉整体三角形可以突破纳米尺度的限制，构建出宏观的三维 DNA 晶体 [14]。DNA 张拉整体三角形具有三重旋转对称性，在三个螺旋域交叉位置，形成了分子内角度为 60° 的具备较好刚性和机械强度的张力三角形结构。如图 5-20 所示，由于 DNA 张拉整体三角形的三个螺旋轴方向不在同一平面上，因此可以在不同平面上延伸，形成具有周期性菱形晶格的 DNA 晶体。这种 DNA 晶体的衍射分辨率可根据黏性末端的长度进行调整。在组装后引入 DNA 聚合酶，形成共价键，还可以增强三维 DNA 晶体在严苛条件下的稳定性。

图 5-20　DNA 张拉整体三角形构建 DNA 晶体 [14]

5.2.2　DNA 折纸

DNA 折纸是近年来提出的一种全新的 DNA 自组装方法，是 DNA 纳米技术与 DNA 自组装领域的一个重大进展。DNA 折纸法能够在 1 ～ 100 nm 长度范围内高产量地制造 DNA 纳米结构。在这种方法中，通过碱基互补配对，寡核苷酸 "短链" 可将长单链 DNA（single-stranded DNA，ssDNA）"支架" 可控折叠，构造高度复杂的纳米图案或结构，在新兴的纳米领域中得到了广泛应用。

以双交叉 DNA 作为局部结构的 DNA 折纸，力学刚性不足，无法进一步形成复杂结构。枝状结构单元的引入使模块间的自组装过程灵活可调、大尺度复杂线框结构的构建成为可能。一方面，枝状模块能够在一定的角度内扭转，通过更改枝状模块结点间的距离或引入曲率设计，可以产生可编程的复杂线框结构，包括二维、多层和弯曲网格状微观结构等。另一方面，除了平面连接，枝状 DNA 结构还能以预设的角度在层与层之间移动，产生具有特定几何形状的多层 DNA 纳米结构。因此，利用常规的折纸设计合成具有分支结构的枝状折纸单元能显著提高纳米结构的机械刚性，以这些枝状折纸为基础可进一步组装出尺寸更大、结构更复杂的 DNA 结构，如 DNA 多面体和 DNA 晶体。

刚性可调的 DNA 三脚架可以合成 DNA 晶体，见图 5-21（a）。每个三脚架的分支都包含 16 个平行螺旋，顶点螺旋的存在能进一步增强顶点的刚度。DNA 三脚架臂间角度可调，因此能够通过不同的连接方式组装出多种类型的多面体纳米结构。相比于以柔性的单链 DNA 作为铰链的 DNA 多面体，刚性的枝状折纸能正确组装得到兆道尔顿（MDa）规模的结构，大幅度提升了组装能力。

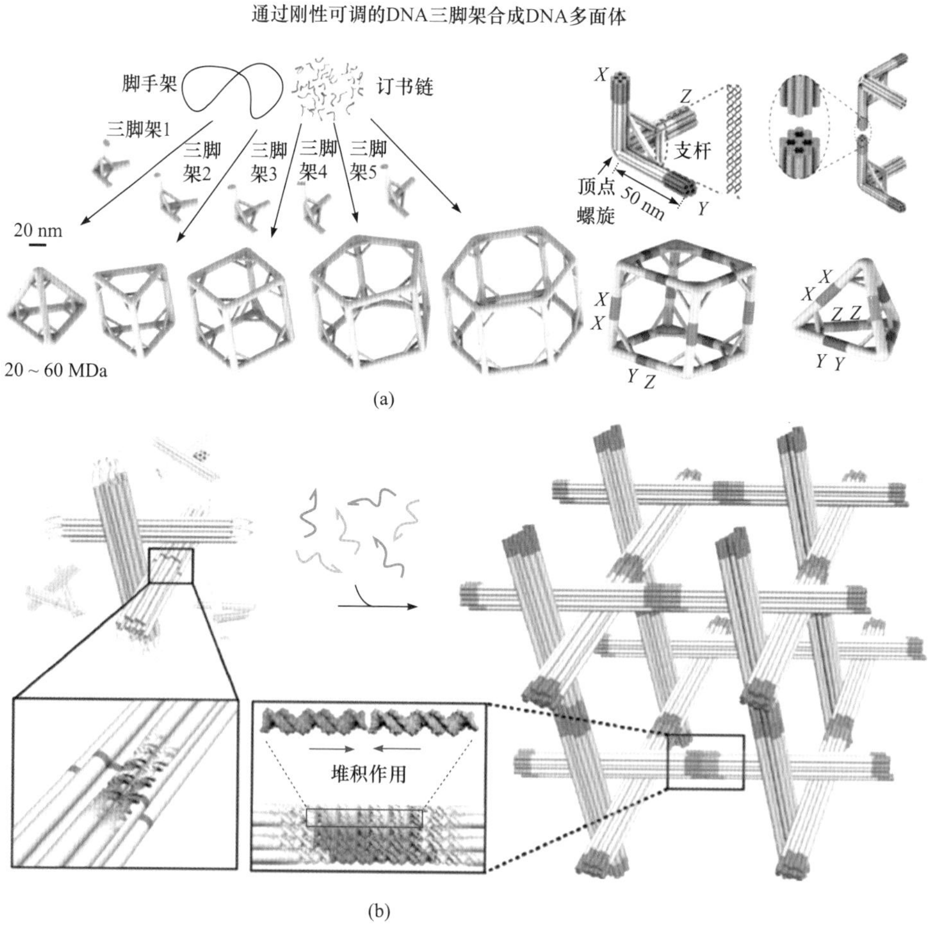

通过刚性可调的DNA三脚架合成DNA多面体

(a)

(b)

图 5-21　枝状 DNA 折纸组装技术构建 DNA 多面体（a）[15] 和 DNA 晶体（b）[16]

DNA 晶体具有重复排列的微观结构，对纳米结构的空间精度有更高的要求，组装过程的每一步都可能产生误差，构筑 DNA 晶体的结构单元需要具有足够的刚性才能维持空间上的稳定。通过折纸技术可以组装出结构稳定的三角形枝状单体[15]，三条支杆交错排列，每个杆包含 14 个螺旋束。螺旋束中存在接缝，利用钝端 DNA 的堆积作用可以触发枝状单体生长，见图 5-21（b）[16]。

5.2.3　动态组装

1. 基于链置换反应的动态组装

除使用重复元件构建枝状 DNA 大分子外，基于链置换反应的动态组装也可用于构建多代枝状 DNA 大分子[17]。该组装过程包含两条基质链、两条辅助链和一条触发链。如图 5-22 所示，其中基质链包含三部分。

（1）暴露的支点域（红色部分），可与触发链结合。

（2）内部序列（绿色部分），可与对应辅助链互补配对。

（3）凸起环序列（黄色部分），可与另一个基质链的支点域互补结合，便于打开双链结构。

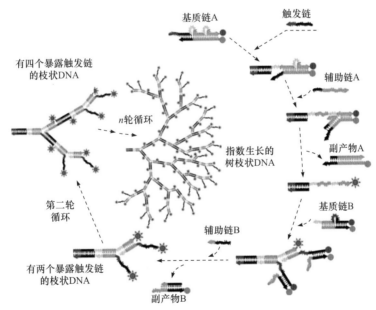

图 5-22　多代枝状 DNA 分子的动态组装[17]

具体过程为：

（1）触发链与基质链 A 的支点域结合，并在辅助链 A 的作用下，生成中间产物和副产物 A。

（2）中间产物暴露出凸起环，与基质链 B 的支点域结合，并在辅助链 B 作用下形成第一级枝状 DNA 和副产物 B。形成的第一级枝状 DNA 具有两个暴露的触发链，可用于触发下一轮反应。

（3）按照相同的组装方式，进行第二轮循环，生成具有四个暴露触发链的第二级枝状 DNA 分子。

（4）n 轮循环之后，便能产生按指数生长的多代枝状 DNA 分子。

基于链置换反应的 DNA 动态组装需要由触发链触发；在没有触发链的情况下，各个组分均各自保持其稳定的构象。该方法不仅显著降低了操作难度，还能够以靶标分子作为 DNA 触发链，实现多代 DNA 枝状大分子的指数增长，在信号的有效放大、分子传感和临床诊断方面有巨大潜力。此外，经过巧妙的序列设计，通过链置换反应还可以实现不同类型 DNA 多面体之间动态三维结构构建和拓扑结构转换，诱导荧光修饰的自组装三维 DNA 晶体器件发生颜色变化。

2. 基于刺激响应性元件的动态组装

刺激响应元件的引入可以实现核酸功能材料在特定环境下拓扑形态转变与可逆组装。i-motif 结构作为一种特殊的 DNA 二级结构，是四条胞嘧啶（C）重复序列在质子（H^+）参与下形成的四链螺旋结构。在枝状 DNA 序列黏性末端引入 i-motif 基序，能够形成具有 pH 响应性的枝状 DNA[18]。含有 i-motif 基序的枝状 DNA 可以在酸性条件下自组装形成 i-motif 结构，连接枝状 DNA 分子，形成凝胶网络。而在中性或碱性环境中，i-motif 结构恢复单链状态，凝胶网络随之解体。以 Y-DNA 为例，如图 5-23 所示，将 Y-DNA 的黏性末端设计为 i-motif 基序，可实现 Y-DNA 的 pH 响应性可逆组装。在酸性条件下，当 Y-DNA 浓度达到一定值时，形成 DNA 水凝胶。该水凝胶的形成仅依靠氢键作用力，且具有 pH 响应性，即在酸性环境中形成凝胶，在中性或碱性环境下解离，恢复溶液状态。除了 i-motif 基序外，也可以将一些特定的刺激响应性基序引入枝状 DNA 序列中，如同样具有 pH 响应性的胸腺嘧啶–腺嘌呤–胸腺嘧啶（T-A-T）三链体结构基序和具有 K^+ 响应性的 G-四链体结构基序等。这些响应性元件的引入可以帮助枝状 DNA 分子在指定刺激源的作用下实现可逆组装和解组装。

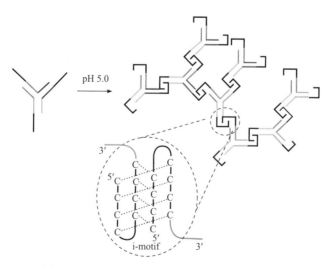

图 5-23　基于 Y-DNA 的 pH 响应性可逆组装 [18]

5.2.4 杂化组装

枝状 DNA 具有可修饰性和可操作性，能够与多种材料复合，如金纳米颗粒（gold nanoparticles，AuNPs）、银纳米团簇（silver nanoclusters，AgNCs）、磁性纳米颗粒（magnetic nanoparticles，MNPs）、量子点（quantum dots，QDs）、有机小分子、有机金属络合物和生物大分子等，形成枝状 DNA 杂化功能材料。

1. 枝状 DNA-无机纳米颗粒杂化组装

1）枝状 DNA-金纳米颗粒杂化组装

金纳米颗粒具有强烈的表面等离子体共振效应，以及尺寸依赖的电学、磁学和光学特性，常用于构建杂化纳米材料[19]。但金纳米颗粒易受到盐离子浓度影响，发生无规则聚集。枝状 DNA-金纳米颗粒杂化组装利用枝状 DNA 作为永久性支架或模板，可实现金纳米颗粒的精准空间排列和有序组装，避免金纳米颗粒出现不可控聚集，保持了其胶体稳定性。具体合成策略主要分为三步，如图 5-24 所示。第一步，合成 DNA-金纳米颗粒分子。由于巯基与金纳米颗粒之间能形成金硫键（Au—S），因此将修饰有巯基的 DNA 分子与金纳米颗粒在室温下共孵育，能够得到外围覆盖一层 DNA 链的金纳米颗粒，有效阻止了金纳米颗粒的无序聚集。第二步，组装枝状 DNA 分子。每一层枝状 DNA 分子的黏性末端通过碱基互补配对自组装形成枝状 DNA 大分子。第三步，DNA 链修饰的金纳米颗粒与枝状 DNA 大分子通过碱基互补配对进一步组装，形成枝状 DNA-金纳米颗粒杂化组装体。以精确组装的枝状 DNA 分子为支架，通过黏性末端与 DNA-金纳米颗粒特异性配对，自组装形成枝状 DNA-金纳米颗粒杂化结构，实现了金纳米颗粒在空间上的有序排布。

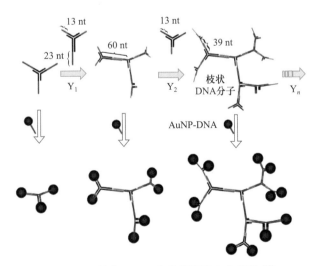

图 5-24　枝状 DNA-金纳米颗粒杂化组装 [19]

除枝状 DNA 分子外，二维 DNA 阵列和三维 DNA 多面体也可以作为模板，实现金纳米颗粒在空间上的精确排列。首先将 DNA 附着在涂布有正电材料的基底表面，通过碱基堆积作用形成规则的二维DNA阵列。然后以此为模板,在空腔位置捕获金纳米颗粒,形成有序的金纳米颗粒晶格阵列。该方法依赖于金纳米颗粒与修饰DNA链之间的共价连接,不受模板的完整性、同质性与颗粒多样性的限制。三维DNA多面体具有高度有序的晶格和晶体学对称性,将金纳米颗粒封装到DNA多面体框架中,能够形成具有一定的价态和键型的类分子纳米簇,实现纳米颗粒的有序组装。

2)枝状DNA-银纳米团簇杂化组装

纳米团簇是尺寸介于原子和纳米颗粒之间的,多为数个到数十个原子凝聚成的超微粒子。纳米团簇的物理和化学性质与所含的原子数目相关,具备量子尺寸效应、表面效应和宏观量子隧道效应。由于胞嘧啶与银离子(Ag⁺)之间具有较强的亲和力,因此常用富含胞嘧啶的DNA链作为银纳米团簇的制备模板[20]。模板的选择对银纳米团簇的荧光、催化、抗菌等性能有重要影响。以空间结构可调的枝状DNA作为模板,能够形成具有荧光性能、抗菌性能、低细胞毒性和尺寸可调的枝状DNA-银纳米团簇杂化体。枝状DNA-银纳米团簇杂化体的形成过程如图5-25所示,首先在多胞嘧啶区形成多个Ag⁺聚集体,然后在还原剂硼氢化钠(NaBH₄)的作用下生成DNA-银纳米团簇单链,最后多条DNA-银纳米团簇单链通过碱基互补配对形成具有多种构型的枝状DNA-银纳米团簇杂化体。枝状DNA的构型、分支臂长度、序列设计与缓冲液种类等均影响杂化体的性能。

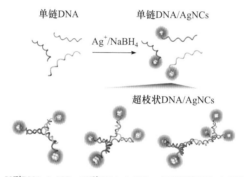

图 5-25　枝状 DNA- 银纳米团簇杂化组装 [20]

3)枝状DNA-磁性纳米颗粒杂化组装

磁性纳米颗粒因其固有的磁效应而被广泛应用于磁共振成像、磁热疗和生物传感等领域。将磁性纳米颗粒引入枝状DNA体系中,可制备出功能化磁性DNA纳米材料[21]。如图5-26所示,首先使用DNA单链修饰磁性纳米颗粒,将DNA修饰的磁性纳米颗粒、Y-DNA和DNA连接链作为构建基元,合成磁驱动的核酸功能材料。其中磁性纳米颗粒表面修饰氨基,以便与硫醇化处理的DNA链发生反应生成DNA-磁性纳米颗粒杂交分子,该杂交分子能够与枝状DNA和DNA连接链组装形成DNA-磁性纳米颗粒杂化材料。

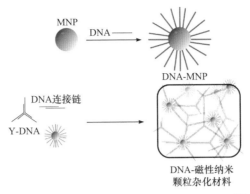

图 5-26　枝状 DNA-磁性纳米颗粒杂化组装 [21]

4）枝状 DNA-量子点杂化组装

量子点是一种纳米级别的半导体材料，具有荧光可调性、水溶性、抗光漂白性与长期稳定性等突出特点，在材料工程、生物传感和活体成像等领域具有广泛的应用前景。量子点的引入赋予了枝状 DNA 材料更多的功能。将量子点功能化的单链 DNA 作为连接体，与 Y-DNA 杂交，可制得枝状 DNA-量子点杂化材料 [22]。枝状 DNA-量子点杂化材料的制备过程如图 5-27 所示，首先合成量子点功能化单链 DNA，包括含有硫代磷酸酯键骨架的量子点结合域、间隔域和含有磷酸酯骨架的 DNA 结合域三部分。含有硫代磷酸酯键骨架的量子点结合域与金属硫化物量子点的阳离子有高亲和力，二者可以在量子点表面结合，而间隔域和含有磷酸酯骨架的 DNA 结合域则无法与量子点结合。单链 DNA 中含有磷酸酯骨架的 DNA 结合域可以与 Y-DNA 黏性末端组装，形成枝状 DNA-量子点杂化材料。调控 DNA 单链和量子点的反应时间，可以有效调节枝状 DNA-量子点杂交分子的荧光性能，分别展现出绿色荧光、黄色荧光和红色荧光。该枝状 DNA-量子点杂化材料具有较高的量子产率、低光漂白性和光稳定性，在药物载体递送、靶向特定细胞、原位细胞成像与疾病治疗等方面有突出的优势。

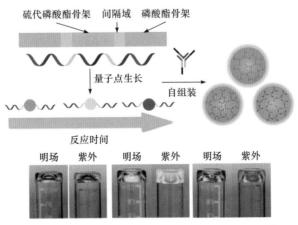

图 5-27　枝状 DNA-QDs 杂化体系的构建过程 [22]

2. 枝状 DNA- 有机纳米颗粒杂化组装

1）枝状 DNA- 有机小分子杂化组装

枝状 DNA 具有可修饰性，能与多种有机小分子复合形成枝状 DNA- 有机小分子杂化材料，其中枝状 DNA- 两亲性小分子杂化材料和枝状 DNA- 荧光小分子杂化材料较为典型。小分子的引入赋予了枝状 DNA 疏水性能、电学性能和光学性能等新的功能，进一步拓展了枝状 DNA 材料在纳米电子学、纳米光子学和生物医学等领域的应用。以枝状 DNA- 胆固醇杂化组装为例[23]，在枝状 DNA 的链末端修饰疏水性的胆固醇小分子，制得具有两亲性的枝状 DNA- 胆固醇杂交分子。得到的 DNA- 胆固醇杂化分子具有两亲性，可通过疏水相互作用自组装得到三维晶体结构，见图 5-28。

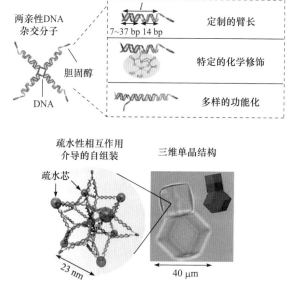

图 5-28 枝状 DNA-胆固醇杂化组装[23]

除疏水性小分子外，一些荧光小分子也可以修饰在枝状 DNA 链上。枝状 DNA 分子为荧光小分子提供了刚性结构模板，相较于线性 DNA 而言，其空间位置更近，能有效提高杂化材料的光收集和光子传输效率。以一种有机半导体聚合物——八苯胺（辛胺）分子为例[24]。八苯胺分子作为导电聚合物，在四种不同的氧化还原状态下呈现出不同的颜色。如图 5-29 所示，在中性缓冲液中，部分氧化态的八苯胺呈蓝色。当 pH 为 5.0 左右时，部分氧化态的八苯胺发生质子化，呈绿色。部分氧化态的八苯胺经过硫酸铵处理后能转变为全氧化态八苯胺，颜色从蓝色变为玫瑰色。加入抗坏血酸钠后，全氧化态八苯胺被还原为全还原态的八苯胺，晶体的颜色从玫瑰色变为白色。同样地，全还原态八苯胺经不同浓度的过硫酸铵处理后，也可以转变为全氧化态的八苯胺或者部分氧化态八苯胺，其晶体颜色发生相应的改变。将八苯胺分子与 DNA 三链体瓦块组装结合，能形成具有氧化还原与光学性能的枝状 DNA-八苯胺杂化材料。其中，枝状 DNA 作为模板，能有效控制八苯胺单体的生长。

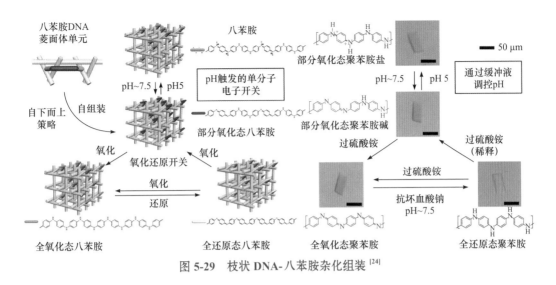

图 5-29 枝状 DNA-八苯胺杂化组装[24]

2）枝状 DNA-有机金属络合物杂化

枝状 DNA 可作为有机金属络合物精确排列的支架，构建枝状 DNA-有机金属络合物杂化材料。其中，有机金属络合物的配位方式和几何形状对最终形成杂化材料的构型起关键性作用。以枝状 DNA 与有机金属络合物三联吡啶钌 $Ru(bpy)_3^{2+}$ 杂化组装为例[25]，如图 5-30 所示，首先使用固相亚磷酰胺化学法，以有机分子为分支点合成两种具有互补序列的枝状 DNA。当 $Ru(bpy)_3^{2+}$ 不存在时，两种枝状 DNA 自由连接，发生随机组装，形成无规则网络结构。当 $Ru(bpy)_3^{2+}$ 存在时，枝状 DNA 分子通过碱基互补和配位作用发生组装，形成规则的环状寡聚体。环状寡聚体在外围延伸链的作用下，进一步形成周期性排布的 DNA 梯子结构。有机金属络合物与枝状 DNA 的化学连接增强了杂化体的热稳定性，赋予了杂化体氧化还原、催化、磁性、光化学和纳米电子学等性能。

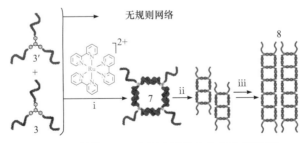

图 5-30 枝状 DNA-有机金属络合物杂化组装[25]

3）枝状 DNA-多肽/蛋白质杂化

生物大分子如蛋白质和多肽类分子等，具有特定氨基酸排列顺序、明确的二级结构和易于化学修饰的官能团，可与枝状 DNA 通过共价化学反应或非共价物理相互作用形成枝状 DNA-多肽/蛋白质杂化体系，其中最常用的反应为点击化学反应[26]。如图 5-31 所示，首先在 DNA 链和改性多肽骨架链上分别修饰炔烃基团和叠氮基团，炔烃和叠氮基团间发生点击化学反应，生成 DNA 接枝的多肽杂交分子，作为骨架链。随后通过马来酰亚胺修饰的含荧光蛋白标记的 DNA 与多肽分子上单突变半胱氨酸残基间的位点特异性结合作用，生成绿色荧光蛋白 GFP 和黄色荧光蛋白 YFP 标记的 X 型 DNA，作为连接链。最后，DNA 接枝的多肽骨架链与 X 型 DNA 连接链之间通过特异性的碱基互补配对，形成多色荧光杂化材料。调控功能位点上不同荧光蛋白的比例，能够呈现出不同颜色。该杂化材料具有良好的自愈合能力和快速响应触变性。

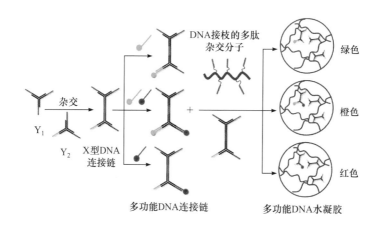

图 5-31 枝状 DNA-生物大分子杂化组装[26]

综上所述，合理设计枝状 DNA 分子序列、分支臂数量与长度能可控调节枝状 DNA 分子的大小，合成由纳米尺度至宏观尺度的 DNA 功能材料。将刺激响应性基元、靶向模块和治疗性序列等一些功能性核酸序列嵌入枝状 DNA 分子中，可构筑出满足多种应用场合需求的核酸功能材料。此外，枝状 DNA 的可修饰性和各向异性为多种功能性元件的引入提供定制修饰位点，如纳米颗粒、有机小分子和生物大分子等，进一步丰富了枝状 DNA 材料在光学、磁学和电学等方面的应用。

5.3 框架核酸

框架核酸（framework nucleic acid）是由人工设计的具有特定形状的新型核酸纳米结构，其尺寸、形貌与力学特性均可被程序性调控。框架核酸以 DNA 碱基互补配对原则为构建基础，具有以下优点：① AT、CG 精确的碱基互补配对，具有高度可编程性；②核苷酸序列具有可设计性，能够实现纳米尺度上的调控；③能够被细胞高效摄取，克服了传统核酸材料转染效率低的问题；④核苷酸上具有丰富的活性基团，能与一些小分子、生物大分子和纳米颗粒等复合，拓展了应用领域。根据框架核酸的形态，可以将其分为二维框架核酸和三维框架核酸。其中二维框架核酸主要包括二维 DNA 阵列[10]（图 5-14）和二维 DNA 折纸结构[27]（图 5-32）。

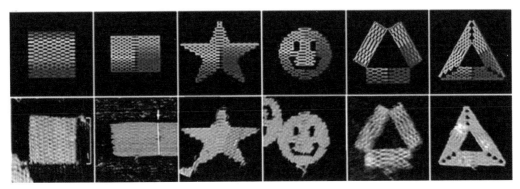

图 5-32　二维框架核酸——二维 DNA 折纸[27]

三维框架核酸主要包括 DNA 多面体[9]（图 5-15）和通过 DNA 折纸[28] 构建的对称或非对称的三维空间结构，见图 5-33。碱基对有针对性地插入或缺失，可以诱导三维 DNA 束发生手性改变或扭曲，扩大三维框架核酸构象的复杂性。利用三维框架核酸可以准确、定量地在三维空间内排列客体分子，修饰荧光基团、纳米药物或其他化学分子，实现特定应用。

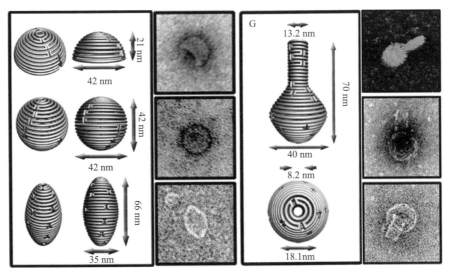

图 5-33　三维框架核酸——三维 DNA 折纸[28]

常用的框架核酸构建方法主要分为两种，第一种是通过短核酸单链自组装，即数条单链 DNA 通过碱基互补配对形成交叉或拓扑结构，如利用短链 DNA 可以构建纳米尺度的 DNA 四面体（图 5-34）和 DNA 二十面体（图 5-18）。这种组装方法可以形成结构相对简单的二维或三维结构，但尺寸易受限且机械强度不足。

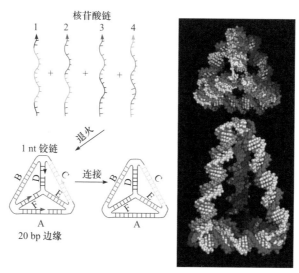

图 5-34 DNA 四面体 [29]

第二种方法是通过 DNA 折纸构建框架核酸。由 DNA 折纸合成的框架核酸有以下两个特点：①多条短链 DNA 与骨架 DNA 相互作用和特异性结合，不需要严格控制反应的化学计量比；②可将骨架 DNA 链设计为特定序列，加入与骨架 DNA 链特定部位互补的 DNA 短链，实现精确定位，构建纳米尺度下可寻址的复杂核酸结构，见图 5-35。

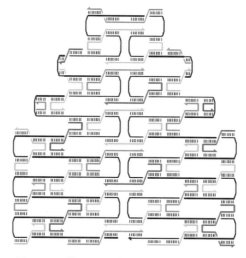

图 5-35 利用 DNA 折纸构建框架核酸 [27]

由于核酸本身尺寸的限制，目前设计合成的框架核酸大多为纳米尺度。为了构建尺寸更大、结构更复杂的框架核酸，科学家们发明了多种构建高阶框架核酸的方法，包括瓦块介导组装、DNA 折纸与 RNA 折纸。

5.3.1 瓦块介导组装

瓦块介导组装法由 DNA 纳米技术创始人 Nadrian C. Seeman（纳德里安·西曼）教

授首次提出，是一种以 DNA 瓦块为基本单元，通过碱基互补配对构建高阶框架核酸的方法。其设计源于同源重组的 Holliday 模型，四条不同的单链 DNA，两两之间部分杂交，形成十字叉的结构，见图 5-36。在此基础上用带有黏性末端的十字叉结构的 DNA 瓦块构建出三维尺度下的 DNA 组装体。但是这种利用重复单元自发生长的组装方法难以准确控制组装体的尺寸和形状。

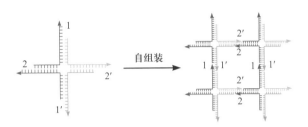

图 5-36　十字叉结构形成 DNA 组装体

随着瓦块介导组装的不断发展，现已构建出多种结构精巧的 DNA 纳米材料，值得一提的是采用单链瓦块基序（single-stranded tile motif，SST）为构筑单元的策略[30]。如图 5-37 所示，SST 含有 42 个碱基，由四个域组成，其中域 1 和域 2 为一对，域 3 和域 4 为一对，每对包含 21 个核苷酸。通过设计各结构域不同碱基序列，一系列不同的 SST 将排列成由单链连接的平行螺旋组成的 DNA 晶格，形成一种"砖墙"模式。SST 具有复杂的空腔，每个瓦块至多可与 4 个相邻的 DNA 结合，其中的每一块都可以被单独移除或添加。这种策略可以制作出多种表面精巧、具有复杂内部洞穴和孔道的三维结构。

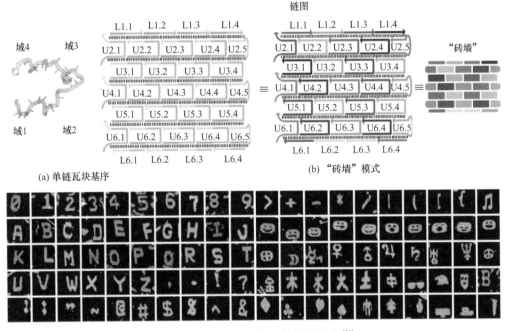

图 5-37　复杂 DNA 框架结构的构建[30]

5.3.2 DNA 折纸

作为 DNA 纳米技术的重要里程碑，DNA 折纸的原理是利用许多精心设计的短链 DNA 与一条长链 DNA 骨架杂交，在杂交过程中前者像"订书钉"一样辅助后者折叠成预先设计的形状[31]。基于上述思想，Paul Rothemund（保罗·罗斯蒙德）以一条长达 7249 个碱基的单链 DNA 作为骨架链，与辅助链杂交，构建出一个完整的二维结构。通过设计不同的辅助链序列，可以成功地用 DNA 折纸术得到方形、矩形、五角星、笑脸等不同形状。将简单的 DNA 折纸结构作为结构基元可以通过黏性末端杂交组装、碱基堆积等策略组装，构建尺寸更大、结构更加复杂精细的 DNA 组装体，实现更多样化的功能，见图 5-38。

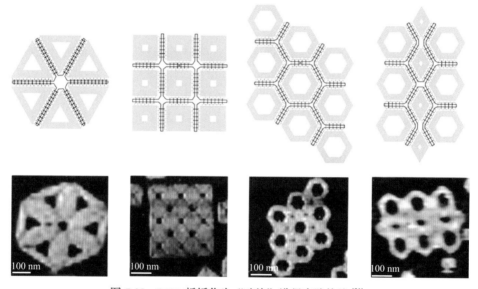

图 5-38　DNA 折纸作为"砖块"进行高阶构建[31]

构建大尺寸 DNA 折纸结构是 DNA 折纸技术面临的一个关键挑战，为了构建尺寸更大的二维 DNA 折纸，科学家开发出一种使用矩形 DNA 瓦片作为结构单元的策略[32]。如图 5-39 所示，将方形的 DNA 折纸块作为一个订书钉，通过 DNA 短链组装成具有 8 股螺旋结构的 DNA 矩形瓦片，每个瓦片四角的单股延伸部分能够与 M13 脚手架底座配对，通过额外的桥链（蓝色部分）便可将 M13 DNA 支架折叠成预期的二维结构。该研究与罗斯蒙德最初的折纸实验使用相同的支架，但所构建出的二维结构尺寸约为罗斯蒙德折纸结构的四倍。该策略有效扩大了 DNA 折纸结构的尺寸，还可以与分层 DNA 组装或表面介导的自组装等其他放大技术相结合，构建具有空间可寻址架构的核酸功能材料。

不借助桥链，在 DNA 折纸结构上延伸出黏性末端，通过黏性末端杂交可以直接实现高阶结构的构建。例如，先将脚手架和订书钉链"一锅法"退火后组装成三脚架折纸单体，三脚架折纸单体再经黏性末端进行杂交组装，构建 DNA 多面体。通过调节三脚架张开的角度可以构建出不同的三维多面体结构，如正四面体、三棱柱和正方体等[15]，见图 5-21（a）。

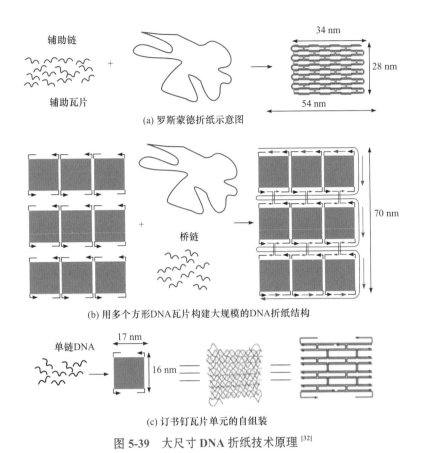

(a) 罗斯蒙德折纸示意图

(b) 用多个方形DNA瓦片构建大规模的DNA折纸结构

(c) 订书钉瓦片单元的自组装

图 5-39 大尺寸 DNA 折纸技术原理 [32]

基于 DNA 折纸的高阶框架核酸结构可以被无机材料涂覆，合成力学性能更加优良的复合材料 [33]。如图 5-40 所示，将框架状、弯曲和多孔的 DNA 骨架与预水解的 N- 三甲氧基硅基丙基 -N, N, N- 三甲基氯化铵（TMAPS）和正硅酸乙酯（TEOS）混合，可以促进形成具有多个 TMAPS 分子的水解簇，记为 T_{ab}，a 和 b 分别为 TMAPS 和 TEOS 的分子数。这些 T_{ab} 水解簇能够在 DNA 纳米结构周围形成诱导层，沉积二氧化硅实现硅化反应。通过控制生长时间，可以调节涂覆在框架 DNA 纳米结构上的无定形二氧化硅层的厚度。所形成DNA-二氧化硅杂化材料不但保留了 DNA 折纸支架复杂的几何信息，还在保持柔性的情况下表现出比折纸支架更加良好的力学性能。

5.3.3 RNA 折纸

随着 RNA 纳米技术领域迅速发展，形状和大小各异的 RNA 纳米结构广泛应用于纳米生物技术 [34]。与 DNA 纳米结构相比，RNA 纳米结构能够在转录过程中折叠，因此可以在细胞中进行遗传编码和表达。RNA 折纸是在较为成熟的 DNA 折纸基础上发展起来的，是一种制备 RNA 纳米结构的常用方法。以 RNA 晶格结构的构建为例，如图 5-41 所示，首先 T7 RNA 聚合酶与模板 DNA 结合（步骤 1），随后产生的 RNA 在合成过程中折叠（步骤 2 至 6）。到第 4 步时，RNA 折叠成单瓦片结构，并形成由 11 个螺旋亚域组成的结构域。当出现第二个相同的结构域时，两者结合形成"吻式"发夹结构（步骤 5 和 6）。最终，双瓦片被释放，进一步组装形成 RNA 晶格（步骤 7 和 8）。

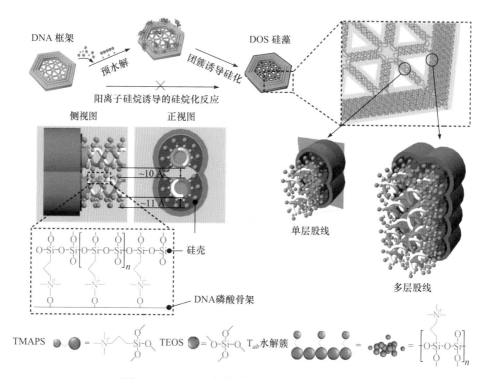

图 5-40 DNA- 二氧化硅杂化材料构建过程[33]

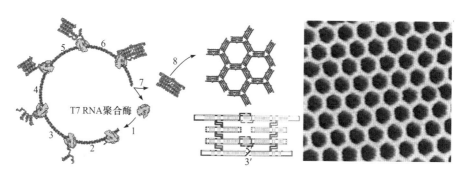

图 5-41 RNA 折纸构建的高阶结构[34]

5.4 核酸纳米颗粒

核酸纳米颗粒兼具一般纳米材料的结构特性和 DNA 分子的独特性质,在生物医学等领域展现出广阔的应用前景。本章介绍核酸纳米颗粒的三种组装方式:超长 DNA 单链组装、DNA 链桥连和杂化组装。

5.4.1 超长 DNA 单链组装

滚环扩增反应是一种酶催化合成超长 DNA 单链的方法,包括环化、连接和扩增三个步骤。如图 5-42 所示，第一步，环化。线性模板两端和引物两端序列互补，二者等摩尔混合，经高温退火形成有缺口的环化结构。第二步，连接。有缺口的环化结构在 T4 连接酶催化作用下，产生磷酸二酯键，连接缺口，形成环状模板。第三步，扩增。在 Φ29 DNA 聚合酶的催化下，合成具有超大分子量、周期性序列的超长 DNA 单链。

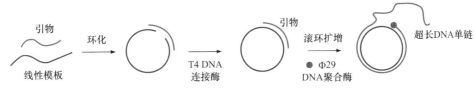

图 5-42　滚环扩增反应制备超长 DNA 单链

滚环扩增反应常用于合成 DNA 纳米花。DNA 纳米花作为一类 DNA-无机杂化纳米材料，是基于超长 DNA 单链和无机金属离子框架的花状纳米结构。利用滚环扩增反应中逐渐延伸的长单链 DNA 干预焦磷酸盐副产物的成核与结晶过程，合成 DNA 纳米花。以 Mg^{2+} 参与的 DNA 纳米花合成反应为例 [35]。如图 5-43 所示，在辅因子 Mg^{2+} 作用下，Φ29DNA 聚合酶以环状 DNA 为模板，以脱氧核糖核苷三磷酸（dNTPs）为底物，扩增出一条与环状 DNA 模板互补且具有周期性重复序列的超长 DNA 单链。每一分子 dNTP 被编码进长链 DNA，便会产生一分子焦磷酸根（PPi^{4-}）副产物。PPi^{4-} 可与溶液中的 Mg^{2+} 结合，形成难溶于水的焦磷酸镁（Mg_2PPi）。随着反应进行，Mg_2PPi 逐渐累积。当到达一定浓度时，Mg_2PPi 析出为初级晶核，开始结晶。溶液中的 Mg^{2+} 通过强静电相互作用吸附在长链 DNA 磷酸骨架上，因此，Mg_2PPi 能在长链 DNA 上原位成核并生长，最终形成多孔花状结构。除 Mg^{2+} 外，Mn^{2+}、Zn^{2+} 与 Co^{2+} 等也可以介导 DNA 纳米花的形成。不同的金属辅因子影响结晶反应的速率，进而影响 DNA 纳米花的表观形貌。除滚环扩增法外还可以采用盐老化法制备 DNA 纳米花。盐老化法对 DNA 链的长度没有限制，无论是单个核苷酸还是基因组质粒都能够成功制备 DNA 纳米花。但盐老化法需要大量巯基或多聚腺嘌呤标记的核酸才能达到与滚环扩增反应同等水平的制备效果。

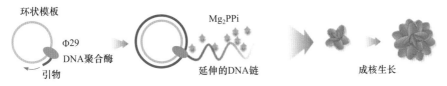

图 5-43　滚环扩增反应制备 DNA 纳米花 [35]

超长 DNA 单链还可以通过自身物理缠结构筑物理交联的 DNA 网络。通过对环状模板序列进行设计，能够实现特定 DNA 片段的物理交联，制备核酸功能材料。例如，通过超长 DNA 单链自身的物理交联可以构建蚕茧状的可自降解 DNA 纳米微球（表示为 NCl），与脱氧核糖核酸酶（DNase）整合，能够实现自我降解，促进药物在细胞内的释放 [36]。如图 5-44 所示，首先设计了富含 GC 序列的环状模板，然后通过滚环扩增反应扩增出长单链 DNA，长单链 DNA 通过物理交联形成 DNA 纳米微球。所得到的 DNA 纳米微球中富含 GC 序列，增强了阿霉素（DOX）的负载能力。此外，在模板中还设计有回文序列，增强了 DNA 纳米微球的自组装能力。为实现 DNA 纳米微球的自降解，DNase Ⅰ 被封装到基于单一蛋白的纳米胶囊中，表示为 NCa，NCa 具有通过可酸降解交联剂交联而成的带正电的薄聚物壳层。为了实现 DOX 的肿瘤靶向递送，将叶酸（FA）与 NCl 互补 DNA 低聚物偶联后再与纳米微球杂交。带正电荷的纳米胶囊可以通过静电相互作用嵌入纳米微球中，形成装载 DOX 的自降解 DNA 支架，表示为 DOX/FA-NCl/NCa。聚合胶囊在生理 pH 下，被封装的 DNase Ⅰ 无法降解 DNA 支架，使 DOX 保留在纳米微球中。当 DNA 支架被癌细胞内化并进入酸性溶酶体时，纳米胶囊的聚合物外壳降解，释放 DNase Ⅰ，迅速降解纳米微球，释放出封装的 DOX。类似地，这种蚕茧状 DNA 纳米颗粒还可以通过碱基配对负载 Cas9/sgRNA 复合物，包裹于 PEI 膜中，同时运送 Cas9 蛋白和向导 RNA（sgRNA）。

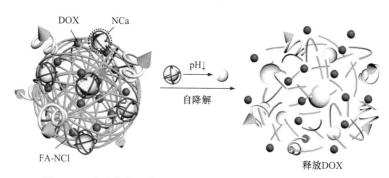

图 5-44　蚕茧状的可自降解 DNA 纳米微球用于递送 DOX[36]

5.4.2　DNA 链桥连

1. 以 DNA 作为交联剂的纳米凝胶

DNA 纳米凝胶是一种通过亲水性或两亲性聚合物链相互交联而成的三维网状结构，能在水溶液中分散成纳米尺寸的水凝胶颗粒。通过点击化学反应可将 DNA 引入到聚合物网络中，制备以 DNA 作为交联剂的纳米凝胶。以构建 DNA-聚己内酯纳米凝胶为例[37]，如图 5-45 所示，合成过程主要分为两个步骤：①合成 DNA 接枝聚己内酯（DNA-g-PCL）；②引入能够与 DNA 链特异性识别的治疗 RNA，构建纳米凝胶网络。DNA 片段的末端带有二苯并环辛基（DBCO）修饰，聚己内酯（PCL）末端带有叠氮基团修饰，通过 DBCO 和叠氮基团之间的无铜点击化学反应，可以将 DNA 分子共价连接到 PCL 侧链上，合成 DNA 接枝聚己内酯刷。然后以 DNA 接枝聚己内酯刷为纳米凝胶的骨架，引入小干扰 RNA（small interfering RNA，siRNA）。siRNA 分子中含有与 DNA 片段互补的黏性末端，通过 DNA 与 RNA 分子间碱基互补配对作用，形成以 DNA 为交联剂的纳米凝胶。RNA 分子中含有治疗性 siRNA 片段，可用于后续基因治疗，体现了核酸在该纳米凝胶体系中结构和功能的双重作用。该 DNA 纳米凝胶具有较高的 siRNA 负载量、良好的血清稳定性和生物相容性，可实现对靶标致病基因的高效沉默。DNA-聚己内酯纳米凝胶作为一种安全的 siRNA 递送载体，可将 siRNA 高效递送到肿瘤细胞内。在胞内，RNA 核酸酶可特异性降解纳米凝胶中的 DNA-RNA 杂化双链部分，精准释放 siRNA，达到抑制肿瘤生长的目的。

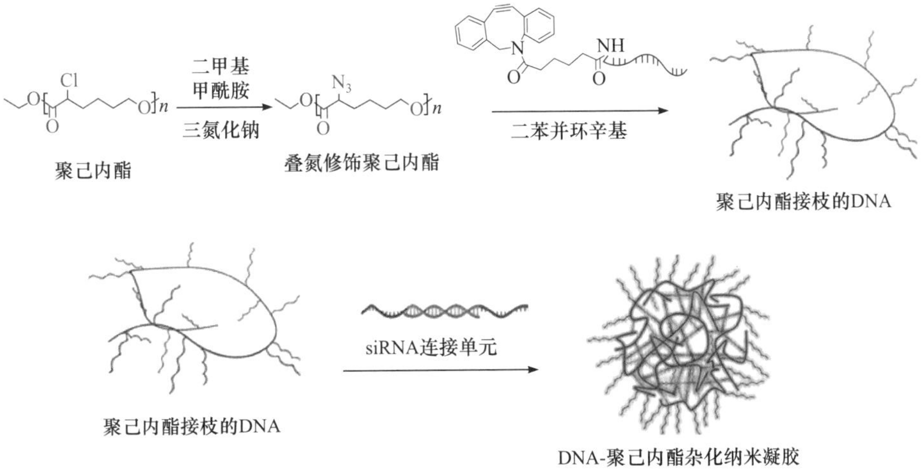

图 5-45　DNA-聚己内酯杂化纳米凝胶 [37]

2. 基于枝状 DNA 的纳米凝胶

枝状 DNA 组装是 DNA 纳米技术领域的重要分支，以枝状 DNA 为基本构建单元，可以构筑尺寸可控、具有刺激响应性的 DNA 纳米凝胶。

如图 5-46 所示，枝状 DNA 纳米凝胶制备过程主要包括两个步骤：①合成 DNA 纳米结构单元；②DNA 纳米结构单元定向合成纳米凝胶。DNA 纳米结构单元内部可引入多段功能性片段，制备出具有多种功能的纳米凝胶。以构筑尺寸可控和具有刺激响应性的 DNA 纳米水凝胶为例，详述基于枝状 DNA 的纳米凝胶的构建过程 [38]。首先设计三种构筑单元：Y-DNA 单体 A（YMA）、Y-DNA 单体 B（YMB）和 DNA 接头（LK）。YMA 是由三条单链 DNA 组装成的构筑单元，每条链末尾都含有一个黏性末端片段（黑色部分），可与 LK（黑色部分）上的互补片段杂交。YMB 也是由三条单链组装而成的构筑单元，但只含有一条带有黏性末端的链，与 LK 上的互补片段杂交，另一条链末尾带有适配体。LK 是由两条单链 DNA 组成的线性双链，含有两个黏性末端。三种 DNA 构建单体相互杂交即可形成具有球形结构的 DNA 纳米凝胶。YMB 中含有的适配体结构可作为封端剂，YMB 含量越高，制备的纳米凝胶尺寸越小。因此通过改变 YMA 与 YMB 两种单体的比例，可以制备尺寸不同的纳米凝胶。在上述三种构建单体中，YMA 含脱氧核酶（DNAzyme），能抑制细胞迁移。LK 含反义寡核苷酸（antisense DNA），能抑制细胞增殖。YMB 含有能够靶向特定癌细胞的适配体单元，赋予 DNA 纳米凝胶的肿瘤靶向特性。此外，在构建单元内部引入二硫键（S—S）修饰可以响应肿瘤细胞内高表达的谷胱甘肽（GSH），从而实现纳米凝胶在肿瘤细胞细胞质中的解组装与治疗基因的精准释放。

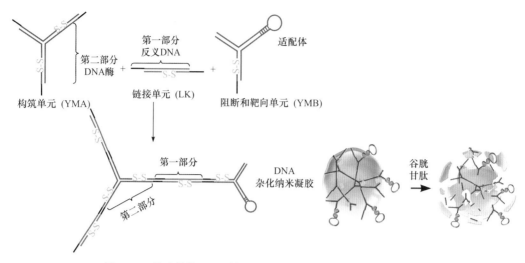

图 5-46 基于枝状 DNA 的尺寸可控和刺激响应性纳米凝胶 [38]

5.4.3 杂化组装

1. 球形核酸

球形核酸（spherical nucleic acids，SNA）是由查德·米尔金（Chad A. Mirkin）开发的一种将核酸连接到纳米颗粒表面形成的球形核酸纳米颗粒，由纳米颗粒核心和紧密有序排列的核酸外壳通过共价键连接组成。

球形核酸的纳米颗粒核心可以是实心球状或空心结构，组成成分可为金、银、四氧化三铁、高分子、量子点和二氧化硅等。纳米颗粒核心为实心球状的球形核酸通常由核酸序列末端的化学基团通过共价交联的方式锚定在球形核心表面制备而成。纳米颗粒核心为空心结构的球形核酸一般通过两步法制备，首先按上述方法制备纳米颗粒核心为实心球状的球形核酸，随后采用物理或化学方法溶解或刻蚀其内部核心纳米颗粒。核酸外壳的核酸链包括三个部分：识别序列、间隔序列和连接基团。识别序列远离纳米颗粒核心，用于促进球形核酸间进一步交联组装。间隔序列介于识别序列和连接基团之间，可为外层核酸链段提供柔性，克服球形核酸进一步组装过程产生的空间位阻，更好地实现不同球形核酸识别序列之间的交联组装。连接基团用于实现间隔序列对核心纳米颗粒的共价连接。

作为球形核酸组装和取向的骨架，纳米颗粒核心使核酸链致密排布在其周围，赋予球形核酸新的物理和化学性质。以金纳米颗粒（AuNPs）核心为例，详细介绍球形核酸的制备过程 [39]。如图 5-47 所示，首先将柠檬酸钠吸附在金纳米颗粒表面，形成稳定的纳米颗粒分散体，然后引入烷基硫醇化 DNA 链，与金纳米颗粒表面发生共价交联反应，形成 Au—S 键锚定在颗粒表面。再加入高浓度盐和表面活性剂进行老化反应，便可成功制备出稳定的球形核酸纳米颗粒。

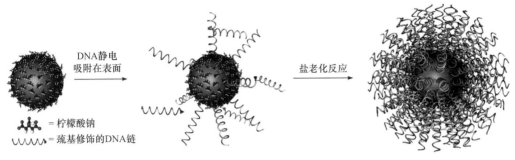

图 5-47　球形核酸的合成过程[39]

　　盐浓度是上述策略的关键，可以通过冷冻在不添加更多盐的情况下实现盐浓度的升高。如图 5-48，在柠檬酸钠与金纳米颗粒形成的稳定的纳米颗粒分散体系中加入硫代脱氧核糖核酸，随即对体系进行冷冻，无需添加额外的试剂，DNA 链在几分钟内便会与 AuNPs 偶联[40]。通过冷冻方法获得的球形核酸中 DNA 链的数量比传统的盐老化方法增加了 20% ～ 30%，具有更高的胶体稳定性。此外，降低温度能够促进 DNA 杂交过程，使得球形核酸的探针密度和信号灵敏度都提高近一倍。但是这种方法需要硫醇基团的存在，未进行硫醇化修饰的 DNA 链无法通过冷冻的方法附着在金纳米颗粒的表面。

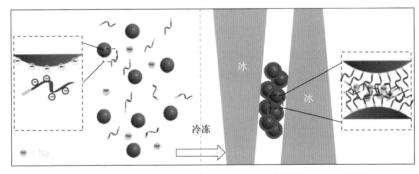

图 5-48　冷冻法将 DNA 附着在金纳米颗粒上的反应机理[40]

　　合理设计识别序列可以实现球形核酸动态组装与解组装。以 AuNPs 为核心的球形核酸在溶液中均匀分布时溶液呈红色。向体系中引入与识别序列互补的核酸触发链，可诱导球形核酸组装成聚集体，此时溶液变为蓝色。通过调控球形核酸的聚集情况，可随之动态调控溶液颜色，调节体系的理化性质。

　　球形核酸可定向组装为有序的超晶格结构。合理设计六枝状球形核酸结构，可制备 DNA 超晶格结构[41]。如图 5-49 所示，AuNPs 表面分别连接 6 条 DNA 单链，形成图中蓝色和红色两种球形核酸结构单元。红色球形核酸上只有一种 DNA 链，蓝色球形核酸上有两种 DNA 链，其中一种 DNA 链可与红色球形核酸上的 DNA 链互补连接，另一种 DNA 链可以和其他蓝色球形核酸的 DNA 链互补连接。一个红色球形核酸理论上可以和六个蓝色球形核酸互补相连，在三维空间展开。展开的球形核酸经退火后有序排布，形成立方晶格结构。

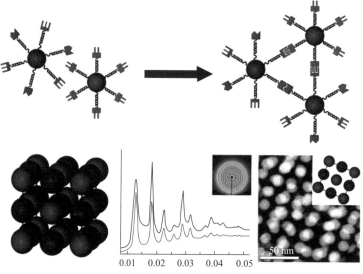

图 5-49 利用球形核酸合成晶格结构 [41]

2. 核酸杂化纳米颗粒

核酸杂化纳米颗粒是以核酸为构建单元，整合无机或有机分子组装形成的杂化纳米材料，具有更为丰富的结构和功能，以及更广泛的应用场景。本小节介绍 Fe-DNA 杂化纳米颗粒、Fe-DOX-DNA@MOF 杂化纳米颗粒、DNA-氧化铈杂化纳米颗粒、DNA-铁氧体杂化纳米颗粒、DNA-长余辉杂化纳米颗粒和核酸 – 茶多酚 @ 阳离子聚合物杂化纳米颗粒的形成过程。

1）Fe-DNA 复合纳米颗粒

核酸表现出聚阴离子性质，其电负性磷酸骨架及杂环碱基上的氮原子富含孤对电子等性质，为金属离子提供了天然的结合位点。如图 5-50 所示，在 95℃ 条件下，Fe^{2+} 可驱动核酸组装，经水热反应形成核酸杂化纳米颗粒，所制得的 Fe-DNA 杂化纳米颗粒呈均匀的球形结构 [42]。与 DNA 单链相比，Fe-DNA 杂化纳米颗粒更容易被细胞摄取，具有在肿瘤部位靶向富集的功能特性和明显的治疗优势。

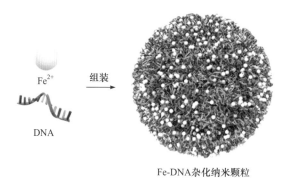

Fe-DNA杂化纳米颗粒

图 5-50 Fe-DNA 杂化纳米颗粒 [42]

2）Fe-DOX-DNA@MOF 杂化纳米颗粒

如图 5-51 所示，在 Fe-DNA 杂化纳米颗粒的基础上引入抗癌药物阿霉素（DOX）及金属有机框架（metal organic framework，MOF）外壳，可制得 Fe-DOX-DNA@MOF 杂化纳米颗粒[43]。其中，MOF 是金属离子和有机配体形成的配合物。DOX 嵌套在核酸治疗药物 G3139 序列中，在 Fe^{2+} 螯合作用下，这两类治疗剂组装成均匀的 Fe-DOX-DNA 杂化纳米颗粒。ZIF-8 型的 MOF 外壳通过矿化作用附着在组装体表面，形成核壳结构的 Fe-DOX-DNA@MOF 杂化纳米颗粒。MOF 外壳可以提高核酸杂化纳米颗粒的生理稳定性，延长血液循环半衰期，防止药物在血液循环过程中提前释放，进一步提高治疗效果。

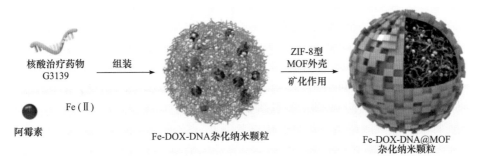

图 5-51　Fe-DOX-DNA@MOF 杂化纳米颗粒[43]

3）DNA- 氧化铈杂化纳米颗粒

DNA- 氧化铈杂化纳米颗粒基于枝状 DNA 分子的组装，并通过静电作用与配位作用结合氧化铈纳米颗粒，形成 DNA- 氧化铈杂化纳米颗粒[44]。由于氧化铈独特的氧化还原性质，氧化铈纳米颗粒可以作为活性氧消除剂清除细胞内过量的活性氧，将氧化铈与 DNA 整合，可以得到具有活性氧清除能力的核酸功能材料。如图 5-52 所示，DNA- 氧化铈杂化纳米颗粒合成主要分为三个步骤。① X 形和 Y 形枝状 DNA 的合成（X-DNA 和 Y-DNA）。X-DNA 含有 4 个黏性末端，Y-DNA 含有 2 个黏性末端和 1 个 i-motif 基序。②通过 X-DNA 和 Y-DNA 之间黏性末端（SE1 和 SE2）的碱基互补配对形成 DNA

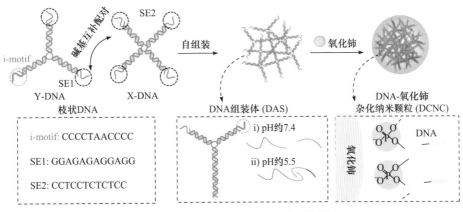

图 5-52　DNA- 氧化铈杂化纳米颗粒[44]

组装体（DAS）。③基于二氧化铈与 DAS 的磷酸骨架的静电相互作用和配位作用形成 DNA-氧化铈杂化纳米颗粒（DCNC）。DCNC 被细胞内化后，首先在早期内涵体微酸性条件下（pH 约 6.5）部分解离，然后在晚期内涵体/溶酶体酸性条件下（pH 约 5.5）通过 i-motif 序列交联重新组装成微尺度聚集体。聚集体通过溶酶体逃逸转移到细胞质中，成为具有较长滞留时间的人工过氧化物酶体，从而作为细胞内活性氧调节剂，减少氧化应激、维持氧化还原稳态，达到保护细胞的目的。

4）DNA-铁氧体杂化纳米颗粒

铁氧体中的金属离子可以作为 DNAzyme 的辅因子，并进行类芬顿反应，达到化学动力学治疗的目的。结合铁氧体的独特性质，研究人员构建了一种 DNA-铁氧体杂化纳米颗粒（DNC-ZMF），采用 RCA 法合成了含有多聚 AS1411 适配体的超长单链 DNA 链。如图 5-53 所示，该超长 DNA 链自组装成 DNA 纳米载体作为基体，ZMF 通过静电相互作用吸附在 DNA 纳米载体上形成 DNC-ZMF[45]。① AS1411 适配体引导 DNC-ZMF 特异性结合过表达核蛋白的肿瘤细胞，发生内吞和溶酶体逃逸；② DNAzyme-1 以 Zn^{2+} 为辅因子催化超长 DNA 链自裂解，生成含 DNAzyme-2 的片段；③ DNAzyme-2 以 Mn^{2+} 为辅因子催化作为底物的 mRNA 的裂解，导致早期生长反应蛋白 1（EGR-1）蛋白下调，从而抑制肿瘤细胞增殖，促进肿瘤细胞凋亡。此外，ZMF 分解释放的 Zn^{2+}、Mn^{2+} 和 Fe^{2+} 催化内源性过氧化氢产生化学动力学治疗的细胞毒性羟基自由基，谷胱甘肽（羟基自由基清除剂）的消耗进一步增强了化学动力学治疗效果。因此，羟基自由基水平升高和 EGR-1 表达下调联合实现了高效的肿瘤治疗。

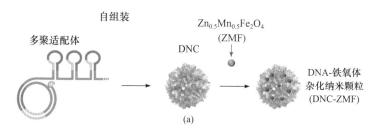

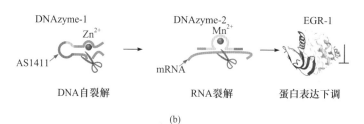

图 5-53　DNA-铁氧体杂化纳米颗粒 [45]

5）DNA-长余辉杂化纳米颗粒

长余辉纳米颗粒（PLNPs）作为传统的自发光材料，可以稳定地发光数小时或数天，远长于其他自发光材料，在自发光光动力系统中显示出巨大的潜力。光动力疗法是一种依赖于外部光照射的治疗策略，由于光照射的组织穿透深度较差，在癌症治疗中面临重大挑战。基于长余辉纳米颗粒的独特光学性质,构建了 DNA-长余辉杂化纳米颗粒。如图 5-54 所示,该杂化纳米颗粒通过滚动环扩增反应合成含有多聚 AS1411 适配体的超长单链 DNA,作为纳米杂化颗粒的支架[46]。AS1411 适配体呈四链体构象,具有两个功能:①通过插层作用负载光敏剂二氯硅酞菁(SiPcCl_2);②特异性识别癌细胞表面过度表达的核仁素。储能后的长余辉纳米颗粒用 MnO_2 外壳包裹,以延长能量储存。在癌细胞内部,MnO_2 外壳响应癌细胞细胞质中高表达的谷胱甘肽被分解,释放内部长余辉纳米颗粒,作为自发光源激活光敏剂,催化 O_2 转化为有毒的单线态氧,协同产生氧化毒性,从而诱导肿瘤细胞凋亡,实现了在无外源激光激发的情况下的光动力治疗。

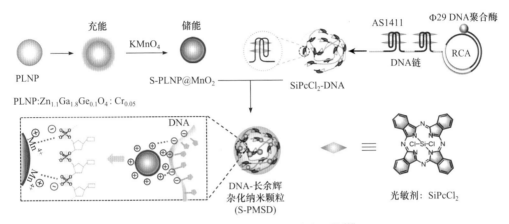

图 5-54 DNA-长余辉杂化纳米颗粒[46]

6)核酸 – 茶多酚 @ 阳离子聚合物杂化纳米颗粒

核酸 – 茶多酚 @ 阳离子聚合物杂化纳米颗粒通过有机分子实现对核酸的聚集组装[47]。茶多酚含有多个酚羟基,可以通过氢键作用驱动核酸组装。由于氢键作用较弱,初步组装形成的 DNA 材料形貌不规则。引入正电性聚合物,利用静电相互作用进一步压缩组装体,得到形貌规则的核酸杂化纳米颗粒,见图 5-55。核酸 – 茶多酚 @ 阳离子聚合物杂化纳米颗粒可以抵抗核酸酶降解,维持其内部核酸的结构稳定,展现出良好的生理稳定性。将核酸 – 茶多酚 @ 阳离子聚合物杂化纳米颗粒中的核酸序列替换为治疗性核酸序列,可以发挥基因沉默的作用和治疗功能。

图 5-55 核酸 – 茶多酚 @ 阳离子聚合物杂化纳米颗粒[47]

3. 核酸纳米胶束

核酸纳米胶束是亲水性核酸链段连接疏水性分子,在亲疏水相互作用的驱动下形成的一种核酸杂化纳米材料。为保证胶束组装的稳定性,一般采用共价交联的方式进行连接。本小节介绍聚 N- 异丙基丙烯酰胺核酸纳米胶束和聚乙二醇 – 聚己内酯核酸纳米胶束。

1）聚 *N-* 异丙基丙烯酰胺核酸纳米胶束

siRNA- 二硫键 – 聚 *N-* 异丙基丙烯酰胺（siRNA-SS-pNIPAM）两嵌段共聚物能够自组装合成基于 siRNA 的聚 *N-* 异丙基丙烯酰胺核酸纳米胶束[48]。如图 5-56 所示，制得的核酸纳米胶束由亲水的 siRNA 壳层、温度敏感的疏水中间层和空心亲水内腔组成，这种设计不仅可以使聚合物囊泡包裹亲水 / 疏水小分子药物或蛋白质，其固有的温度 / 还原响应性还可以控制药物的装载和释放。pNIPAM 具有温度敏感性，当反应温度高于临界溶液温度时，siRNA-SS-pNIPAM 共聚物可以自组装成纳米颗粒。疏水性高分子和 siRNA 通过二硫键连接，在谷胱甘肽存在的情况下，核酸纳米胶束中的二硫键与谷胱甘肽发生氧化还原反应而被特异性切断，实现核酸纳米胶束快速解体和治疗性药物释放。聚异丙基丙烯酰胺核酸纳米胶束在体内展现出良好的细胞靶向效果，在基因治疗领域具有广阔的应用前景。

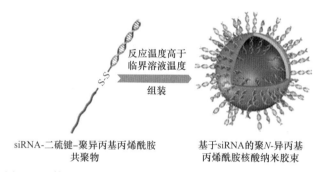

反应温度高于
临界溶液温度

组装

siRNA-二硫键–聚异丙基丙烯酰胺
共聚物

基于siRNA的聚*N*-异丙基
丙烯酰胺核酸纳米胶束

图 5-56　基于 siRNA 的聚 *N-* 异丙基丙烯酰胺核酸纳米胶束 [48]

2）聚乙二醇 – 聚己内酯核酸纳米胶束

聚乙二醇 – 聚己内酯核酸纳米胶束的设计与聚异丙基丙烯酰胺核酸纳米胶束相似[49]。先对核苷酸单体进行化学修饰，形成携带药物分子的核苷酸分子。之后利用亚磷酸酰胺固相合成法合成携带药物分子的核酸长链。然后应用点击化学反应的方法，将核酸长链与疏水高分子链段共价连接，通过亲疏水自组装制备聚乙二醇 – 聚己内酯核酸纳米胶束，见图 5-57。由亚磷酸酰胺固相合成法制备的 DNA- 药物嵌套序列是人工设计的反

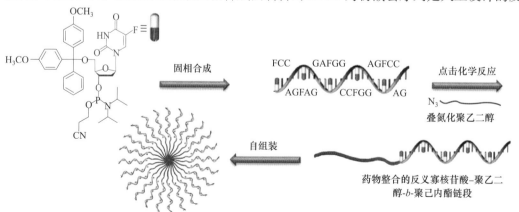

固相合成

FCC　GAFGG　AGFCC
AGFAG　CCFGG　AG

点击化学反应

N₃
叠氮化聚乙二醇

自组装

药物整合的反义寡核苷酸–聚乙二醇-*b*-聚己内酯链段

聚乙二醇–聚己内酯核酸纳米胶束

图 5-57　聚乙二醇 – 聚己内酯核酸纳米胶束 [49]

义核苷酸序列，可与胞内 mRNA 特异性结合，形成 DNA-RNA 杂化双链。该链段在核糖核酸酶 H（RNase H）作用下，可以特异性降解 mRNA，有效下调肿瘤细胞内耐药基因表达量，达到肿瘤治疗的目的。聚乙二醇 – 聚己内酯核酸纳米胶束能协同输送治疗基因和化疗药物、简化递送体系、提高成药性，在耐药癌症治疗领域具有应用潜质。

5.5 DNA 水凝胶

DNA 水凝胶是宏观核酸功能材料的典型代表。利用 DNA 分子序列可编程性和纳米尺寸可控性，合理设计 DNA 水凝胶的结构基元，能够精确合成具有不同机械性质的 DNA 水凝胶。例如，将 DNA 功能序列引入到水凝胶体系中，可赋予 DNA 水凝胶响应 pH、酶、金属离子和生物分子的特性，实现材料结构与功能的完美融合。本章介绍三种 DNA 水凝胶的组装方式：枝状 DNA 组装、超长 DNA 链交联和杂化组装。

5.5.1 枝状 DNA 组装

枝状 DNA 是构建 DNA 水凝胶最常用的结构基元，能够经酶联、桥连、刺激响应、聚合酶链式反应和杂交链式反应等方法合成 DNA 水凝胶。

1. 酶联法

酶联法一般利用 DNA 连接酶，主要是 T4 DNA 连接酶，催化含黏性末端或平末端的双链 DNA，合成 DNA 水凝胶[50]。具有互补的回文黏性末端的枝状 DNA 分子能够同时充当结构基元和交联剂，在 T4 DNA 连接酶的催化下经自组装形成具有水凝胶特性的三维网状结构，见图 5-58。

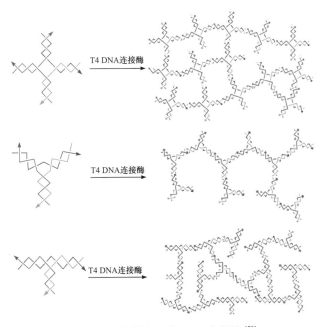

图 5-58 酶联法合成 DNA 水凝胶[50]

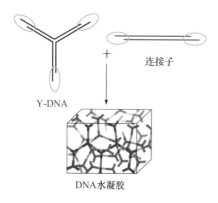

Y-DNA
连接子

DNA水凝胶

图 5-59　桥连法合成 DNA 水凝胶 [51]

2. 桥连法

桥连法以具有互补黏性末端的枝状 DNA 和连接子（linker）为结构基元组装形成凝胶网络。以 Y-DNA 为例[51]。如图 5-59 所示，含有 3 个黏性末端（绿色圆圈部分）的 Y-DNA 与含有 2 个黏性末端（绿色圆圈部分）的 linker 通过碱基互补配对连接，组装形成 DNA 水凝胶。Y-DNA 与 linker 的黏性末端均被设计为非回文黏性末端，保证连接只存在于 Y-DNA 和 linker 之间，确保了 DNA 水凝胶的均一性。通过调控结构基元 Y-DNA 与 linker 的比例，可调整水凝胶的机械强度。桥连法依靠碱基间的氢键作用进行自组装，因此合成的水凝胶具有热可逆性，能够随温度变化发生凝胶 – 溶胶转变，此过程可以循环多次。

3. 刺激响应法

刺激响应法一般指枝状 DNA 响应外界刺激发生拓扑结构转变，自组装形成水凝胶网络。正如 5.2.3 节所提到的，将 Y-DNA 的黏性末端设计为 i-motif 基序，利用刺激响应法可以合成 DNA 水凝胶[18]，见图 5-23。刺激响应法合成的 DNA 水凝胶的机械强度与枝状 DNA 浓度和环境温度有关。枝状 DNA 浓度增大，交联密度增大，水凝胶的储能模量增大。环境温度升高，i-motif 结构被破坏，凝胶网络被破坏，水凝胶的储能模量减小。

4. 聚合酶链式反应法

聚合酶链式反应（PCR）是一种用于放大扩增特定 DNA 片段的分子生物学技术，常用于合成 DNA 水凝胶，见图 5-60。例如，将 Y-DNA 的三条黏性末端均设计为 PCR 的前后引物[6]，经枝状 PCR 后，可合成具有热稳定性的超长链枝状产物，见图 5-9（b）。多个枝状产物连接在一起，形成相互连接的三维网络，制得 DNA 水凝胶。

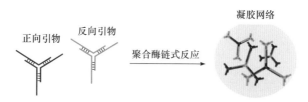

正向引物　反向引物　　聚合酶链式反应　　凝胶网络

图 5-60　聚合酶链式反应法合成 DNA 水凝胶 [6]

5. 杂交链式反应法

杂交链式反应（hybridization chain reactions，HCR）基于链置换反应原理，是自身稳定的核酸发卡结构在触发链存在下开始杂交并自组装的反应，能够实现目标分子的信号放大。作为一种体外核酸恒温扩增技术，杂交链式反应对仪器的要求大大简化，仅需简单的控温设备即可完成反应。科学家在传统杂交链式反应的基础上，开发出了一种新策略——钳式杂交链式反应（clamped hybridization chain reactions，C-HCR）[52]，用于合成 DNA 水凝胶。如图 5-61 所示，钳式杂交链式反应体系内共有三种 DNA 单体：触发链 I、发卡链 H1 和 H2。只有三种单体同时存在才会触发反应，产生分子量较大的网格状产物，形成 DNA 水凝胶。调整触发链的加入时机，可以选择性地触发和调控反应，增强自组装的可控性和有序性。反应合成的 DNA 水凝胶内部呈三维网状结构，强度随 DNA 浓度的增加而增大。在 DNA 物质的量相同的条件下，与其他方法合成的全 DNA 水凝胶相比，杂交链式反应合成的水凝胶 DNA 分子交联程度更高，机械强度更好。

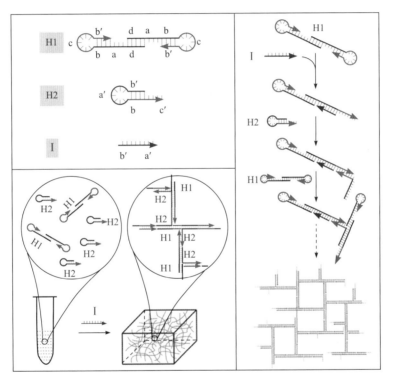

图 5-61　钳式杂交链式反应合成 DNA 水凝胶 [52]

5.5.2　超长 DNA 链交联

DNA 长链经过物理交联（如物理缠结、氢键作用等）后合成 DNA 水凝胶，且整个过程中无需其他交联剂参与。

1. 滚环扩增法

通过滚环扩增反应可以合成分子量超大、具有序列周期性的长单链 DNA，长单链 DNA 经物理缠结，形成 DNA 水凝胶 [53]。此外，向滚环扩增体系内加入与单链 DNA 产物互补的二级引物，可以形成 DNA 双链片段，为 Φ29 DNA 聚合酶提供结合位点，触发多引物扩增反应。

利用滚环扩增反应合成的 DNA 水凝胶表现出良好的固液转换性质和触变性能，可以根据介质状态与模具形状改变自身形态。例如，在形状为"D"、"N"和"A"的模具中进行反应，可形成具有"D"、"N"和"A"形状的水凝胶。如图 5-62 所示，该水凝胶在水溶液中表现为固态，显示出"DNA"字样；离开水溶液后，则呈现为液态；重新加水后，又恢复为原来的"DNA"形状。利用水凝胶的固液转换性质，在水凝胶中掺入 AuNPs，制作出一种智能的电路开关。当装置内无水时，由于水凝胶的类流体性质，水凝胶能够充满整个开关而接通电路，呈现"ON"状态。当装置内有水时，水凝胶恢复相应形状，断开电路，呈现"OFF"状态。

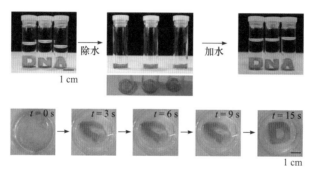

图 5-62　滚环扩增法合成具有固液转换性质 DNA 水凝胶 [53]

2. 双滚环扩增法

双滚环扩增（double rolling circle amplification）是在滚环扩增反应基础上发展而来的一种合成 DNA 水凝胶的方法 [54]。如图 5-63 所示，将双滚环扩增反应中的两种环状模板序列设计为部分互补，分别进行滚环扩增反应产生两种长单链 DNA。然后将两种长单链 DNA 在一个试管中混合，通过碱基互补配对和链间缠结形成三维凝胶网络。分别用绿色荧光核酸染料（SYBR Green Ⅱ）和红色荧光核酸染料（Gel Red）对两种滚环扩增反应产物进行染色，染成绿色和红色的产物混合后，二者的界线会逐渐消失，最终形成黄色的 DNA 水凝胶。

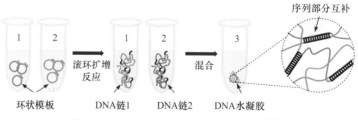

图 5-63　双滚环扩增合成 DNA 水凝胶 [54]

5.5.3　杂化组装

杂化组装法制备 DNA 水凝胶是将其他材料引入 DNA 材料体系中形成凝胶网络，这种合成策略能赋予 DNA 水凝胶更多的功能。

1. DNA-聚合物杂化组装

在 DNA 与聚合物杂化形成的 DNA 水凝胶中，DNA 赋予材料功能，聚合物主要负责凝胶网络的形成，如使用聚 *N*-异丙基丙烯酰胺（pNIPAM）与 DNA 杂化合成 DNA 水凝胶[55]。如图 5-64 所示，在四甲基乙二胺（TEMED）催化过硫酸铵（APS）产生的自由基作用下，*N*-异丙基丙烯酰胺（NIPAM）单体的碳碳双键打开，发生自由基聚合反应，形成聚合物。一端修饰有丙烯酰胺基单体的 DNA 短链通过取代反应被随机地修饰在 pNIPAM 侧链上。DNA 侧链被设计为 i-motif 基序，在酸性环境中形成 i-motif 结构，使游离状态的聚合物交联在一起，形成 DNA-pNIPAM 水凝胶。在弱碱性环境中，i-motif 结构被破坏，pNIPAM 分子之间的交联作用消失，DNA-pNIPAM 水凝胶恢复溶液状态。由于 pNIPAM 的分子链上同时具有亲水性的酰氨基和疏水性的异丙基，因此 DNA-pNIPAM 水凝胶具有温度敏感特性。当环境温度升高至 45℃时，pNIPAM 分子疏水作用增强，凝胶收缩；当环境温度降低至 25℃时，pNIPAM 分子的疏水作用减弱，凝胶恢复原状。

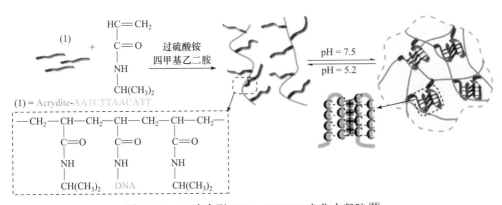

图 5-64　pH 响应型 DNA-pNIPAM 杂化水凝胶[55]

银离子能够辅助合成 DNA-pNIPAM 水凝胶。将 DNA 短链设计为回文序列，并在回文序列中插入两个胞嘧啶，破坏回文序列自身互补的特性，导致其仅依靠碱基互补配对不足以形成稳定的双链体桥。DNA 短链一端修饰有丙烯酰胺基单体，可以通过取代反应被随机地修饰在 pNIPAM 侧链上。如图 5-65 所示，加入银离子后，银离子辅助两个胞嘧啶交联，形成稳定的双链结构，实现 pNIPAM 分子之间的交联，形成 DNA-pNIPAM 水凝胶。若向凝胶体系内加入半胱胺，半胱胺能够与银离子发生螯合作用，破坏 DNA 双链结构，DNA-pNIPAM 水凝胶恢复成溶液状态。这种 DNA-pNIPAM 水凝胶具有银离子和温度的双重响应性，升温后凝胶体积减小，此时加入半胱胺，水凝胶仍保持凝胶状态，再次加入银离子并降温后，水凝胶体积恢复原来大小。

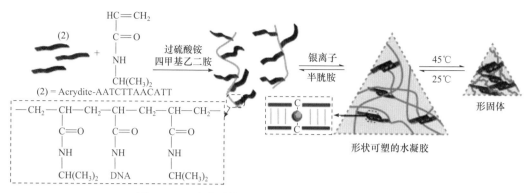

图 5-65 Ag⁺ 交联的 DNA-pNIPAM 杂化水凝胶 [55]

CRISPR 技术在短短几年内飞速发展，已逐渐演变为一种功能强大的多用途生物学工具。科学家将 CRISPR 技术相关的核酸酶（Cas12a）引入 DNA-聚乙二醇杂化水凝胶中，构建了一种可编程的 CRISPR 响应型智能材料 [56]。Cas12a 在识别特异性的双链 DNA（靶DNA）后被激活，将连在聚合物侧链的单链 DNA 切断，改变 DNA 水凝胶特性。如图5-66 所示，以聚乙二醇（PEG）为基质，通过共价交联将 DNA 单链连接在 PEG 侧链上形成 DNA 水凝胶。这条 DNA 单链被称为 DNA 锚，可以作为连接剂将小分子荧光基团或蛋白酶负载到 PEG 基质上。当体系中存在靶 DNA 时，靶 DNA 与向导 RNA 互补识别，导致 DNA 锚被 Cas12a 裂解，释放水凝胶中负载的小分子或蛋白酶等货物分子。货物分子被释放后，仍保留其生物学功能。

Cas12a 不仅可以释放出杂化 DNA 水凝胶中锚定的货物，还可以改变水凝胶的机械性能。如图 5-67 所示，以聚丙烯酰胺（PA）作为 DNA 水凝胶基质，在其侧链上修饰两种非互补的 DNA 单链，二者通过含有 Cas12a 裂解位点的桥 DNA 进行交联，形成凝胶网络，可将小分子药物、生物大分子或细胞等货物包裹在内。当靶 DNA 存在时，桥DNA 被 Cas12a 裂解，凝胶网络随之降解，机械性能改变，实现货物的释放。以 AuNPs为货物验证该水凝胶的特异性释放能力，结果发现只有在特定序列靶 DNA 的触发下，AuNPs 才会被释放出来。

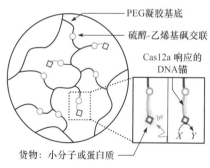

图 5-66 可编程 CRISPR 响应型 DNA-
聚乙二醇杂化水凝胶 [56]

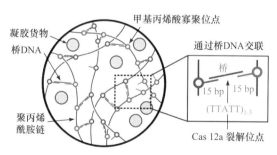

图 5-67 CRISPR 响应型 DNA- 聚丙烯
酰胺杂化水凝胶 [56]

　　DNA 水凝胶除了应用在疾病治疗、生物颗粒分离及组织工程等领域外，在环境工程方向的发展也逐渐受到科学家的重视。塑料在现代生活中发挥着重要作用，目前塑料回收的要求很高且具有挑战性，急需开发出新兴的、能在整个材料生命周期内与环境兼容的可持续生物塑料。如图 5-68 所示，科学家设计了一种由天然 DNA 和离聚物制成的可持续生物塑料，称为 DNA 塑料[57]。

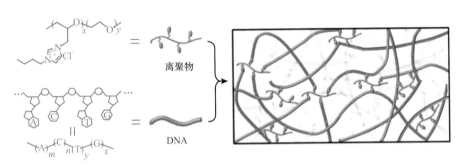

图 5-68　弹性离聚物介导的鲑鱼精 DNA 杂化水凝胶[57]

　　弹性体离聚体作为 DNA 塑料的组成部分之一，是通过将离子基团引入弹性体中合成的，近年来在生物医学和能源科学等领域引起了广泛的关注。该设计采用环氧氯丙烷共环氧乙烷（epichlorohydrin-co-ethylene oxide，ECO）与 1- 丁咪唑一锅法季铵化反应合成聚 ECO 基离聚体，其中 1- 丁咪唑既是反应物，也是绿色溶剂。在整个合成过程中，乙醚是唯一作为沉淀剂用于纯化 ECO 基离聚体的有机溶剂。ECO 基离聚体具有以下两个优点：① ECO 是一种可再生的生物质衍生弹性体，已被广泛应用于市场；② ECO 的氯甲基基团为合成水溶性离聚体提供了一个高活性位点。由此，弹性体离聚体为大分子交联剂（2.2×10^5 Da），介导鲑鱼精 DNA（1.2×10^7 Da）组装形成 DNA 水凝胶。其中，离聚体的阳离子基团通过静电吸引与 DNA 的磷酸基相互作用，离聚体的碳链通过疏水作用与 DNA 碱基相互作用。随后，将超软 DNA 凝胶加入到模具当中，利用冷冻干燥技术除去水分，将 DNA 凝胶制备为成型塑料。DNA 塑料在生物降解性、丰度、副产品的产生、二氧化碳的排放、能源消耗和加工质量方面表现出明显的优势，进一步凸显了DNA 塑料的可持续性。DNA 塑料代表了一种潜在的可持续材料，为开发更可持续的生物塑料奠定了基础。

　　2．DNA- 纳米材料杂化组装

　　除了与聚合物杂化，DNA 还可与其他纳米材料杂化合成水凝胶。在这类水凝胶中，DNA 大多起构筑凝胶网络的作用，而掺杂的纳米材料赋予了材料新的功能。

　　1）DNA- 银纳米团簇杂化水凝胶

　　C、G 碱基与银离子（Ag^+）之间有较强的结合力，因此富含 C、G 序列的 DNA 链可以作为支架，在凝胶网络中原位合成银纳米团簇，形成 DNA- 银纳米团簇杂化水凝胶[58]。如图 5-69 所示，首先由滚环扩增反应合成分子量超大、具有周期性序列的长单链 DNA。

其次加入二级引物，与第一轮 RCA 产物互补结合，触发二级扩增，形成凝胶网络。最后在还原剂硼氢化钠（NaBH₄）的作用下，还原 Ag⁺，形成银纳米团簇，并将银纳米团簇包裹在支架 DNA 位点上形成 DNA-银纳米团簇杂化水凝胶。利用上述策略合成的 DNA-银纳米团簇杂化水凝胶不仅显示出独特的形态和机械性能，而且具有良好的生物相容性、荧光和抗菌功能等特性，在组织工程、伤口敷料、生物传感和生物成像等领域展现出广泛的应用潜力。

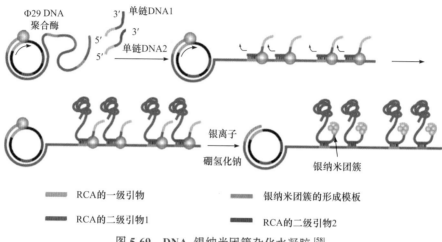

图 5-69　DNA-银纳米团簇杂化水凝胶 [58]

DNA-银纳米团簇杂化水凝胶合成过程中二级引物的添加有"中继法"和"一锅法"两种方法，不同的添加方法会影响杂化水凝胶形成的效率。中继法是指每隔 2 h 添加一次二级引物，一锅法是指在开始时加入所有二级引物。研究发现，中继法比一锅法扩增效率更高。尽管在一锅法中存在大量的二级引物，但是大多数二级引物无法与 Φ29 DNA 聚合酶结合，出现"粥少僧多"的情况，导致二级扩增效率低。在中继法中，间歇性地添加二级引物，可以大幅度提升其与 Φ29 DNA 聚合酶的有效结合，提高扩增效率，得到更长的二级扩增产物，有利于凝胶网络的形成。此外，Φ29 DNA 聚合酶缓冲液中的二硫苏糖醇（DTT）会影响银纳米团簇的荧光性能，所以银纳米团簇形成之前，需要采用凝胶洗涤的方法将水凝胶内部残留的 DTT 全部除去。

2）DNA-磁性纳米颗粒杂化水凝胶

DNA-磁性纳米颗粒杂化水凝胶与 DNA-银纳米团簇杂化水凝胶合成过程类似。首先由滚环扩增反应合成具有超大分子量和周期性序列的单链 DNA[59]，然后加入二级引物，触发二级扩增。二级引物由单链 DNA 一端通过共价键连接到磁性纳米颗粒的表面形成，可经碱基互补配对连接到一级扩增产物上。二级引物以一级扩增产物为模板在 Φ29 DNA 聚合酶的催化下进行二级扩增，两次扩增产生的超长链 DNA 通过物理交联形成 DNA-磁性纳米颗粒杂化水凝胶。

DNA-磁性纳米颗粒杂化水凝胶由动态交联与永久交联两种方式形成凝胶网络。如图 5-70 所示，经滚环扩增反应合成的长单链 DNA 通过链间缠结形成动态交联点，磁性纳米颗粒表面的二级引物与一级扩增产物互补，形成永久交联点。DNA-磁性纳米颗粒杂化水凝胶具有独特机械性能，储能模量极低，表现出超软和超弹的特性。这种具有独特机械性能的水凝胶可以作为根据环境改变自身形状的软体机器人。在外加磁场的牵引下，高度为 3.5 mm 的 DNA-磁性纳米颗粒杂化水凝胶能够通过只有 1.5 mm 高的通道，且在通过通道后能恢复其原来的形状。

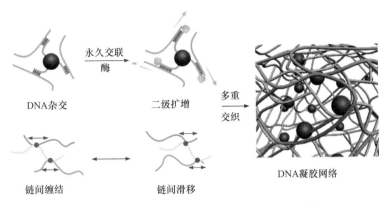

图 5-70 二级 RCA 扩增得到的 DNA 凝胶网络[59]

该水凝胶还表现出良好的生物相容性和保护细胞的能力。高度为 3 mm 的 DNA-磁性纳米颗粒杂化水凝胶负载细胞后，仍可以成功通过 1.3 mm 高的通道，并恢复原状。这种水凝胶在装载细胞后依然保持了形状适应性，且从水凝胶中释放出的细胞仍能保持较高的存活率，可以实现受限空间内活细胞的无损递送，展现了 DNA 作为高分子材料应用于微创领域的可能性。

3）DNA-上转换纳米颗粒杂化水凝胶

作为一种新兴的光学材料，上转换纳米颗粒（upconversion nanoparticles，UCNPs）由主体基质和镧系元素掺杂剂组成，可以通过反斯托克斯发光过程（anti-Stokes luminescence process）将激光能量从长波长转换为短波长。DNA/UCNPs 杂化材料将 DNA 的生物学功能与 UCNPs 的光学特性相结合，已被广泛用于生物传感和治疗。

通过 DNA 链和 UCNPs 的静电吸引、界面组装和 DNA 链交联制备杂化 DNA 水凝胶，其合成过程可在 1 s 内完成，称为闪速合成[60]。DNA 的长度和 UCNPs 的结晶形式被证明是构建水凝胶网络的重要因素。如图 5-71 所示，为了合成杂化水凝胶，以环状 DNA 为模板，通过滚环扩增反应合成 DNA 长单链。在溶液中，带正电荷的 UCNPs 通过静电相互作用强烈吸引带负电的 DNA 链，缩短了两者之间的空间距离。UCNPs 表面的稀土离子（钇离子，Y^{3+}）与 DNA 链中的磷酸基团形成配位键，使 DNA 链能够在 UCNPs 界面上组装。以 UCNPs 作为交联位点，DNA 长单链发生缠绕和交联，形成最终的 DNA-上转换纳米颗粒杂化水凝胶网络。

与之前报道的其他 DNA/UCNPs 杂化材料相比，该策略在制备方法上的新颖性主要体现在三个方面：①该策略旨在合成宏观尺度的水凝胶，而不是微 / 纳米材料，这在某些特定应用中具有潜力，如细胞分离和组织保护；②基于等温酶促 RCA 反应合成超长 DNA 单链，反应高效稳定且条件温和，与杂交链式反应或聚合酶链反应等策略相比，该策略无需大量的短链 DNA 和循环温度变化来合成水凝胶，具有较高的效率和较强的实用性；③从合成机理的角度，模拟了 DNA 长单链与 UCNPs 表面的相互作用及系统达到平衡的过程，特别是对 UCNPs 上 DNA 和晶面基团的模拟分析准确，可为相关研究提供参考。

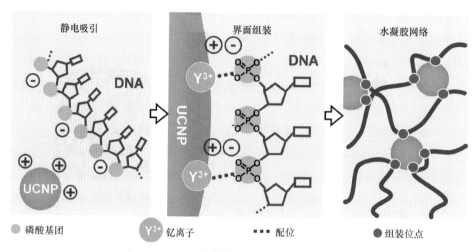

图 5-71　DNA- 上转换纳米颗粒杂化水凝胶[60]

合理设计的 DNA 赋予水凝胶精确识别和分离特定细胞的功能，镧系元素离子掺杂的 UCNPs 通过上转换效应保护细胞免受近红外照射的损害。闪速合成为制备 DNA 水凝胶提供了一种新模式，并扩展了 DNA 水凝胶的功能，有望实现更多实际应用。

思　考　题

1. 枝状 DNA 可以与哪几种材料进行杂化组装？组装后分别带来了哪些优势？
2. DNA 分子作为纳米材料构筑基元的优势有哪些？
3. 构建枝状 DNA 单体的方法通常分为哪几种？
4. 简述枝状 DNA（以 Y-DNA 为例）的一步组装法和逐步组装法的组装过程。
5. 逆向合成组装法具有哪些优势？
6. 用于构建核酸纳米材料的刺激响应基序有哪些？
7. 枝状 DNA 的哪些特性使其能够成为构建核酸材料的理想构筑模块？
8. 简述基于链置换反应的动态组装构建多代枝状 DNA 大分子的具体过程。
9. 框架核酸具有哪些优点？主要的构建方法有哪几种？
10. 由 DNA 折纸合成的框架核酸主要有哪些特征？
11. 球形核酸外壳的核酸链一般包含哪几个部分？简述各部分的作用。
12. 简述滚环扩增反应的具体过程。
13. 简述钳式杂交链式反应合成 DNA 水凝胶的具体过程及优势。
14. 作为构建 DNA 水凝胶最常用的结构基元，枝状 DNA 可以通过哪些方式形成 DNA 水凝胶？
15. DNA-银纳米团簇杂化水凝胶合成过程中添加二级引物的方法有哪几种？哪种效率更高？

参 考 文 献

[1] Li Y G, Tseng Y D, Kwon S Y, et al. Controlled assembly of dendrimer-like DNA. Nature Materials, 2004, 3(1): 38-42.

[2] Yin P, Choi H M T, Calvert C R, et al. Programming biomolecular self-assembly pathways. Nature, 2008,

451(7176): 318-322.

[3] Vargas-Baca I, Mitra D, Zulyniak H J, et al. Solid-phase synthesis of transition metal linked, branched oligonucleotides. Angewandte Chemie International Edition, 2001, 113(24): 4765-4768.

[4] Endo M, Majima T. Control of A double helix DNA assembly by use of cross-linked oligonucleotides. Journal of the American Chemical Society, 2003, 125(45):13654-13655.

[5] Lee J K, Jung Y H, Tok J B H, et al. Syntheses of organic molecule-DNA hybrid structures. ACS Nano, 2011, 5(3): 2067-2074.

[6] Hartman M R, Yang D Y, Tran T N N, et al. Thermostable branched DNA nanostructures as modular primers for polymerase chain reaction. Angewandte Chemie International Edition, 2013, 52(33): 8699-8702.

[7] He Y, Ye T, Su M, et al. Hierarchical self-assembly of DNA into symmetric supramolecular polyhedra. Nature, 2008, 452(7184): 198-201.

[8] Zhao J M, Chandrasekaran A R, Li Q, et al. Post-assembly stabilization of rationally designed DNA crystals. Angewandte Chemie International Edition, 2015, 54(34): 9936-9939.

[9] He Y, Chen Y, Liu H P, et al. Self-assembly of hexagonal DNA two-dimensional (2D) arrays. Journal of the American Chemical Society, 2005, 127(35): 12202-12203.

[10] Sun X P, Hyeon Ko S, Zhang C A, et al. Surface-mediated DNA self-assembly. Journal of the American Chemical Society, 2009, 131(37): 13248-13249.

[11] Manuguerra I, Grossi G, Thomsen R P, et al. Construction of a polyhedral DNA 12-Arm junction for self-assembly of wireframe DNA lattices. ACS Nano, 2017, 11(9): 9041-9047.

[12] Park S H, Pistol C, Ahn S J, et al. Finite-size, fully addressable DNA tile lattices formed by hierarchical assembly procedures. Angewandte Chemie International Edition, 2006, 45(5): 735-739.

[13] Bhatia D, Mehtab S, Krishnan R, et al. Icosahedral DNA nanocapsules by modular assembly. Angewandte Chemie International Edition, 2009, 48(23): 4134-4137.

[14] Zheng J P, Birktoft J J, Chen Y, et al. From molecular to macroscopic via the rational design of a self-assembled 3D DNA crystal. Nature, 2009, 461(7260): 74-77.

[15] Iinuma R, Ke Y G, Jungmann R, et al. Polyhedra self-assembled from DNA tripods and characterized with 3D DNA-PAINT. Science, 2014, 344(6179): 65-69.

[16] Zhang T, Hartl C, Frank K, et al. DNA nanotechnology: 3D DNA origami crystals. Advanced Materials, 2018, 30(28): 1800273.

[17] Xuan F, Hsing I M. Triggering hairpin-free chain-branching growth of fluorescent DNA dendrimers for nonlinear hybridization chain reaction. Journal of the American Chemical Society, 2014, 136(28): 9810-9813.

[18] Cheng E J, Xing Y Z, Chen P, et al. A pH-triggered, fast-responding DNA hydrogel. Angewandte Chemie International Edition, 2009, 48(41): 7660-7663.

[19] Chen P, Zhang T, Zhou T, et al. Number-controlled spatial arrangement of gold nanoparticles with DNA dendrimers. RSC Advances, 2016, 6(74): 70553-70556.

[20] Yang L, Yao C, Li F, et al. Synthesis of branched DNA scaffolded super-nanoclusters with enhanced antibacterial performance. Small, 2018, 14(16): 1-9.

[21] Ma X Z, Yang Z Q, Wang Y J, et al. Remote controlling DNA hydrogel by magnetic field. ACS Applied Materials & Interfaces, 2017, 9(3): 1995-2000.

[22] Zhang L B, Jean S, Ahmed S R, et al. Multifunctional quantum dot DNA hydrogels. Nature Communications, 2017, 8(1): 381-389.

[23] Brady R A, Brooks N J, Cicuta P, et al. Crystallization of amphiphilic DNA C-stars. Nano Letters, 2017, 17(5): 3276-3281.

[24] Wang X A, Sha R J, Kristiansen M, et al. An organic semiconductor organized into 3D DNA arrays by

"bottom-up" rational design. Angewandte Chemie International Edition, 2017, 56(23): 6445-6448.

[25] Aldaye F A, Sleiman H F. Guest-mediated access to a single DNA nanostructure from a library of multiple assemblies. Journal of the American Chemical Society, 2007, 129(33): 10070-10071.

[26] Li C A, Chen P, Shao Y, et al. A writable polypeptide-DNA hydrogel with rationally designed multi-modification sites. Small, 2015, 11(9-10): 1138-1143.

[27] Rothemund P W K. Folding DNA to create nanoscale shapes and patterns. Nature, 2006, 440(7082): 297-302.

[28] Han D R, Pal S, Nangreave J, et al. DNA origami with complex curvatures in three-dimensional space. Science, 2011, 332(6027): 342-346.

[29] Goodman R P, Schaap I A T, Tardin C F, et al. Rapid chiral assembly of rigid DNA building blocks for molecular nanofabrication. Science, 2005, 310(5754): 1661-1665.

[30] Wei B, Dai M J, Yin P. Complex shapes self-assembled from single-stranded DNA tiles. Nature, 2012, 485(7400): 623-626.

[31] Zhao Z, Liu Y, Yan H. Organizing DNA origami tiles into larger structures using preformed scaffold frames. Nano Letters, 2011, 11(7): 2997-3002.

[32] Zhao Z, Yan H, Liu Y. A route to scale up DNA origami using DNA tiles as folding staples. Angewandte Chemie International Edition, 2010, 49(8): 1414-1417.

[33] Liu X G, Zhang F, Jing X X, et al. Complex silica composite nanomaterials templated with DNA origami. Nature, 2018, 559(7715): 593-598.

[34] Geary C, Rothemund P W K, Andersen E S. A single-stranded architecture for cotranscriptional folding of RNA nanostructures. Science, 2014, 345(6198): 799-804.

[35] Zhu G Z, Hu R, Zhao Z L, et al. Noncanonical self-assembly of multifunctional DNA nanoflowers for biomedical applications. Journal of the American Chemical Society, 2013, 135(44): 16438-16445.

[36] Sun W J, Jiang T Y, Lu Y, et al. Cocoon-like self-degradable DNA nanoclew for anticancer drug delivery. Journal of the American Chemical Society, 2014, 136(42): 14722-14725.

[37] Ding F, Mou Q B, Ma Y, et al. A crosslinked nucleic acid nanogel for effective siRNA delivery and antitumor therapy. Angewandte Chemie International Edition, 2018, 57(12): 3064-3068.

[38] Li J, Zheng C, Cansiz S, et al. Self-assembly of DNA nanohydrogels with controllable size and stimuli-responsive property for targeted gene regulation therapy. Journal of the American Chemical Society, 2015, 137(4): 1412-1415.

[39] Cutler J L, Auyeung E, Mirkin C A. Spherical nucleic acids. Journal of the American Chemical Society, 2012, 134(3): 1376-1391.

[40] Liu B W, Liu J W. Freezing directed construction of bio/nano interfaces: reagentless conjugation, denser spherical nucleic acids, and better nanoflares. Journal of the American Chemical Society, 2017, 139(28): 9471-9474.

[41] MacFarlane R J, Lee B, Jones M R, et al. Nanoparticle superlattice engineering with DNA. Science, 2011, 334(6053): 204-208.

[42] Li M Y, Wang C L, Di Z H, et al. Engineering multifunctional DNA hybrid nanospheres through coordination-driven self-assembly. Angewandte Chemie International Edition, 2019, 58(5): 1350-1354.

[43] Liu B, Hu F, Zhang J F, et al. A biomimetic coordination nanoplatform for controlled encapsulation and delivery of drug-gene combinations. Angewandte Chemie International Edition, 2019, 58(26): 8804-8808.

[44] Yao C, Xu Y W, Tang J P, et al. Dynamic assembly of DNA-ceria nano complex in living cells generates artificial peroxisome. Nature Communications, 2022, 13: 7739.

[45] Yao C, Qi H D, Jia X M, et al. A DNA nano complex containing cascade DNAzymes and promoter-like

Zn-Mn-Ferrite for combined gene/chemo-dynamic therapy. Angewandte Chemie International Edition, 2022, 61(6): e202113619.

[46] Zhao H X, Li L H, Li F, et al. An energy stored DNA-based nano complex for laser-free photodynamic therapy. Advanced Materials, 2022, 34(13): e2109920.

[47] Shen W W, Wang Q W, Shen Y, et al. Green tea catechin dramatically promotes RNAi mediated by low-molecular-weight polymers. ACS Central Science, 2018, 4(10): 1326-1333.

[48] Zheng M, Jiang T, Yang W, et al. The siRNAsome: a cation-free and versatile nanostructure for siRNA and drug co-delivery. Angewandte Chemie International Edition, 2019, 58(15): 4938-4942.

[49] Mou Q B, Ma Y, Ding F, et al. Two-in-one chemogene assembled from drug-integrated antisense oligonucleotides to reverse chemoresistance. Journal of the American Chemical Society, 2019, 141(17): 6955-6966.

[50] Um S H, Lee J B, Park N, et al. Enzyme-catalysed assembly of DNA hydrogel. Nature Materials, 2006, 5(10): 797-801.

[51] Xing Y Z, Cheng E J, Yang Y, et al. Self-assembled DNA hydrogels with designable thermal and enzymatic responsiveness. Advanced Materials, 2011, 23(9): 1117-1121.

[52] Wang J B, Chao J E, Liu H J, et al. Clamped hybridization chain reactions for the self-assembly of patterned DNA hydrogels. Angewandte Chemie International Edition, 2017, 56(8): 2171-2175.

[53] Lee J B, Peng S M, Yang D Y, et al. A mechanical metamaterial made from a DNA hydrogel. Nature Nanotechnology, 2012, 7(12): 816-820.

[54] Yao C, Tang H, Wu W J, et al. Double rolling circle amplification generates physically cross-linked DNA network for stem cell fishing. Journal of the American Chemical Society, 2020, 142(7): 3422-3429.

[55] Guo W W, Lu C H, Qi X J, et al. Switchable bifunctional stimuli-triggered poly-*N*-isopropylacrylamide/DNA hydrogels. Angewandte Chemie International Edition, 2014, 53(38): 10134-10138.

[56] English M A, Soenksen L R, Gayet R V, et al. Programmable CRISPR-responsive smart materials. Science, 2019, 365(6455): 780-785.

[57] Han J P, Guo Y F, Wang H, et al. Sustainable bioplastic made from biomass DNA and Ionomers. Journal of the American Chemical Society, 2021, 143(46), 19486-19497.

[58] Geng J H, Yao C, Kou X H, et al. A fluorescent biofunctional DNA hydrogel prepared by enzymatic polymerization. Advanced Healthcare Materials, 2018, 7(5): 1-7.

[59] Tang J P, Yao C, Gu Z, et al. Super-soft and super-elastic DNA robot with magnetically driven navigational locomotion for cell delivery in confined space. Angewandte Chemie International Edition, 2020, 59(6): 2490-2495.

[60] Tang J P, Ou J H, Zhu C X, et al. Flash synthesis of DNA hydrogel via supramacromolecular assembly of DNA chains and upconversion nanoparticles for cell engineering. Advanced Functional Materials, 2022, 32(12): 2107267.

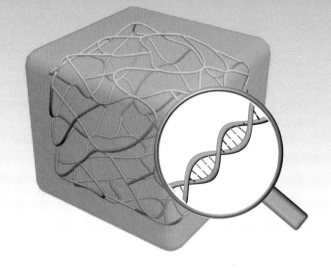

第 **6** 章

核酸功能材料的表征方法与技术

核酸功能材料的表征方法与技术是认识核酸功能材料理化性质的重要途径，是指导核酸功能材料设计合成并进一步实现生物应用的重要基础，主要包括对材料的尺寸、几何形貌、空间结构和力学性质等方面的表征。常用的表征方法与技术主要包括凝胶电泳分析、显微镜表征和光谱分析等。

6.1 凝胶电泳分析

凝胶电泳分析技术是凝胶色谱技术与电泳技术的结合。在凝胶电泳过程中，带有负电荷的核酸分子在外加电场的作用下向阳极迁移。碱基数量相同的 DNA 含有的净电荷数相近，在电场强度与凝胶浓度一定的情况下会以相同速率移动；碱基数越大，迁移速率越慢；碱基数越小，迁移速率越快。这种现象称为电荷效应。凝胶具有三维多孔的网络结构，使大小和形状不同的核酸分子在凝胶中迁移所受的阻力不同，这种现象被称为分子筛效应。凝胶电泳分析技术根据分子电荷数、大小或形状的差异，利用电荷效应和分子筛效应实现不同核酸分子的分离。该方法快捷简便，因此被广泛应用于核酸分子的分离和分析。

利用凝胶电泳技术，不仅可实现对不同长度 DNA 片段的分离和构象分析，还可用于 DNA 材料的组装分析[1]。根据凝胶组分不同，凝胶电泳主要分为琼脂糖凝胶电泳（agarose gel electrophoresis）和聚丙烯酰胺凝胶电泳（polyacrylamide gel electrophoresis，PAGE）。

6.1.1 琼脂糖凝胶电泳

琼脂糖凝胶电泳是用琼脂糖凝胶作为支撑介质的一种电泳分离分析技术。琼脂糖是一种从琼脂中分离得到的线性多糖，分子量为 $10^4 \sim 10^5$，多糖结构单元中含有羟基官能团，易与结构单元中的氢原子和链段周围水分子形成氢键。在 90℃以上时，琼脂糖可溶解在水中，呈随机线团状分布。温度降至 40℃时，多糖结构单元上的羟基形成链间氢键，以双螺旋方式相互缠绕，紧密排列，形成多孔凝胶。琼脂糖凝胶电泳可实现 50 ～ 30000 bp DNA 片段的分离。不同浓度的琼脂糖凝胶的分离能力不同，凝胶浓度越大，能够分离的 DNA 长度越小（表 6-1）。

表 6-1　不同浓度琼脂糖凝胶对应的 DNA 碱基数分离范围

凝胶浓度 /%	线性 DNA 长度 /bp
0.5	1000 ～ 30000
0.7	800 ～ 12000
1.0	500 ～ 10000
1.2	400 ～ 7000
1.5	200 ～ 3000
2.0	50 ～ 2000

DNA 分子的大小和形状会影响 DNA 在凝胶电泳中的迁移速度。因此，可利用凝胶电泳对 DNA 的组装效果进行分析评估 [2]。例如，在利用单链 DNA 组装四面体 DNA 的过程中，随着 DNA 分子的组装，组装体分子量和体积变大，在琼脂糖凝胶电泳中迁移速率变慢，条带逐渐上移（图 6-1）。

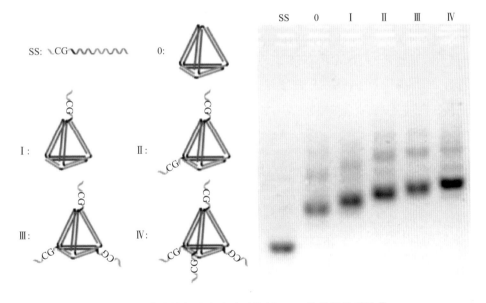

图 6-1　琼脂糖凝胶电泳用于分析 DNA 的分子的组装 [2]

低浓度的琼脂糖凝胶可用于分析较大分子量的 DNA[3]。例如，在利用滚环扩增反应合成单链 DNA 的过程中，随着反应时间的延长，合成的单链 DNA 的长度逐渐增大，在凝胶中迁移所受的空间位阻增大，迁移速率变慢。在 0.5% 琼脂糖凝胶电泳中，滚环扩增合成的 DNA 条带逐渐上移，证明了酶促反应的成功进行（图 6-2）。

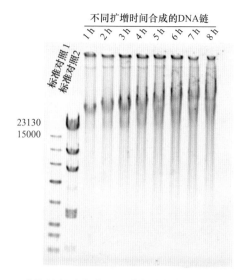

图 6-2　琼脂糖凝胶电泳用于分析酶促扩增合成的 DNA[3]

除分子量外，DNA 的构型不同也会影响迁移速率。例如，环形双链的质粒 DNA 分子有三种不同的构型：共价闭环型的超螺旋构型、开环构型及线性构型。当质粒 DNA 分子的两条核苷酸链均保持着完整的环形结构时，称为共价闭环型 DNA。如果两条核苷酸链中只有一条保持着完整的环形结构，另一条链有缺口时，称为开环 DNA。若质粒 DNA 经过适当的核酸内切限制酶切割之后，发生双链断裂形成线性分子，称为线性 DNA。如图 6-3 所示，Band-Ⅰ是开环型质粒 DNA，Band-Ⅱ是超螺旋构型质粒 DNA。共价闭环型超螺旋构型 DNA 折叠紧密，体积最小，在凝胶中空间位阻最小，因此迁移速率最快；而开环型 DNA 结构松弛臃肿，受到的空间位阻最大，迁移速率最慢[4]。

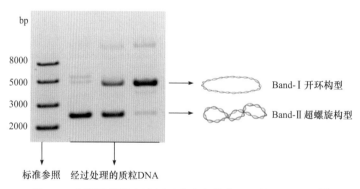

图 6-3　琼脂糖凝胶电泳用于分离和鉴定不同构型的质粒[4]

琼脂糖凝胶电泳过程包括琼脂糖凝胶制备、样品上样、电泳分离、凝胶染色与成像四个步骤。

琼脂糖凝胶制备：将琼脂糖粉末在 90℃下溶于去离子水中，配制成琼脂糖溶液，待冷却至 60℃左右时快速倒入制胶器中，并将梳子插入凝胶槽内，待冷却成型后将梳子拔出。在制备凝胶前后，须注意保持制胶器的清洁。所用琼脂糖溶液浓度通常为 0.5%～2%。根据所分离的 DNA 分子大小选择合适的浓度，否则会出现条带缺失等现象。

样品上样：需要选择适当的上样量，若上样量过大会导致条带模糊，上样量过小则会导致条带信号弱甚至缺失。为得到可见条带，DNA 至少需要上样 50 ng。上样时，样品中含盐量太高或存在杂质蛋白会造成条带模糊或条带缺失，可以用乙醇沉淀去除多余的盐，用酚去除蛋白。

电泳分离：电泳时，应使用新鲜配制的缓冲液，用已知分子量的核酸标记物作为标准条带判断样品的大小，电场强度不超过 20 V/cm，温度低于 30℃。对于大分子量的 DNA，温度应低于 15℃。如果电泳时电压或温度过高，会出现条带模糊和不规则迁移的现象。

凝胶染色与成像：电泳分离结束后，用核酸染色剂对凝胶进行染色。染色后，用凝胶成像系统，根据染色剂选择合适的光源和激发波长，进行观察和成像。常用的核酸染色剂有溴化乙锭（ethidium bromide，EB）、GelRed、GelGreen、GoldView（GV）、SYBR Green Ⅰ、SYBR Green Ⅱ等。

EB 是一种高度灵敏的芳香族荧光化合物，具有平面共轭大环结构，可以嵌入核酸双链的碱基对之间，与 DNA 的结合无碱基特异性。与核酸双链结合后，EB 的荧光强度会增强近 20 倍，并在紫外线激发下发出红色荧光，适用于大多数核酸检测，但其具有很强的致癌诱变性，可引起碱基错配诱发癌变。GelRed 和 GelGreen 可作为 EB 的替代品，它们不能穿透活细胞的细胞膜结合到 DNA 上，因此具有较好的安全性。

GV 的化学本质是吖啶橙（acridine orange），是一种可代替 EB 的新型核酸染料，在紫外光下呈现绿色荧光。它与双链 DNA 的结合方式是嵌入双链之间，与单链 DNA 和 RNA 的结合是通过静电吸附堆积在磷酸根上。GV 的荧光容易猝灭，一般仅能维持 5 ~ 10 min，不适用于凝胶回收。

SYBR Green Ⅰ是一种非对称性花菁类化合物，可结合于双链 DNA 双螺旋小沟区域，一般用于双链 DNA 染色。在游离状态下，SYBR Green Ⅰ仅能发出微弱的荧光，与双链 DNA 结合后，绿色荧光大大增强。SYBR Green Ⅰ核酸凝胶染料是检测琼脂糖和聚丙烯酰胺凝胶中双链 DNA 最灵敏的染料之一。SYBR Green Ⅱ则可以对 RNA 和单链 DNA 进行灵敏染色。

此外，还可以使用荧光分子对 DNA 进行修饰，通过荧光成像监测 DNA 分子在凝胶中的迁移。如图 6-4 所示，红色条带是 Cy5 修饰的 DNA，绿色条带是绿色 FAM 修饰的 DNA，黄色条带是绿色和红色荧光基团共同修饰的结果[5]。

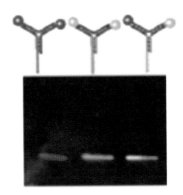

图 6-4　琼脂糖凝胶电泳用于分离和鉴定枝状 DNA[5]

6.1.2 聚丙烯酰胺凝胶电泳

聚丙烯酰胺凝胶电泳是以聚丙烯酰胺凝胶作为支撑介质的一种电泳技术。聚丙烯酰胺凝胶是由丙烯酰胺单体和 N, N'- 亚甲基双丙烯酰胺在水溶液中聚合而成的亲水性聚合物三维网络。通过改变聚合物单体浓度或比例可以调节凝胶网络孔径的大小，用于分离不同分子量的核酸。聚丙烯酰胺凝胶电泳可分离 6 ～ 2000 bp 的 DNA 片段，视实际需求可配制不同浓度的聚丙烯酰胺凝胶进行电泳，实现不同长度 DNA 片段的分离（表 6-2）。

表 6-2　不同浓度聚丙烯酰胺凝胶对应的 DNA 碱基数分离范围

凝胶浓度 /%	线性 DNA 长度 /bp
3.5	1000 ～ 2000
5.0	80 ～ 500
8.0	60 ～ 400
12.0	40 ～ 200
15.0	25 ～ 150
20.0	6 ～ 100

与琼脂糖凝胶电泳相似，聚丙烯酰胺凝胶电泳在核酸的分离分析中也包括凝胶制备、样品上样、电泳分离、凝胶染色与成像四个步骤。首先选择干净的电泳槽将凝胶制备装置装好，根据玻璃板的大小和间隔片的厚度，确定所需丙烯酰胺溶液的体积，配制好凝胶液后注入凝胶制备装置，再根据上样量插入合适的梳子，待凝胶成型后，向电泳槽中加入电泳缓冲液，小心拔出梳子。点样完成后，设定电泳条件，进行电泳分离。

与琼脂糖凝胶电泳相比，聚丙烯酰胺凝胶电泳更适用于分离分子量较小的 DNA 片段 [6]。例如，在合成枝状 DNA 时，枝状 DNA 的组装链（$Y_1 \sim Y_3$，$X_1 \sim X_4$）的长度通常较小，聚丙烯酰胺凝胶电泳不仅可以通过迁移速率的差异验证枝状 DNA 是否成功合成，还可以区分组装链之间的长度差异（图 6-5）。

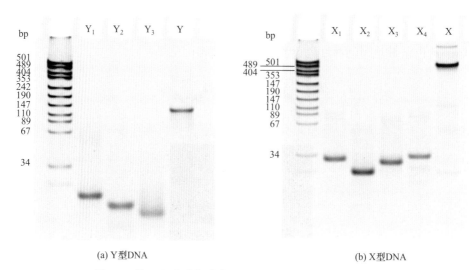

(a) Y型DNA　　　　　　　　　　　　(b) X型DNA

图 6-5　聚丙烯酰胺凝胶电泳用于分析枝状 DNA 的合成 [6]

除了枝状 DNA，聚丙烯酰胺凝胶电泳还可用于分析环状 DNA 的合成[3]。例如，滚环扩增反应依赖于环状 DNA 作为反应模板，在合成环状 DNA 模板时，环化后的模板由于空间构型较线性模板更为复杂，在凝胶中迁移受到的空间位阻更大，迁移速率变慢（图 6-6）。

通过分析凝胶电泳图像，可以获得不同条带中核酸分子的相对含量[7]。例如，在利用纳米材料负载核酸药物时，未负载的核酸药物在凝胶中的迁移不受影响，而被负载的核酸药物会与材料滞留在胶孔中，通过灰度分析得到未负载的核酸药物的相对含量，进而计算出核酸药物的负载量。结果显示，在纳米材料和核酸药物共孵育 60 min 后，约有 59.2% 的核酸药物被纳米材料负载（图 6-7）。

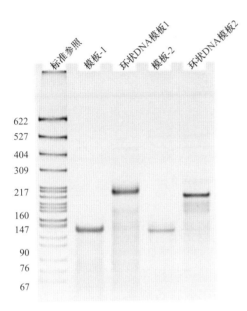

图 6-6　聚丙烯酰胺凝胶电泳用于分析
环状 DNA 的合成[3]

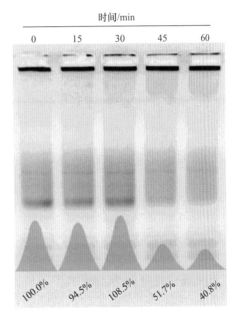

图 6-7　聚丙烯酰胺凝胶电泳用于分析核酸
药物的负载量[7]

在聚丙烯酰胺凝胶中加入变性剂（如尿素或甲酰胺等）可以得到变性聚丙烯酰胺凝胶，变性聚丙烯酰胺凝胶可以用来分离纯化单链寡核苷酸，也可用于 DNA 分子的稳定性分析。如图 6-8 所示，双链 DNA 在凝胶中变性剂的作用下会解旋成为单链 DNA（泳道 1）；而与补骨脂素交联的双链 DNA，由于其稳定性增强，不会解旋成单链（泳道 2），与无补骨脂素的 DNA 样品相比迁移速率更慢[8]。

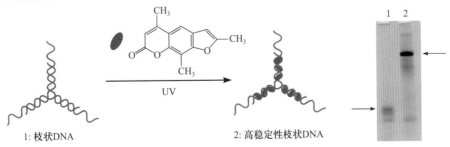

图 6-8　变性聚丙烯酰胺凝胶用于分析高稳定性枝状 DNA 的合成[8]

6.1.3 脉冲场凝胶电泳

传统的琼脂糖凝胶电泳只能分离 30000 bp 以下的核酸片段，难以分离分子量更大的核酸片段。脉冲场凝胶电泳（pulsed field gel electrophoresis，PFGE）通过施加两个交替垂直方向的非均匀电场，使核酸分子在凝胶介质中不断改变泳动方向，实现对大小从 10 kb 到 10 Mb 的核酸分子的分离和鉴别。

目前有多种脉冲场凝胶电泳装置。交变电场的夹角类型包括 90° [图 6-9（a）]、120° [图 6-9（b）] 或 180° [图 6-9（c）]。电泳多数采用水平电泳槽，也有少数为垂直平板电泳槽，脉冲电场横向交替 [图 6-9（d）]。此外，一些新型的电泳装置还可以程序化控制电泳过程中的各种参数，以提高凝胶成像的分辨率。分离完成后将凝胶进行染色，用凝胶成像仪等进行观察和成像。

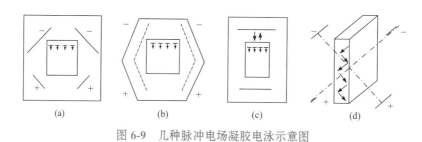

图 6-9　几种脉冲电场凝胶电泳示意图

6.2　显微镜表征技术

在核酸功能材料表征技术中，显微镜是表征显微结构和形貌的重要工具，通过放大成像原理，可以直接对核酸功能材料的微观形貌进行观察。显微镜分为光学显微镜和电子显微镜。常用于表征核酸功能材料的显微镜包括普通光学显微镜（optical microscope，OM）、荧光显微镜（fluorescence microscope，FM）、原子力显微镜（atomic force microscope，AFM）、透射电子显微镜（transmission electron microscope，TEM）和扫描电子显微镜（scanning electron microscope，SEM）。

6.2.1 光学显微镜

光学显微镜由光学系统和机械装置组成，利用光学原理将人眼所不能分辨的微小物体放大成像，以供提取微观结构信息。

光学显微镜的光学系统由两组镜片（目镜和物镜）组成，每组镜片相当于一个凸透镜。物镜的焦距很短，目镜的焦距较长。物体先经过物镜成放大的实像，再经过目镜成放大的虚像，经过二次放大，便能看清微小的物体。放大原理主要是增大近处微小物体对眼睛的张角（视角大的物体在视网膜上成像大），常用角放大率表示镜片的放大能力。

在核酸功能材料表征中，光学显微镜常用于观察不同核酸功能材料的平面晶体结构。例如，以刚性结构良好的枝状 DNA 作为构建单元，可以突破纳米尺度的限制，构建宏观的三维 DNA 晶体 [9-13]。利用分层交叉基序可以构建具有精确可调角度的菱形分层交叉 DNA 瓦片结构，进一步组装成尺寸为数百微米的 3D 晶体；三股组件链形成的基序也可以介导形成具有分层六边形晶格的 DNA 晶体（图 6-10）。

荧光显微镜是光学显微镜的一种，利用特定波长的光源（如紫外光）激发物体发射荧光，通过物镜和目镜系统放大以观察荧光图像。

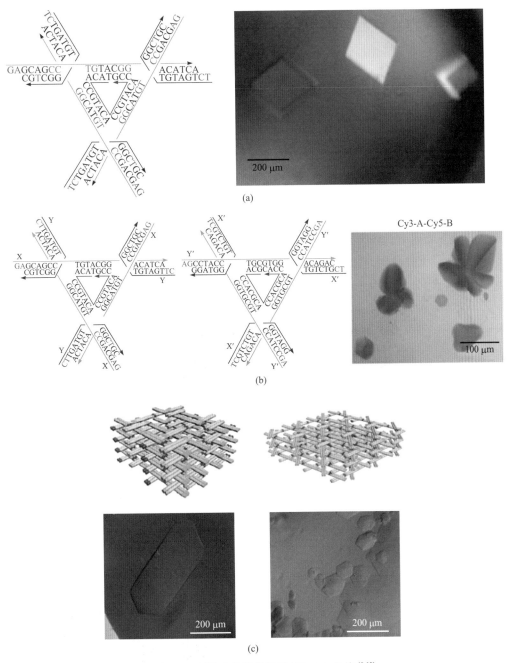

图 6-10 利用光学显微镜表征 DNA 晶体 [9-13]

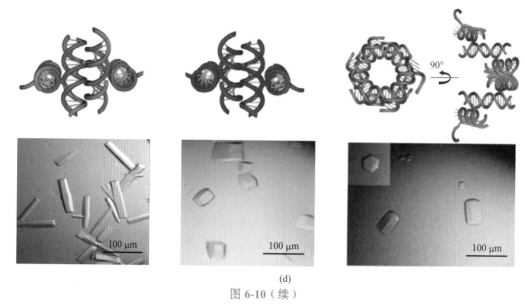

(d)

图 6-10（续）

　　在使用荧光显微镜观察核酸功能材料之前，通常需要用核酸特异性染料对材料进行染色，或者通过共价键将荧光基团修饰在材料上 [14-15]。如图 6-11 所示，DNA 水凝胶经过核酸染料 SYBR Green Ⅰ 染色后，在荧光显微镜下可以观察到水凝胶典型的网状结构；将荧光基团 Cy5 修饰在 DNA 纳米颗粒上，被细胞摄取后，可以通过荧光显微镜观察其在胞质内的空间分布。

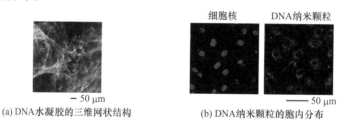

(a) DNA水凝胶的三维网状结构　　　　(b) DNA纳米颗粒的胞内分布

图 6-11　利用荧光显微镜表征 DNA 功能材料 [14-15]

　　此外，利用 DNA 分子上修饰的荧光基团之间的能量转移，可以观察 DNA 分子在纳米尺寸空间上的动态组装 [15-16]。例如，在 DNA 纳米颗粒上分别修饰荧光基团和猝灭基团，当纳米颗粒通过 DNA 的构象转变发生组装时，两种基团之间的空间距离被拉近并发生荧光共振能量转移，荧光被猝灭，而不组装的纳米颗粒的荧光保持不变（图 6-12）。荧光显微镜图像结果显示，不组装的材料的荧光强度要显著高于组装的材料。

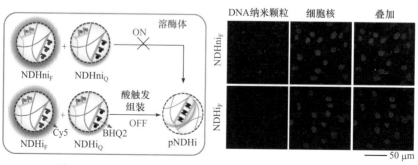

图 6-12　利用荧光显微镜表征 DNA 纳米颗粒的胞内组装 [16]

6.2.2　透射电子显微镜

透射电子显微镜简称透射电镜，可以看到在光学显微镜下无法看清的尺寸小于 200 nm 的细微结构。透射电子显微镜主要由电子枪、聚光镜、样品杆、物镜、中间镜、投影镜、荧光屏和相机组成。在进行 TEM 成像时，由电子枪发射电子束，在真空通道中穿越聚光镜，通过聚光镜汇聚成一束光斑，照射在样品室内的样品上。样品内致密处透过的电子量少，稀疏处透过的电子量多，形成带有样品信息的电子影像。电子影像经过物镜、中间透镜及投影镜进行综合放大后，投射到观察室内的荧光屏上，荧光屏将电子影像转化为可见光影像。

透射电子显微镜可以用来对生物样品进行表征。在表征材料进入细胞后的分布情况或材料与细胞的相互作用情况时，可选用生物透射电镜。生物透射电镜专门用来观察生物细胞样品内部形态，电压保持在 120 kV 可以保证生物材料不被破坏。成像前，生物样品需经过固定、脱水、包埋、聚合修块、超薄切片和染色处理等步骤。

在核酸功能材料表征中，透射电子显微镜主要针对核酸功能材料的超微结构进行成像，直接观察核酸样品的尺寸、微观形貌等。例如，可以用 TEM 观察质粒 DNA 分子的不同构型[17][图 6-13（a）]及 DNA 纳米颗粒的形貌和尺寸[8][图 6-13（b）]。

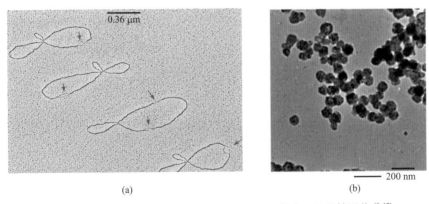

(a)　　　　　　　　　　　　　　　(b)

图 6-13　质粒 DNA 分子和 DNA 纳米颗粒的透射电子显微镜图像[8, 17]

此外，TEM 还用于 DNA 多面体的表征，观察材料的结构是否符合设计[18-27]（图 6-14）。枝状 DNA 在序列设计、长度和方向上的多样性使其有可能由多个组合构成多面体，包括由不同类型基序构成相同多面体，由一种枝状 DNA 复制形成单个多面体，以及由多种枝状 DNA 协同装配单个多面体。

在观测对温度敏感的样品时，可选用冷冻透射电镜。冷冻透射电镜是在普通透射电镜上加装样品冷冻设备，样品处理时需要将样品冷却到液氮温度（77 K），以此降低电子束对样品的损伤，减小样品的形变，从而得到更加真实的样品形貌。在观测含水量较高的样品（如细胞）时，为了减少干燥过程对样品形貌的影响，通常将样品进行冷冻干燥，然后用普通透射电镜观察[6]。例如，为了观察 DNA 纳米材料在细胞溶酶体内的组装，将摄取了 DNA 纳米颗粒的细胞进行冷冻切片、冷冻干燥处理。在透射电子显微镜下，观察到没有组装模块的 DNA 纳米颗粒在溶酶体中仍保持着明显的颗粒形态 [图 6-15（a）]，而设计有组装模块的 DNA 纳米颗粒在溶酶体中发生组装，形成尺寸更大的块状材料 [图 6-15（b）]。

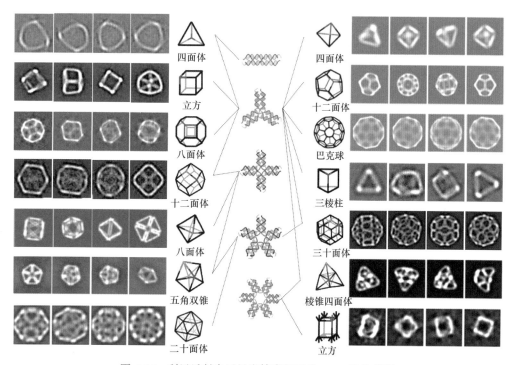

四面体 立方 八面体 十二面体 八面体 五角双锥 二十面体

四面体 十二面体 巴克球 三棱柱 三十面体 棱锥四面体 立方

图 6-14 利用透射电子显微镜表征三维 DNA 晶体[18-27]

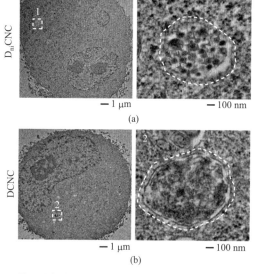

图 6-15 利用透射电子显微镜观察 DNA 纳米材料的胞内组装[6]

6.2.3　扫描电子显微镜

扫描电子显微镜是一种用于高分辨率微区形貌分析的大型精密仪器，由电子光学系统、偏转系统、信号检测放大系统、图像显示和记录系统、电源系统、真空系统等部分组成。SEM 利用聚焦后的高能电子束扫描样品表面产生图像。在进行样品扫描成像时，电子枪发射出的电子束经过聚焦后汇聚成点光源。点光源在加速电压下形成高能电子束，并经由两个电磁透镜聚焦后逐点轰击样品表面，激发出不同的电子信号，如俄歇电子（AuE）、二次电子（SE）、背散射电子（BSE）等。电子信号会被不同信号接收器的探头接收，通过放大器同步传送到计算机显示屏，实现实时成像。

用扫描电子显微镜进行表征时，生物样品经固定、脱水后，需经过干燥、喷金处理才可以上机观察。生物样品常用的干燥方法有临界点干燥法、冷冻干燥法、空气自然干燥法、真空干燥法和烘箱干燥法等。核酸功能材料的分析表征大多采用冷冻干燥法和真空干燥法。

冷冻干燥法：冷冻干燥法是将经过冷冻的样品置于真空中，通过升华去除样品中的水分等溶剂。冷冻干燥过程不经过液相阶段，避免了气相和液相之间表面张力对样品的损伤。

真空干燥法：真空干燥法是将经梯度脱水后的样品置于真空容器中进行干燥的方法。真空干燥法选用高熔点的有机溶剂（叔丁醇、正丁醇和六甲基二硅胺烷等）作为升华介质，既保留了冷冻干燥的优势，又不对样品进行冷冻处理，无冷冻损伤且操作简单。

生物样品干燥后需进行喷金处理，即在真空蒸发器中喷镀一层 50～300 Å 厚的金属膜，以提高样品的导电性和二次电子产额，提高图像质量，同时防止样品结构被高能电子束破坏。

在核酸功能材料表征中，扫描电子显微镜主要对核酸功能材料表面形貌进行成像，利用电子与样品表面的相互作用成像，可以提供核酸功能材料的二维信息。且扫描电子显微镜放大倍数变化范围广、连续可调，可以根据实际需要选择不同放大倍数的视场进行观察，所得图像富有立体感，可观察到起伏较大的粗糙表面。

例如，扫描电子显微镜可以表征 DNA 水凝胶的多孔结构（图 6-16）。DNA 水凝胶具有可调的机械强度和类细胞外基质的性质等优势，在组织工程支架、创面敷料、三维细胞培养、细胞捕获和传递，以及蛋白质生产等方面有广阔的应用前景[3, 28]。

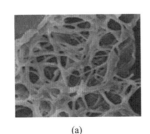 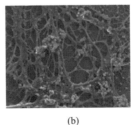

(a)　　　　　　　　　　(b)

图 6-16　DNA 水凝胶多孔纤维结构的扫描电子显微镜图像[3, 28]

　　扫描电子显微镜还可以表征 DNA 纳米颗粒的形貌。例如，DNA 纳米花是一种由生物矿化反应合成的纳米颗粒，其合成需要 DNA 聚合酶、模板和引物的参与[29]，改变反应时间可调控所形成 DNA 纳米花的尺寸和形貌。如图 6-17 所示，DNA 纳米花表面呈现类似花状的多孔结构，随着反应时间从 4 h 到 24 h，DNA 纳米花直径从纳米尺寸增加到微米尺寸。

图 6-17　不同反应时间 DNA 纳米花的扫描电子显微镜图像[29]

　　DNA 纳米颗粒在不同环境中的动态组装过程也可以用扫描电子显微镜表征[16]。例如，含有聚胞嘧啶的 DNA 纳米颗粒具有可逆的 pH 响应性组装能力，利用扫描电子显微镜观察其在不同 pH 条件下的形貌。结果表明，DNA 纳米颗粒可以在酸性条件（pH = 5.0）下组装成块状物，而在中性条件（pH = 7.4）下可以实现解组装，恢复成纳米颗粒（图 6-18）。

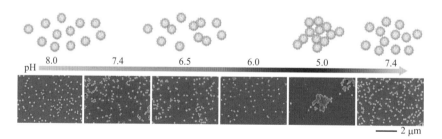

图 6-18　不同 pH 条件下 DNA 纳米颗粒的扫描电子显微镜图像[16]

6.2.4　原子力显微镜

　　原子力显微镜是一种具有纳米级分辨率的扫描探针显微镜，它通过检测样品表面与微型力敏感元件之间的极微弱的原子作用力来研究物质的表面结构及性质。原子力显微镜主要由带针尖的微悬臂、检测装置和激光器组成。微悬臂由微米级的硅片或氮化硅片制成，顶端有一个针尖，用来检测样品与针尖尖端原子间的作用力。激光器发出的激光束聚焦在微悬臂背面，并从微悬臂背面反射到检测器中。在样品扫描时，探针的针尖接近样品，针尖受到力的作用使微悬臂偏转，激光的反射光束随之偏移。通过检测器检测反射光束位置的变化，以此获得被测样品表面形貌的信息。

　　针尖原子与样品表面原子间的相互作用力主要为库仑斥力和范德华力，其合力大小和方向与针尖原子和样品表面原子间的距离有关。当针尖与样品表面处于非接触状态时，范德华力占主导，合力表现为吸引力；当针尖与样品表面处于接触状态时，库仑斥力占主导，合力表现为排斥力。通过控制样品与针尖间的距离，可以实现两者间作用力的转变。根据样品和针尖间作用距离及作用方式的不同，成像模式可以分为接触模式、非接触模式和轻敲模式。

接触模式下，探针针尖始终与样品表面紧密接触并在表面滑动，作用力以库仑斥力为主。若样品表面不能承受这样的力，则针尖有可能破坏样品的表面结构，从而无法获得准确的表面形貌信息。因此，选用接触模式进行成像前需要对样品表面强度进行评估。非接触模式下，探针以特定的频率在距离样品表面上方 5～10 nm 的距离处振荡，作用力以范德华力为主。针尖不破坏样品表面，适用于表面硬度较低的样品。轻敲模式下，针尖敲击运动的方向和被测表面接近垂直，样品表面材料受横向摩擦力、压缩力和剪切力的影响较小，不易损坏被测表面，故这种扫描模式可以检测柔软、易碎和黏附性较强的样品。

与接触模式和非接触模式相比，轻敲模式具有明显的优点。轻敲模式有效防止了样品对针尖的黏滞和针尖对样品的损坏。当遇到固定不牢的样品时，用接触模式成像易使样品因摩擦力和黏滞力被拉起，产生假象。用非接触模式成像时，因其分辨率低，所以不能得到样品的精细形貌。轻敲模式结合了接触模式分辨率高和非接触模式对样品损害小的优点，既不破坏样品又可获得高分辨率。

AFM 对样品的导电性没有要求，可以在真空、超高真空、气体、溶液、电化学、常温和低温等环境下工作，其基底可以是云母、硅、高取向热解石墨和玻璃等。AFM样品制备方法比较简单。粉末样品的制备通常使用胶纸法，先将双面胶纸粘贴在样品座上，然后将粉末撒到胶纸上，吹去粘贴在胶纸上的多余粉末。对于块状样品，如玻璃、陶瓷及晶体等固体样品则需要进行抛光处理。

在核酸功能材料表征中，AFM 可以提供核酸功能材料的二维结构[30]。例如，利用 AFM 对枝状 DNA 的结构进行表征。利用聚合酶链式反应将 Y 型 DNA 的分枝从90 bp 延长至 1000 bp，从 AFM 图像中可以清晰地观察到 Y 型 DNA 的分枝长度的增大（图 6-19）。

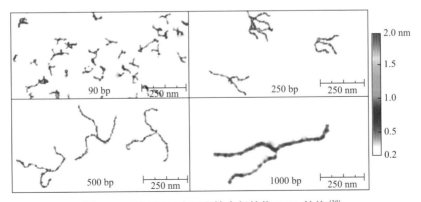

图 6-19　利用原子力显微镜表征枝状 DNA 结构[30]

AFM 还可以表征核酸功能材料的三维结构。例如，利用 AFM 对 DNA 折纸结构进行表征。DNA 折纸术是以超长 DNA 链作为脚手架，以数百条短链 DNA 作为订书钉链，在特定位点处进行折叠，制备得到具有特定形状、完全可寻址纳米结构的方法。可以通过 AFM 表征不同构建策略所得到的不同形状的 DNA 折纸结构[31-33]（图 6-20）。

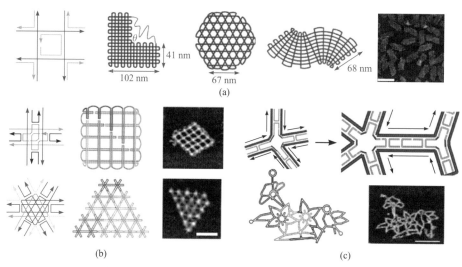

图 6-20　利用原子力显微镜表征 DNA 折纸结构[31-33]

6.3　光谱分析

物质都具有自己的特征光谱，利用特征光谱研究物质结构或测定化学成分的方法称为光谱分析法。光谱分析的方法简便、易于操作、灵敏度高，广泛用于核酸等生物分子的定性和定量分析。常用于核酸功能材料表征的光谱分析技术包括紫外 – 可见吸收光谱法和圆二色光谱法。

6.3.1　紫外 – 可见吸收光谱法

紫外 – 可见吸收光谱法（ultraviolet-visible absorption spectrometry，UV-vis），又称紫外 – 可见分光光度法，机理是分子吸收 200 ～ 800 nm 的辐射发生电子能级的跃迁，产生对光的选择性吸收。该方法灵敏度高、准确度好、操作简便、分析速度快，可用于核酸的定量和定性分析。

紫外 – 可见吸收光谱法遵循朗伯 – 比尔定律：$A = -\lg(I/I_0) = \varepsilon c l$。其中，$A$ 为吸光度；I 为出射光强度；I_0 为入射光强度；ε 为摩尔吸光系数；c 为溶液的摩尔浓度；l 为样品池的长度。当光透过被测物质溶液时，物质对光的吸收程度与光的波长相关，通过测定物质在不同波长处的吸光度，绘制其吸光度（纵坐标）与波长（横坐标）的关系图，即可得到一条曲线。这条曲线描述了物质对不同波长光的吸收能力，称为吸收光谱。吸收光谱中，最大吸收峰对应的波长（λ_{max}）称为最大吸收波长，对应的纵坐标称为该吸收峰的吸光度（A）（图 6-21）。

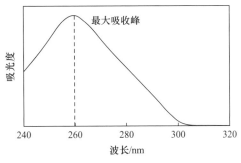

图 6-21　DNA 的紫外吸收光谱

核酸中的嘌呤和嘧啶碱基具有共轭双键，在 240 ~ 290 nm 有强烈的吸收，在 260 nm 具有最大吸收峰。根据朗伯 – 比尔定律，利用 DNA 在 260 nm 处的吸收值就可计算出核酸样品的浓度。微量核酸分析仪是实验室常用的核酸定量分析仪器，样品用量小，操作简单快捷。当核酸样品中含有蛋白质、酚或其他小分子污染物时，会影响对 DNA 的定量分析。纯 DNA 样品的 OD_{260}/OD_{280} 约为 1.8，当比值大于 1.9 时，表明有 RNA 污染或 DNA 降解，比值小于 1.6 时，则可能存在蛋白质或酚污染。

6.3.2　圆二色光谱法

圆二色光谱是表征研究分子构型和构象的有力工具。光学活性物质对组成平面偏振光的左旋和右旋圆偏振光的吸光系数（ε）不相等（$\varepsilon_L \neq \varepsilon_R$），它们的差值为 $\Delta\varepsilon = \varepsilon_L - \varepsilon_R$，即具有圆二色性（circular dichroism，CD）。在测量过程中，光源通过起偏镜产生左右圆偏振光，照射手性分子时，手性分子对左、右圆偏振光的吸收不同，使左、右圆偏振光变成椭圆偏振光。椭圆偏振光的椭圆度用 θ 表示。以椭圆度 θ 或吸收差 $\Delta\varepsilon$ 对波长进行扫描，即得到圆二色光谱。圆二色光谱图中横坐标为波长，单位 nm；纵坐标一般用 CD 表示，即椭圆度 θ，单位为 mdeg（1 mdeg=0.001°）。

因为 $\Delta\varepsilon$ 有正值和负值之分，所以圆二色光谱也有呈峰形的正性圆二色谱和呈谷形的负性圆二色谱。科顿效应是指直线偏振光通过旋光物质时产生偏振的现象，由于旋光性物质能使左旋与右旋圆偏振光的传输速度改变，形成不同折射率，因此左、右偏振光透过旋光性物质后形成偏转角，即发生偏转现象。在圆二色光谱中，科顿效应分正、负两种，可由圆二色谱带的符号或旋光色散曲线的峰位来确定。当圆二色谱带的符号为正值，或者正的旋光色散峰在较长波长方向时，称为正科顿效应；当圆二色谱带的符号为负值，或者正的旋光色散峰在较短波长方向时，称为负科顿效应。科顿效应能够反映手性化合物的结构信息，如 D 型半胱氨酸和 L 型半胱氨酸的圆二色光谱图呈现镜像对称[3]（图 6-22）。影响科顿效应的因素主要有样品的浓度、光程和测试温度等。

天然的 DNA 分子主要以 B 型存在，B 型 DNA 构象的典型特征是最大正科顿效应峰位于 275 nm 处，负科顿效应峰位于 245 nm 处。核酸分子的不同构象会显示出不同的圆二色光谱特征峰。例如，富含胞嘧啶（C）的 DNA 片段在酸性溶液（pH = 5.0）中形成 i-motif 四链体空间结构，相比于其在非酸性溶液（pH = 7.4）中线性结构的圆二色光谱，特征峰发生红移[8]（图 6-23）。

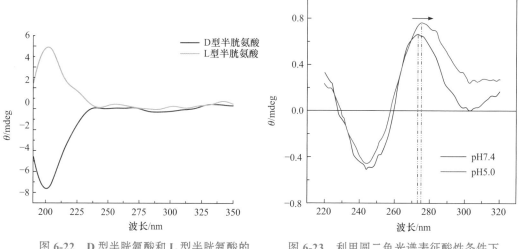

图 6-22　D 型半胱氨酸和 L 型半胱氨酸的
圆二色光谱图 [3]

图 6-23　利用圆二色光谱表征酸性条件下
形成 i-motif 结构 [8]

富含鸟嘌呤（G）的 DNA 片段可在高浓度钾离子的存在下形成 G- 四链体，存在平行式和反平行式两种不同构象。平行式构象 G- 四链体的圆二色谱正科顿效应峰位于 260 nm，负科顿效应峰位于 240 nm；反平行式 G- 四链体的圆二色谱正科顿效应峰位于 295 nm，负科顿效应峰位于 260 nm；所有的 G- 四链体构象的共同特征是在 210 nm 附近有一正科顿效应峰 [34]（图 6-24）。

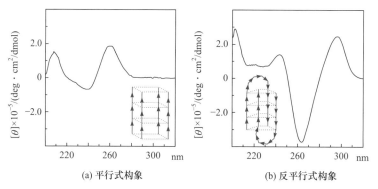

(a) 平行式构象　　　　　　　　　　(b) 反平行式构象

图 6-24　利用圆二色光谱表征 G- 四链体结构的形成 [34]

6.4　其他分析技术

6.4.1　纳米粒度与 Zeta 电位分析仪

纳米粒度与 Zeta 电位分析仪基于动态光散射法，能够通过颗粒的衍射或散射光的空间分布（散射谱）来分析颗粒的粒径，还可以基于多普勒电泳光散射原理，采用光子相关光谱法和电泳光散射法测定固体和高浓度悬浮液的 Zeta 电位。粒度仪主要由光源、傅里叶透镜、样品池、样品分散系统、检测器、计算机及数据处理软件组成。Zeta 电位仪主要由激光源、衰减器、样品室、检测器、数字信号处理器和计算机等组成。

　　纳米粒度与 Zeta 电位分析仪对纳米颗粒在溶液状态下的粒径进行原位表征，即水合粒径（流体动力学直径）。水合粒径包括纳米颗粒的核及膨胀的胶团，因此，水合粒径通常大于干燥颗粒的粒径。如图 6-25（a）所示，在与细胞膜（A549m）混合之后，核酸纳米颗粒的水合粒径增大，说明细胞膜成功包裹在核酸纳米颗粒表面[35]。纳米粒度与 Zeta 电位分析仪还可以通过测量 Zeta 电位表征纳米颗粒的表面修饰过程[36]。由于 DNA 分子带负电荷，在纳米颗粒表面修饰了 DNA 之后，其表面 Zeta 电位从 11.0 mV 降至 −2.4 mV[图 6-25（b）]。

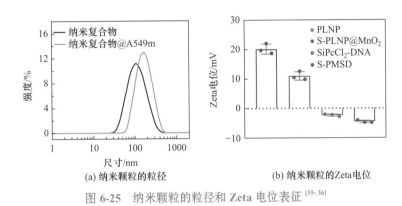

(a) 纳米颗粒的粒径　　　　　　　　(b) 纳米颗粒的Zeta电位

图 6-25　纳米颗粒的粒径和 Zeta 电位表征[35- 36]

　　此外，在研究 DNA 纳米颗粒的动态组装过程时，组装前后材料的尺寸会发生明显的变化。如图 6-26 所示，含有聚胞嘧啶的 DNA 纳米颗粒在酸性环境下会组装成尺寸更大的颗粒，粒度仪分析结果显示材料的粒径在酸性条件下增大。

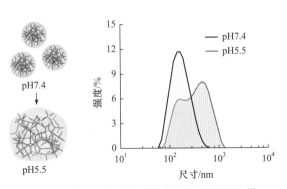

图 6-26　纳米颗粒动态组装前后的粒径变化[6]

6.4.2　旋转流变仪

　　在核酸功能材料尤其是 DNA 水凝胶的表征中，旋转流变仪是最常用的力学性质表征仪器。旋转流变仪对样品施加强制稳态速率载荷、稳态应力载荷、动态正弦周期应变载荷或动态正弦周期应力载荷，观测样品对所施加载荷的响应数据。通过测量剪切速率、剪切应力、振荡频率、应力应变振幅等流变数据，计算样品的黏度、储能模量、损耗模量、能量损耗等流变学参数。

根据应力或应变施加的方式不同，旋转流变仪的测试模式通常分为稳态测试、瞬态测试和动态测试。稳态测试采用连续旋转来施加应变或应力，以得到恒定的剪切速率，在剪切流动达到稳态时，测量由流体形变产生的扭矩。瞬态测试是指通过施加瞬时改变的应力或应变，来测量流体响应随时间的变化。动态测试指对流体施加交变的振荡应力或应变，使用在被测试材料共振频率下的自由振荡，或者使用在固定频率下的正弦振荡这两种方式来测量流体的黏度、模量、阻尼和损耗等特性。

旋转流变仪常用来测试 DNA 水凝胶的机械性能[28]。例如，如图 6-27（a）所示，在低应变（1%）的时间扫描模式中，测得一种由长链 DNA 构成的 DNA 水凝胶的弹性模量（G'）高于损耗模量（G''），说明材料在低应变条件时处于凝胶状态；如图 6-27（b）所示，在应变扫描模式下，随着施加的应变逐渐增加，DNA 水凝胶的模量从 $G' > G''$ 变为 $G' < G''$，材料由凝胶态转变为液态，展现出剪切稀化的性质；如图 6-27（c）所示，在循环的应变条件下，该 DNA 水凝胶可以实现循环凝胶 – 液体间的转变。

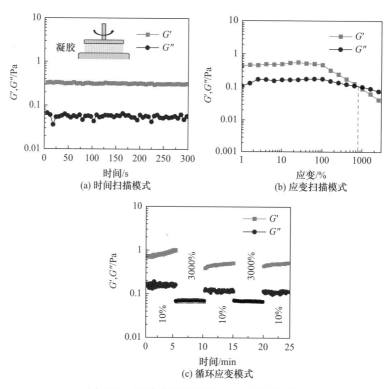

图 6-27　旋转流变仪表征 DNA 水凝胶[28]

旋转流变仪还可以测定 DNA 水凝胶在成胶过程中的模量变化[37]。如图 6-28 所示，先用旋转流变仪测试 DNA 组装模块的模量（红色区域），随着引发剂的加入，DNA 组装模块之间发生交联形成凝胶网络，弹性模量和损耗模量均迅速增大（绿色区域），在形成 DNA 水凝胶后，模量趋于稳定（蓝色区域）。

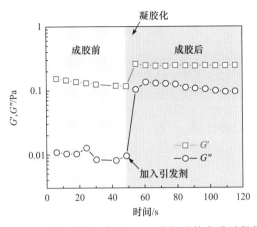

图 6-28　旋转流变仪表征 DNA 水凝胶的合成过程[37]

6.4.3　X 射线衍射仪

X 射线是一种波长为 0.06 ～ 20 nm 的电磁波，具有很强的穿透性。物质被 X 射线照射会发生不同程度的衍射，物质组成、晶型、分子内成键方式、分子的构型和构象等决定该物质产生特有的衍射图谱。X 射线衍射仪（X-ray diffractometer，XRD）通过对材料进行 X 射线衍射，分析其衍射图谱，获得材料的成分、内部原子或分子的结构形态等信息。X 射线衍射仪主要由高稳定度 X 射线源、样品及样品位置取向的调整机构系统、射线检测器和衍射图的处理分析系统组成。X 射线衍射方法具有不损伤样品、无污染、快捷、测量精度高、能得到有关晶体完整性的大量信息等优点。

X 射线衍射分析的样品通常为单晶、粉末、多晶或微晶的固体块。在核酸功能材料表征中，X 射线衍射是研究核酸功能材料晶体结构的主要方法。核酸作为可编程的生物大分子可用于修饰纳米材料。例如，以纳米材料为核、以高密度修饰的 DNA 框架为壳的结构单元，通过黏性末端精准的碱基互补配对可形成 DNA 晶体，通过改变结构单元和 DNA 修饰量的比率可组装出不同结构的晶体。通过分析 X 射线衍射图谱，可得到 DNA 晶体的晶格间距和响应强度等结构信息[38]（图 6-29）。

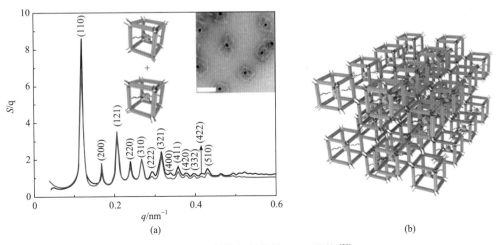

(a)

(b)

图 6-29　X 射线衍射分析 DNA 晶格[38]

思　考　题

1. 简述凝胶电泳技术中的分子筛效应，并举例说明。
2. 分析琼脂糖凝胶电泳、聚丙烯酰胺凝胶电泳和脉冲场凝胶电泳在应用方面的差异。
3. 12% 的聚丙烯酰胺凝胶电泳可以分离多大长度的 DNA 片段？
4. 常用的核酸染料有哪些？如何对单链 DNA 进行染色？
5. 简述紫外 – 可见吸收光谱法遵循的朗伯 – 比尔定律。
6. 科顿效应是什么？如何判断正 / 负科顿效应？
7. 通过扫描电子显微镜表征核酸功能材料时有哪几种样品处理方法？
8. 什么是水合粒径？简述水合粒径与普通粒径的区别。
9. 分析四种显微镜表征技术在核酸功能材料表征方面的不同，并举例说明。
10. 简述旋转流变仪的三种测试模式。

参 考 文 献

[1] Helling R B, Goodman H M, Boyer H W. Analysis of endonuclease R-*Eco*R Ⅰ fragments of DNA from lambdoid bacteriophages and other viruses by agarose-gel electrophoresis. Journal of Virology, 1974, 14 (5): 1235-1244.

[2] Li J, Pei H, Zhu B, et al. Self-assembled multivalent DNA nanostructures for noninvasive intracellular delivery of immunostimulatory CpG oligonucleotides. ACS Nano, 2011, 5(11): 8783-8789.

[3] Yao C, Tang H, Wu W J, et al. Double rolling circle amplification generates physically cross-linked DNA network for stem cell fishing. Journal of the American Chemical Society, 2020, 142(7): 3422-3429.

[4] Li F, Li S, Guo X C, et al. Chiral carbon dots mimicking Topoisomerase Ⅰ to mediate the topological rearrangement of supercoiled DNA enantioselectively. Angewandte Chemie International Edition, 2020, 59(27): 11087-11092.

[5] Hartman M R, Yang D Y, Tran T N N, et al. Thermostable branched DNA nanostructures as modular primers for polymerase chain reaction. Angewandte Chemie International Edition, 2013, 52(33): 8699-8702.

[6] Yao C, Xu Y W, Tang J P, et al. Dynamic assembly of DNA-ceria nano complex in living cells generates artificial peroxisome. Nature Communications, 2022, 13: 7739.

[7] Lv Z Y, Huang M X, Yang J, et al. A smart DNA-based nanosystem containing ribosome-regulating siRNA for enhanced mRNA transfection. Advanced Materials, 2023, 35(36): e2300823.

[8] Guo X C, Li F, Liu C X, et al. Construction of organelle-like architecture by dynamic DNA assembly in living cells. Angewandte Chemie International Edition, 2020, 59(46): 20651-20658.

[9] Zheng J P, Birktoft J J, Chen Y, et al. From molecular to macroscopic via the rational design of a self-assembled 3D DNA crystal. Nature, 2009, 461(7260): 74-77.

[10] Wang T, Sha R J, Birktoft J, et al. A DNA crystal designed to contain two molecules per asymmetric unit. Journal of the American Chemical Society, 2010, 132(44): 15471-15473.

[11] Hong F, Jiang S X, Lan X, et al. Layered-crossover tiles with precisely tunable angles for 2D and 3D DNA crystal engineering. Journal of the American Chemical Society, 2018, 140(44): 14670-14676.

[12] Simmons C R, Zhang F, MacCulloch T, et al. Tuning the cavity size and chirality of self-assembling 3D DNA crystals. Journal of the American Chemical Society, 2017, 139(32): 11254-11260.

[13] Zhang F, Simmons C R, Gates J, et al. Self-assembly of a 3D DNA crystal structure with rationally designed six-fold symmetry. Angewandte Chemie International Edition, 2018, 57(38): 12504-12507.

[14] Tang J P, Jia X M, Li Q, et al. A DNA-based hydrogel for exosome separation and biomedical applica-

tions. Proceedings of the National Academy of Sciences of the United States of America, 2023, 120(28): e2303822120.

[15] Dong Y H, Li F, Lv Z Y, et al. Lysosome interference enabled by proton-driven dynamic assembly of DNA nanoframeworks inside cells. Angewandte Chemie International Edition, 2022, 61(36): e202207770.

[16] Lv, Z Y, Huang M X, Yang J, et al. A smart DNA-based nanosystem containing ribosome-regulating siRNA for enhanced mRNA transfection. Advanced Materials, 2023, 35(36): e2300823.

[17] Zellweger R, Lopes M. Dynamic architecture of eukaryotic DNA replication forks *in vivo*, visualized by electron microscopy. Methods in Molecular Biology, 2018, 1672(23): 261-294.

[18] Dong Y H, Yao C, Zhu Y, et al. DNA functional materials assembled from branched DNA: design, synthesis, and applications. Chemical Reviews, 2020, 120(17): 9420-9481.

[19] He Y, Su M, Fang P G, et al. On the chirality of self-assembled DNA octahedra. Angewandte Chemie International Edition, 2010, 49(4): 748-751.

[20] He Y, Ye T, Su M, et al. Hierarchical self-assembly of DNA into symmetric supramolecular polyhedra. Nature, 2008, 452(7184): 198-201.

[21] Li Y L, Tian C, Liu Z Y, et al. Structural transformation: assembly of an otherwise inaccessible DNA nanocage. Angewandte Chemie International Edition, 2015, 54(20): 5990-5993.

[22] Tian C, Li X A, Liu Z Y, et al. Directed self-assembly of DNA tiles into complex nanocages. Angewandte Chemie International Edition, 2014, 53(31): 8041-8044.

[23] Wang P F, Wu S Y, Tian C, et al. Retrosynthetic analysis-guided breaking tile symmetry for the assembly of complex DNA nanostructures. Journal of the American Chemical Society, 2016, 138(41): 13579-13585.

[24] Wu X R, Wu C W, Ding F, et al. Binary self-assembly of highly symmetric DNA nanocages via sticky-end engineering. Chinese Chemical Letters, 2017, 28(4): 851-856.

[25] Zhang C A, Ko S H, Su M, et al. Symmetry controls the face geometry of DNA polyhedra. Journal of the American Chemical Society, 2009, 131(4): 1413-1415.

[26] Zhang C, Su M, He Y, et al. Conformational flexibility facilitates self-assembly of complex DNA nanostructures. Proceedings of the National Academy of Sciences of the United States of America, 2008, 105 (31): 10665-10669.

[27] Zhang C, Wu W M, Li X, et al. Controlling the chirality of DNA nanocages. Angewandte Chemie International Edition, 2012, 51(32): 7999-8002.

[28] Tang J P, Yao C, Gu Z, et al. Super-soft and super-elastic DNA robot with magnetically driven navigational locomotion for cell delivery in confined space. Angewandte Chemie International Edition,2020, 59(6): 2490-2495.

[29] Zhao H X, Lv J G, Li F, et al. Enzymatical biomineralization of DNA nanoflowers mediated by manganese ions for tumor site activated magnetic resonance imaging. Biomaterials, 2021, 268(11): 1-9.

[30] Hartman M R, Yang D Y, Tran T N N, et al. Thermostable branched DNA nanostructures as modular primers for polymerase chain reaction. Angewandte Chemie International Edition, 2013, 52(33): 8699-8702.

[31] Han D, Pal S, Yang Y, et al. DNA gridiron nanostructures based on four-arm junctions. Science, 2013, 339(6126): 1412-1415.

[32] Hong F, Jiang S X, Wang T, et al. 3D framework DNA origami with layered crossovers. Angewandte Chemie International Edition, 2016, 55(41): 12832-12835.

[33] Zhang F, Jiang S X, Wu S Y, et al. Complex wireframe DNA origami nanostructures with multi-arm junction vertices. Nature Nanotechnology, 2015, 10(9): 779-784.

[34] Paramasivan S, Rujan I, Bolton P H. Circular dichroism of quadruplex DNAs: applications to structure, cation effects and ligand binding. Methods, 2007, 43(4): 324-331.

[35] Han J P, Cui Y C, Li F, et al. Responsive disassembly of nucleic acid nano complex in cells for precision medicine. Nano Today, 2021, 39(10): 1-11.

[36] Zhao H X, Li L H, Li F, et al. An energy-storing DNA-based nano complex for laser-free photodynamic therapy. Advanced Materials, 2022, 34(13): e2109920.

[37] Tang J P, Ou J H, Zhu C X, et al. Flash synthesis of DNA hydrogel via supramacromolecular assembly of DNA chains and upconversion nanoparticles for cell engineering. Advanced Functional Materials, 2022, 32(12): 2107267.

[38] Tian Y, Lhermitte J R, Bai L, et al. Ordered three-dimensional nanomaterials using DNA-prescribed and valence-controlled material voxels. Nature Materials, 2020, 19(7): 789-796.

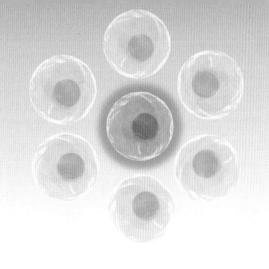

第 **7** 章

核酸功能材料在化学测量学中的应用

化学测量学利用化学相关的测量原理、策略、方法与技术研究物质的组成、分布、结构与性质的时空变化规律，对于化学、环境科学和生命科学等学科发展具有重要意义。由于核酸分子具有精准互补配对性、特异性识别和刺激响应等独特优势，因此，利用核酸分子构建的核酸功能材料可实现对物质的高特异性和高灵敏度检测，在化学测量领域具有广泛的应用前景。本章介绍核酸功能材料在检测、成像和分离方面的应用。

7.1 检测与诊断

7.1.1 小分子检测

1. 金属离子检测

金属离子是人体必不可少的元素，参与基因合成、蛋白质表达、免疫调节等生命过程。当金属离子在生物体内含量偏离正常范围时，生命体会发生病变，可能容易引发如阿尔茨海默病、帕金森病和门克斯病等。此外，金属离子在环境中难以降解，会随食物链逐级富集并积累在体内，对生物体的健康造成危害。因此，金属离子的分析检测对人类健康和环境保护具有重要意义。

检测金属离子的核酸功能材料通常包括核酸适配体和脱氧核酶等功能基元。核酸适配体可通过指数富集配体系统进化（systematic evolution of ligands by exponential enrichment，SELEX）技术筛选得到。SELEX技术的流程如下：靶标与随机寡核苷酸文库孵育，洗脱未结合序列，富集结合序列，以后者为模板进行聚合酶链式反应（PCR）扩增序列，得到产物经分离纯化后，作为下一轮筛选的模板，多轮筛选后，将与靶标亲和性强的核酸分子筛选出来，当亲和力提高两个数量级时，将该轮PCR产物进行测序。通过SELEX技术筛选出的金属离子适配体具有特异性高、亲和性高和批次差异性小等优点，能够实现对金属离子的精准识别。

研究人员通过SELEX技术筛选出Pb^{2+}核酸适配体，将适配体与功能性基团结合，开发了一种高特异性识别 Pb^{2+} 的发光生物传感器[1]。如图 7-1（a）所示，通过与生物素标记的单链寡核苷酸杂交，单链 DNA 文库偶联在链霉亲和素包裹的琼脂糖珠上。在体系中加入 Pb^{2+}，与 Pb^{2+} 结合力强的单链 DNA 经过洗脱从琼脂糖珠上脱落，而与 Pb^{2+} 结合力弱或没有结合的序列仍然固定在琼脂糖珠上。利用 PCR 扩增洗脱下来的单链 DNA，为下一轮筛选建立新的单链 DNA 库。经过几轮筛选后，Pb^{2+} 结合池富集明显，此时在体系中加入其他金属离子（不含 Pb^{2+}），琼脂糖珠上与其他金属离子结合的单链 DNA 被洗脱下来，直到没有更为显著的 DNA 结合后筛选结束。

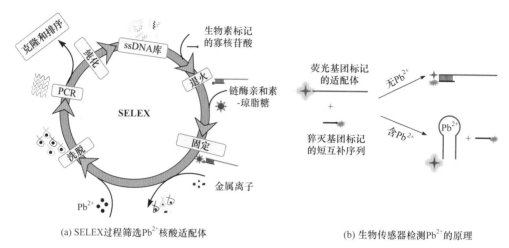

(a) SELEX过程筛选Pb²⁺核酸适配体 (b) 生物传感器检测Pb²⁺的原理

图 7-1　特异性检测 Pb^{2+} 的生物传感器[1]

成功筛选出两条亲和力高、特异性强的 Pb^{2+} 适配体 Pb-7S 和 Pb-14S，用于构建高特异性识别 Pb^{2+} 的生物传感器 [图 7-1（b）]。当不存在 Pb^{2+} 时，荧光基团标记的适配体与猝灭基团标记的短互补序列结合，荧光信号猝灭；当存在 Pb^{2+} 时，Pb^{2+} 与荧光基团标记的适配体结合，释放猝灭基团标记的短互补序列，荧光信号增强。

这种基于 Pb^{2+} 核酸适配体的生物传感器灵敏度高，检测范围为 $100 \sim 1000$ nmol/L，检出限为 60.7 nmol/L，可用于饮用水中 Pb^{2+} 的检测。此外，与其他金属离子孵育后，生物传感器的荧光强度没有明显变化，说明该生物传感器选择性高，不受其他金属离子干扰。

含有多 T 碱基的 DNA 序列易与 Hg^{2+} 结合，形成稳定的 T-Hg^{2+}-T 配位化合物（图 7-2），稳定性高于 T-A 碱基互补配对[2]。这种配位作用具有高度特异性。其他重金属离子，如 Cu^{2+}、Ni^{2+}、Pd^{2+}、Co^{2+}、Mn^{2+} 和 Zn^{2+} 等，不会与 T 碱基形成双链体结构。利用这种特异性亲和 Hg^{2+} 的适配体，可以实现对 Hg^{2+} 的识别与检测。

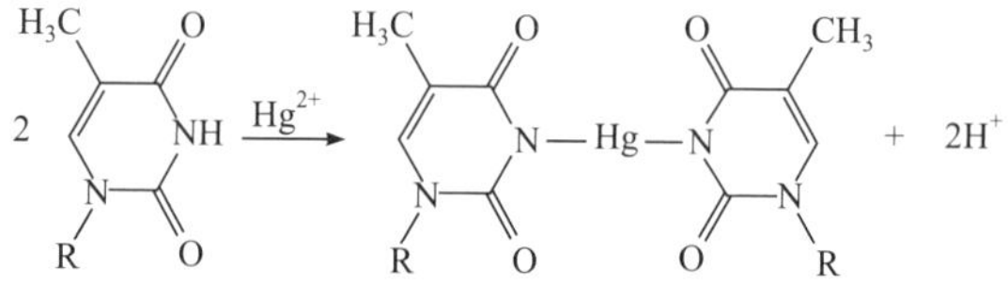

图 7-2　Hg^{2+} 与 T-T 碱基对的结合[2]

　　根据上述原理，研究人员制备了一种含有多 T 碱基序列的 DNA 水凝胶，可视化检测水溶液中的 Hg^{2+} 并实现有效清除[3]。多 T 碱基序列 5′ 端修饰丙烯酰胺，在引发剂的作用下发生聚合反应，形成 DNA 水凝胶（图 7-3）。当不存在 Hg^{2+} 时，DNA 呈单链结构，加入荧光染料 SYBR Green I 后产生微弱的荧光。当存在 Hg^{2+} 时，DNA 形成"T-Hg-T"发夹结构，与 SYBR Green I 特异性结合，产生绿色荧光信号。

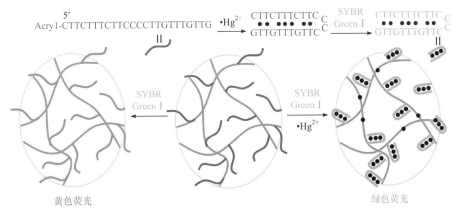

图 7-3　含有多 T 碱基序列的 DNA 水凝胶检测并清除 Hg^{2+}[3]

　　这种功能化的 DNA 水凝胶灵敏度高，水样品中 Hg^{2+} 的检出限为 10 nmol/L。与其他金属离子孵育后，水凝胶颜色未改变。因此，该传感器选择性高，可有效避免无关金属离子的干扰。体系中的聚丙烯酰胺也可以结合 Hg^{2+}，增强 DNA 水凝胶对 Hg^{2+} 的吸附与清除作用。功能化的 DNA 水凝胶处理湖水样品后，Hg^{2+} 含量明显降低，说明水凝胶可以有效清除湖水中的 Hg^{2+}，对解决水资源中的重金属污染问题具有重要的应用价值。

　　DNAzyme 是具有催化活性的单链 DNA，发挥催化活性往往需要特定的金属离子辅助。目前可以用作 DNAzyme 辅因子的金属离子包括 Pb^{2+}、Zn^{2+}、Mg^{2+}、Mn^{2+} 和 Cu^{2+} 等。

　　利用特异性识别 Pb^{2+} 的 DNAzyme 设计出的分子探针，可实现对溶液中 Pb^{2+} 的检测[4]。猝灭基团标记 DNAzyme，荧光基团标记底物，DNAzyme 与底物结合导致荧光信号猝灭。加入 Pb^{2+} 后，Pb^{2+} 诱导 DNAzyme 切割底物，释放荧光信号。由于分子间斥力，DNAzyme 与底物链距离较远，无法实现 DNAzyme 和底物的最佳结合。同时，DNAzyme 茎环结构的存在导致 DNAzyme 与底物结合不稳定，难以形成具有切割活性的 DNAzyme[图 7-4（a）]。因此，这种简单的猝灭机制灵敏度有限，无法检测出低浓度的 Pb^{2+}。荧光基团标记的底物与猝灭基团标记的 DNAzyme 序列通过 polyT 序列连接在一起，DNAzyme 与底物的杂交效率显著提高[图 7-4（b）]。当不存在 Pb^{2+} 时，DNAzyme 与底物结合，荧光信号猝灭；当存在 Pb^{2+} 时，底物被切割，释放荧光信号，实现对 Pb^{2+} 的高灵敏度检测。这种探针对 Pb^{2+} 的选择性强，在 2 nmol/L ～ 20 μmol/L 范围内可实现对 Pb^{2+} 的高效检测。

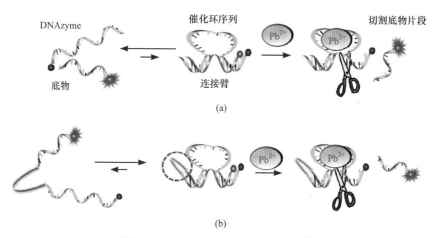

图 7-4 基于 DNAzyme 的 Pb²⁺ 探针 [4]

除了利用单一 DNAzyme 检测金属离子外，研究人员还开发了一种异构双 DNAzyme 单分子探针，用于 Cu²⁺ 检测 [5]。异构双 DNAzyme 单分子探针由切割 DNA 的 DNAzyme（D-DNAzyme）和模拟辣根过氧化物酶的 DNAzyme（H-DNAzyme）组成。该探针包括三个部分：结构域 I 是 D-DNAzyme 的底物，结构域 II 是 H-DNAzyme 序列（激活状态为 G- 四链体结构），结构域 III 是 D-DNAzyme 序列（具有 Cu²⁺ 依赖性）（图 7-5）。当不存在 Cu²⁺ 时，由于分子内强相互作用，三个结构域形成稳定结构。当存在 Cu²⁺ 时，D-DNAzyme 切割底物（结构域 I）进而破坏分子内 DNA 构象，释放结构域 II。释放的结构域 II 插入血红素，并自组装成 G- 四链体结构，形成 H-DNAzyme，催化 H_2O_2 和 3,3',5,5'- 四甲基联苯胺（TMB）反应，使 TMB 氧化成蓝色产物，导致吸光度发生变化，产生比色信号。

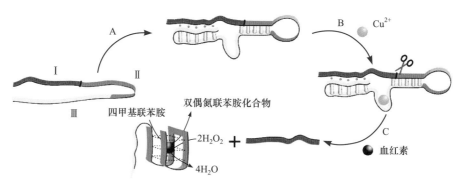

图 7-5 基于双变构 DNAzyme 的 Cu²⁺ 探针 [5]

这种方法在检测饮用水中的 Cu²⁺ 时，检测灵敏度为 1 μmol/L，远低于美国 Cu²⁺ 最大允许浓度（～ 20 μmol/L）、欧盟最大允许浓度（～ 30 μmol/L）及加拿大最大允许浓度（～ 15 μmol/L）。此外，利用水溶液中其他金属离子进行相同的实验，如 Hg²⁺、Mn²⁺、Cd²⁺、Pb²⁺、Mg²⁺、Zn²⁺、Fe²⁺、Ca²⁺、K⁺ 和 Na⁺，吸光度均没有明显的变化，说明这种检测探针对 Cu²⁺ 具有良好的选择性，可以有效避免其他金属离子的干扰。

2. ATP 分子检测

三磷酸腺苷（adenosine triphosphate，ATP）是生命体内一种重要的功能生物分子，是细胞内生理过程的主要供能物质，也是调节细胞运动和神经传递等重要生理事件的信号分子。通过检测 ATP 的含量，可以获得各种疾病的发展信息，如心血管疾病和恶性肿瘤等。此外 ATP 还可以用作食品安全和环境检测的标志分子。

利用核酸功能材料对 ATP 进行检测分析最普遍的方法是引入 ATP 的核酸适配体，通过适配体与 ATP 的结合，引起 DNA 序列结构的变化，从而产生后续的信号变化。

研究人员利用碳点（carbon dot，CD）和氧化石墨烯（graphene oxide，GO）标记的 ATP 适配体开发出了一种 ATP 检测方法[6]。这种方法利用 CD 与 GO 之间的荧光共振能量转移（fluorescence resonance energy transfer，FRET）现象实现 ATP 的检测。将修饰有氨基（—NH_2）的 ATP 适配体序列连接到 CD 表面，形成 CD-适配体。然后引入 GO，CD-适配体可以通过 π-π 堆积和疏水相互作用吸附在 GO 表面。当 CD 与 GO 结合后，发生荧光共振能量转移，CD 的荧光信号猝灭。当 ATP 存在时，ATP 与修饰在 CD 表面上的适配体结合，导致适配体的构象发生变化。此时修饰有 ATP 适配体的 CD 从 GO 表面脱落下来，CD 的荧光得到恢复（图 7-6）。

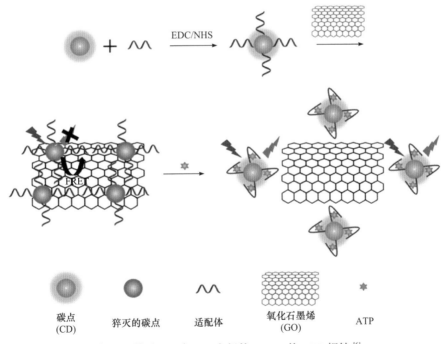

碳点　　　　猝灭的碳点　　　适配体　　　氧化石墨烯　　　ATP
（CD）　　　　　　　　　　　　　　　　　（GO）

图 7-6　基于 CD 和 GO 之间的 FRET 的 ATP 探针[6]

当 ATP 的浓度在 0.10 ~ 5.0 nmol/L 时，荧光强度与 ATP 浓度呈线性关系，线性相关度较高。该方法可高选择性地检测 ATP 分子，UTP、CTP 和 GTP 这三种 ATP 类似物不会影响检测体系对 ATP 的检测效果。此外，氨基酸、Mg^{2+}、Cu^{2+}、Fe^{3+}、K^+、Zn^{2+}、Na^+、Ca^{2+} 和 Pb^{2+} 等各种常见的分子和离子也不会对 ATP 的检测效果产生干扰。以酸奶作为实际样品进行检测分析时，相对标准偏差（RSD）低于10%，说明该检测体系在食品安全监测和环境污染监测方面具有很大的应用潜力。

除了对食品中的 ATP 进行检测外，研究人员设计合成了一种 DNA 纳米器件，可实现活细胞中 ATP 的检测[7]。纳米器件不仅可以将适配体探针有效地递送到活细胞中，还可以通过上转换纳米颗粒将红外光转化成紫外光，从而激活 ATP 的荧光传感系统，实现 ATP 的检测。

该纳米器件由紫外光激活的适配体探针和掺杂镧系元素的上转换纳米颗粒组成。适配体探针的结构如图 7-7（a）所示，适配体链被包含光可裂解（photocleavable，PC）基团的 DNA 片段锁定，该 DNA 片段称为 PC 抑制剂。用猝灭基团修饰的 PC 抑制剂与用荧光基团修饰的适配体链杂交时，因荧光共振能量转移效应，故荧光信号会猝灭。PC 抑制剂和适配体的杂交可以阻止 ATP 与适配体的结合。在紫外光照射下，PC 基团进行光解，PC 抑制剂部分断裂，生成的短 DNA 片段从适配体链上脱离，PC 抑制剂与适配体链的结合力大大降低。在 ATP 存在的条件下，适配体将恢复结合 ATP 的能力，从而导致 PC 抑制剂从 ATP 适配体链上解离，荧光信号显著增加。体系中的上转换纳米颗粒通过静电相互作用负载适配体探针，同时作为红外 - 紫外光转换器，吸收近红外光，局部发射紫外光，对 PC 基团光解进行时间控制，从而实现 DNA 探针的远程激活［图 7-7（b）］。该纳米器件可以实现在活细胞中的 ATP 检测，特异性强，并且对细胞活力没有显著影响。

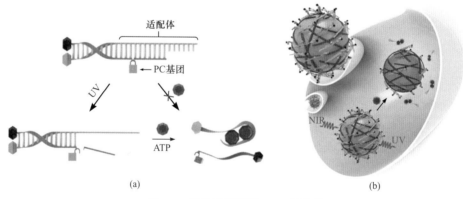

图 7-7　紫外光激活的 ATP 探针[7]

在生物传感器的设计中，经常会采用一些信号放大策略提高检测的灵敏度，实现对低浓度物质的检测。例如，通过催化发卡组装过程（catalytic hairpin assembly，CHA）进行双循环信号放大可以实现对 ATP 分子的高灵敏检测[8]。该生物传感系统由三部分组成，识别部分 AB、DNA 探针 HP1 和 DNA 探针 HP2（图 7-8）。AB 包含两个功能区域：Toehold 区域和适配体区域，适配体区域可特异性识别并检测 ATP。Toehold 区域和适配体区域通过形成双链体而保持稳定。HP1 的末端分别标记有荧光基团（FAM）和猝灭基团（Dabcyl），由于荧光共振能量转移效应，猝灭基团可有效猝灭荧光基团的荧光。HP1 和 HP2 经过合理设计，可以在无靶标物质的情况下稳定存在。当存在目标

ATP 分子时，ATP 会与 AB 中的适配体区域特异性结合，改变 AB 的构型，从而导致 AB 的 Toehold 区域暴露出来。HP1 的黏性末端可以结合 AB 中暴露的 Toehold 区域，从而引发链置换反应，HP1 的发夹结构打开，形成 AB/HP1 复合体，发出荧光，同时释放 ATP，继续与 AB 结合，实现信号放大。此外，AB/HP1 复合体中的 HP1 暴露了另一个可与 HP2 结合的 Toehold 区域，从而触发 HP1 和 HP2 之间的催化发夹组装过程，从而形成 HP1/HP2 双链体，并释放 AB。由于 AB 和 ATP 的循环释放，可以生成许多 HP1/HP2 双链体，实现荧光信号的放大。

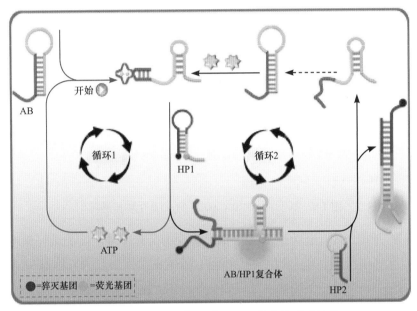

图 7-8　基于 CHA 的双循环 ATP 生物传感系统 [8]

这种信号放大策略可以有效提高检测体系中的信号输出量，准确检测微量的 ATP，检测限为 8.2 nmol/L。在 25 ～ 600 nmol/L 浓度范围内，荧光强度和 ATP 浓度之间具有较强的线性关系。随着 ATP 浓度的不断增加，荧光强度也不断增强，从而可以定量估算目标 ATP 的浓度。

除上述检测方法外，还可以利用 CRISPR/Cas 系统对 ATP 进行检测。CRISPR/Cas 系统不仅具有优异的基因编辑能力，还具有序列可编程性、识别特异性等特性，可应用于生物传感领域。

Cas12a 蛋白在靶标 DNA 的激活作用下，可以非特异性切割单链 DNA。基于这一原理，研究人员制备了一种荧光生物传感器，用于高选择性地检测 ATP[9]。该生物传感器的设计原理是利用 ATP 适配体作为 Cas12a 蛋白的靶标 DNA，当 Cas12a 与 CRISPR RNA（crRNA）及靶标 DNA 形成三元复合体后，该复合体具有单链 DNA 酶活性，可切割体系中任意单链 DNA 片段。检测过程如图 7-9 所示，预先对体系中的底物 DNA 片段进行荧光基团和猝灭基团标记，由于荧光共振能量转移效应，体系中的荧光起初处于猝灭状态。当不存在 ATP 时，ATP 适配体序列会与 crRNA 结合，再与 Cas12a 形成三元复合体，激活 Cas12a 非特异性单链 DNA 切割活性，切割底物 DNA，从而恢复荧光信号。当存在 ATP 时，适配体将与 ATP 特异性结合，而不与 crRNA 结合，从而无法激活 Cas12a 切割底物 DNA 的活性，因此不产生荧光信号。

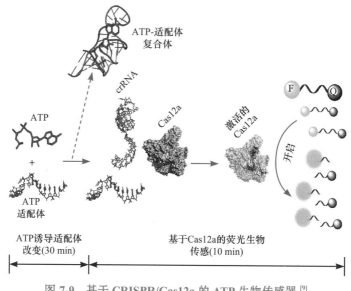

图 7-9   基于 CRISPR/Cas12a 的 ATP 生物传感器[9]

通过这种方式，可以成功地将 ATP 信号转变为荧光信号。荧光信号强度的变化与 ATP 浓度的变化相对应，在 $1.0 \sim 200$ μmol/L 的浓度范围内，荧光强度与 ATP 浓度之间存在线性关系。同时，利用该生物传感器对 ATP 类似物（包括 AMP、ADP、UTP、CTP 和 GTP）进行检测，发现只有 ATP 可显著改变荧光强度，证明了该生物传感器对 ATP 具有高选择性。此外，该生物传感器的检测时间约为 40 min。这种新颖的生物传感器在灵敏度、特异性、检测时间和易用性之间取得了平衡，具有很好的应用前景。

在 CRISPR/Cas 系统的基础上，研究人员开发了一种由 ATP 适配体调节的 CRISPR/Cas 传感系统用于检测 ATP[10]。适配体调节的 CRISPR/Cas 传感系统由两个部分组成：探针系统和报告系统（图 7-10）。探针系统由 DNA 激活剂和适配体组成，其中 DNA 激活剂可激活 Cas12a 的切割活性，适配体可锁定 DNA 激活剂，抑制其激活 Cas12a 对单链 DNA 底物的切割活性。报告系统由 Cas12a、crRNA 和单链 DNA 底物构成，Cas12a 和 crRNA 预先组装成 Cas12a/crRNA 复合物。单链 DNA 底物末端标记有荧光基团和猝灭基团（ssDNA-FQ），由于荧光共振能量转移效应，单链 DNA 底物的荧光被猝灭。该传感器的检测过程如图 7-10 所示，在缺乏 ATP 的情况下，适配体会与 DNA 激活剂结合，阻止 DNA 激活剂与 Cas12a/crRNA 复合物结合，不能激活 Cas12a 的切割活性，单链 DNA 保持完整，无荧光产生。当 ATP 存在时，ATP 可以触发 DNA 激活剂从适配体上释放，成功与 Cas12a/crRNA 复合物结合并激活 Cas12a 切割单链 DNA 底物，导致荧光基团与猝灭基团分离，单链 DNA 底物的荧光恢复，产生显著的荧光信号。

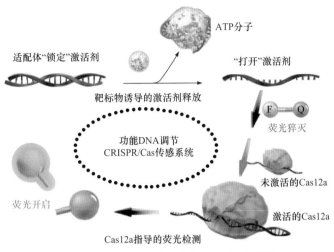

图 7-10　利用适配体调节的 ATP 传感器[10]

输出的荧光信号强度与溶液中激活的 Cas12a 的浓度直接相关，而激活的 Cas12a 的浓度又取决于适配体结合 ATP 后释放的 DNA 激活剂的浓度，因此可以通过检测系统中的荧光变化来确定 ATP 的浓度。利用这种方法，可以将 CRISPR/Cas12a 系统设计为通用的传感器，用于 ATP 的定量检测。为了证明适配体调节的 CRISPR/Cas12a 传感器的选择性，使用不同的 ATP 类似物，包括 GTP、CTP 和 UTP 分别进行检测分析，结果发现 ATP 类似物不会产生明显的荧光信号，这表明该传感器能够高选择性地检测 ATP。将该生物传感器用于检测人体血浆中的 ATP，当 ATP 浓度在 $1.56 \sim 100$ μmol/L 时，ATP 浓度与荧光信号强度成正比，检测限为 0.44 μmol/L，对 ATP 检测具有高灵敏度。

3. 氨基酸检测

氨基酸作为生物功能大分子蛋白质的基本组成单元，其种类和数量的不同往往会导致合成蛋白质的差异，从而影响生命体的正常生理机能。因此对机体生理和病理条件下氨基酸的检测，有助于疾病的预防和治疗。

组氨酸（histidine，His）和半胱氨酸（cysteine，Cys）作为人体内的两种必需氨基酸，在许多生命活动中具有重要作用。例如，组氨酸不仅在人体肌肉组织和神经组织中作为神经调节物质，还在生物系统中调节金属离子的传输。少量组氨酸会导致如癫痫、帕金森病和红细胞异常发育等疾病，而过量的组氨酸可能会导致人体产生中毒症状。半胱氨酸不仅在人体蛋白质的合成、解毒和代谢等方面发挥着重要作用，同时是多种疾病的重要医学生物标志物。体内的半胱氨酸浓度异常导致生长迟缓、肝损伤、阿尔茨海默病和心血管疾病等。因此，检测分析组氨酸和半胱氨酸的含量对人类的健康具有重要意义。本节将根据检测原理的不同，简要介绍三种检测氨基酸的方法。

利用氨基酸与金属离子的特异性结合可实现氨基酸的检测。组氨酸和半胱氨酸可作为 Cu^{2+} 的强结合剂，从而阻碍 Cu^{2+} 与其他离子的结合。利用这一原理，研究人员开发了一种比色检测法，可以对组氨酸和半胱氨酸进行高灵敏度和高选择性检测分析[11]。这种检测方法使用了 G-四链体结构，它与 Cu^{2+} 结合后，可以形成类过氧化物酶。这种类过氧化物酶能催化 H_2O_2 与 3,3′,5,5′- 四甲基联苯胺硫酸酯（TMB）反应，生成双偶氮联苯胺化合物，使溶液从无色变成蓝色（图 7-11）。当在体系中加入组氨酸和半胱氨酸后，Cu^{2+} 与组氨酸和半胱氨酸的结合能力更强，因此会干扰类过氧化物酶的形成，导致 TMB 与 H_2O_2 反应效率降低。TMB-H_2O_2 反应的催化活性与组氨酸或半胱氨酸的浓度成反比，所以该方法能够同时对组氨酸和半胱氨酸进行高灵敏度和高选择性的检测分析。

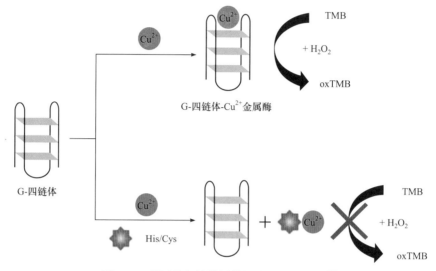

图 7-11　利用比色法检测组氨酸和半胱氨酸 [11]

随着组氨酸和半胱氨酸浓度的增加，吸附的 Cu^{2+} 逐渐增多，产生具有过氧化物酶活性的 G- 四链体-Cu^{2+} 复合物减少，催化产生的蓝色产物减少，吸光度逐渐降低。实验结果表明，组氨酸在 0.01 ～ 1.0 μmol/L 浓度范围内与吸光度具有线性关系，半胱氨酸在 5 ～ 500 nmol/L 浓度范围内与吸光度具有线性关系，组氨酸检测限为 10 nmol/L，半胱氨酸检测限为 5 nmol/L。这种比色法检测技术不需要荧光标记和酶催化，检测过程简单快速，是一种便捷灵敏的生物检测方法，可以应用到其他生物分子的检测分析中。

此外，Hg^{2+} 也可以与氨基酸形成稳定的络合物，基于这一特点，研究人员利用 DNA、金属离子和荧光指示剂构成的系统来高灵敏度、高选择性地检测半胱氨酸和组氨酸 [12]。

这种检测系统以噻唑橙（TO）作为荧光指示剂。TO 是一种常用的荧光标记物，它由两个芳香环系统组成，在水溶液中无荧光，但在与核酸相互作用时却可以显示出强烈的荧光，并且荧光强度与碱基组成无关。由于含有多 T 碱基的 DNA 序列易与 Hg^{2+} 形成稳定的 T-Hg^{2+}-T 配位化合物，因此体系中的 Hg^{2+} 可以作为荧光猝灭剂，使 TO 与核酸相互作用产生的荧光猝灭。如图 7-12 所示，随着 Hg^{2+} 浓度的增加，荧光强度逐渐降低。该体系可用于检测半胱氨酸，在体系中加入半胱氨酸，半胱氨酸可与 Hg^{2+} 结合生成稳定的复合物，从而恢复 TO 与核酸相互作用时产生的荧光。而在 TO、DNA、Hg^{2+} 构成的溶液中添加其他氨基酸并不能使猝灭的荧光恢复，因此该体系可以用于半胱氨酸的高灵敏度检测。在体系中加入半胱氨酸 5 min 后，恢复的荧光即可达到恒定值，表明该系统具有快速响应的优点。

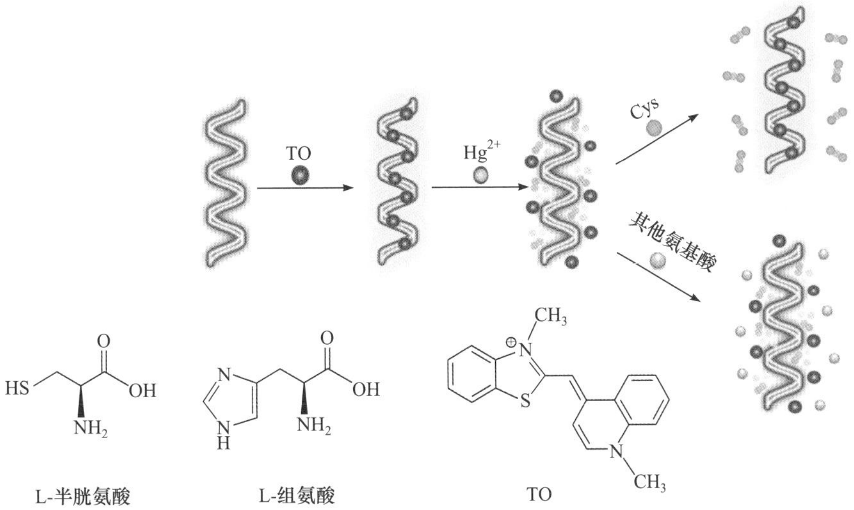

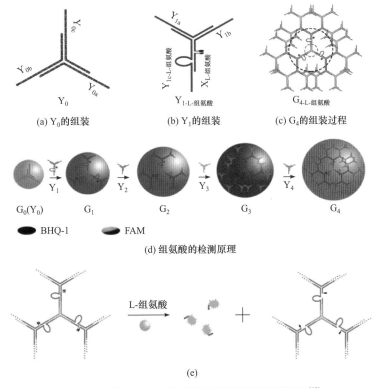

图 7-12　基于 TO/DNA/ 金属离子的氨基酸传感器 [12]

除利用氨基酸与金属离子特异性结合的特点来检测氨基酸外，还可以通过氨基酸依赖的 DNAzyme 实现氨基酸的识别与检测。例如，以枝状 DNA 分子作为一种纳米载体高效负载 DNAzyme，可以在活细胞中实现对生物分子的实时监测 [13]。选择组氨酸依赖的 DNAzyme 作为检测元件制备枝状 DNA 分子。制备过程如图 7-13 所示，将等摩尔量的三条寡核苷酸混合在一起制备 Y-DNA。Y_{0a}、Y_{0b}、Y_{0c} 三条不同单链杂交形成的 Y_0 具有

(a) Y_0 的组装　　(b) Y_1 的组装　　(c) G_4 的组装过程

(d) 组氨酸的检测原理

(e)

图 7-13　枝状 DNA 分子的制备过程及检测原理 [13]

三个相同的黏性末端，而其他 Y-DNA（Y_n，$n>0$）则被设计为具有三个黏性末端的结构，其中两个为相同末端，第三个为与 Y_{n-1} 的黏性末端互补的末端，Y_2、Y_3、Y_4 也按相同程序制备。利用这种特殊的结构，可以制备出不同代的枝状 DNA 分子（G_n）。DNAzyme 被整合到枝状 DNA 分子的第二层（Y_1）中，它包含四个不同的单链，Y_{1a}、Y_{1b}、Y_{1c-L} 和 X_L，其中 X_L 作为传感系统的信号报告部分。Y_{1b} 的 3′ 端修饰猝灭基团（BHQ-1），而 X_L 的 5′ 端修饰荧光基团（FAM），当猝灭基团和荧光基团接近时，猝灭基团可以有效地猝灭 FAM 的荧光。在 L-组氨酸存在下，组氨酸依赖的 DNAzyme 被激活，Y_{1b} 和 X_L 的连接被切断，从而使传感系统的荧光强度大大增加，因此可以通过测定传感系统的荧光强度实现对组氨酸的检测。

这种基于 DNAzyme 的枝状 DNA 分子传感系统，对于组氨酸的检测具有较高的灵敏度，检测限为 3 nmol/L。此外，将 DNAzyme 嵌入枝状 DNA 分子支架后仍可以保持其功能，从而有利于发挥它们在分子传感中的作用。这种纳米载体制备简单、稳定性高、自递送能力良好，可用于目标细胞内生物分子含量的高效监测，在生物医学中应用广泛。

根据特定氨基酸在代谢过程中发生的特殊反应，也可以实现对氨基酸的检测。除甘氨酸外，生物机体内所有的氨基酸都是手性分子，具有对映异构体。根据 Fischer 建立的基于 D/L 相对构型的投影式，具有手性的氨基酸可以分为 L-氨基酸和 D-氨基酸。L-氨基酸（LAA）作为生物体蛋白质的构建单位，可以被翻译成结构蛋白和功能蛋白，机体内构成蛋白质的氨基酸均为 L-氨基酸。D-氨基酸（DAA）的存在已被证明与早期胃癌有特殊的相关性。因此可以通过检测 DAA 从而对胃癌进行早期诊断，提高治疗效果。

胃癌患者早期胃液和唾液中的 D-丙氨酸（D-Ala）和 D-脯氨酸（D-Pro）的浓度比健康对照组要高，因此可选择 D-Ala 和 D-Pro 作为诊断胃癌的生物标志物。研究人员设计了一种 DNA-银纳米簇的生物传感系统，可以实现 DAA 的快速和特异性检测[14]。DNA-银纳米颗粒通常小于 2 nm，接近电子的费米波长，具有高荧光强度和优异的光稳定性。该生物传感系统通过荧光猝灭实现信号输出，从而表明存在或不存在靶标物质。

在体内 DAA 的代谢途径中，DAA 可被 D-氨基酸氧化酶（DAAO）特异性催化，生成 H_2O_2，进一步通过 Fenton 反应产生羟基自由基（·OH）。H_2O_2 和·OH 均可以有效地猝灭 DNA-银纳米颗粒的荧光。这种生物传感系统包括以下两个基本过程：DAA 氧化和 Fenton 反应。DAA 选择性地触发 DAAO 催化反应生成 H_2O_2，并在 Fe^{2+} 的存在下进一步生成·OH。H_2O_2 和·OH 会导致荧光的猝灭。原则上，只有 DAA 会触发荧光猝灭，而 LAA 没有这种作用（图 7-14）。因此，这种生物传感系统可以特异性地识别 DAA，具有高特异性，避免 LAA 的干扰。检测过程可以在不到 1h 内完成，具有快速诊断的特点。

基于 DNA 的生物传感器除了能对上述小分子物质进行检测分析，还能用于检测赭曲霉素 A、可卡因及双酚 A 等其他小分子物质。DNA 具有丰富的结构和功能，拓宽了生物传感器的靶标种类和应用范围，使这些生物传感器在检测环境污染、食品安全及人体健康方面发挥着重要的作用。

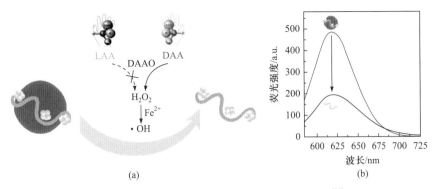

图 7-14 基于 DNA-银纳米簇的生物传感系统[14]

7.1.2 生物大分子检测

1. 核酸检测

核酸作为一类生物大分子，在生物体中承担着编码和调节遗传信息表达的重要任务。核酸序列的改变可能会导致生物性状和生理过程的重大变化，影响疾病的发生和进展。发展准确、快速且特异性高的核酸检测方法对病原检测、临床诊断和治疗具有重要意义。目前，在科学研究中，核酸检测主要方法包括三明治法、靶标诱导聚合法和靶标循环法。

三明治法是指基于一系列杂交反应，最终形成"捕获探针－靶标 DNA-信号探针"形式的三明治。三明治法中捕获探针与靶标 DNA 的一个区域杂交，信号探针与靶标 DNA 的另一个区域杂交，从而形成"捕获探针－靶标 DNA-信号探针"三明治，其中信号探针为荧光、酶或电活性信号片段[15]。

传统三明治法中一个靶标 DNA 只能与一个信号探针杂交，限制了信号的放大效果及检测灵敏度。针对这一缺陷，研究人员设计了可以与靶标 DNA 两个区域杂交的信号探针。该信号探针含有两个靶标 DNA 的互补序列，更容易与两个靶标 DNA 结合，而不是与单个靶标 DNA 的两个区域结合（图 7-15），同时，在信号探针末端修饰有信号分子亚甲蓝（methylene blue，MB）。信号探针的一端与一个靶标 DNA 杂交后，另一端可以与另一个靶标 DNA 杂交，此靶标 DNA 又可以与另一个信号探针杂交，从而形成包含多个靶标 DNA 和信号探针的超三明治结构。随着靶标 DNA 浓度的增加，感应电流单调增加。多个信号探针提高了传感器的灵敏度，有利于放大伏安法检测的信号，大幅度增加感应电流，检测限可达到 100 fmol/L。

在靶标诱导聚合法中，靶标充当触发链或组成链，促进枝状 DNA 的形成或解离。这种方法具有高特异性和灵敏性，并且不需要酶和其他生物传感装置的参与，可用于定量分析靶标 DNA。各向异性、枝状和可交联单体（anisotropic、 branched and crosslinkable monomers，ABC monomers）聚合为球体可以放大检测信号，有利于病原体 DNA 的检测[16]。ABC 单体由 X-DNA 受体和 Y-DNA 供体组成， Y-DNA 修饰有功能基团，如量子点、金纳米粒子、荧光染料和光交联基团。Y-DNA 与 X-DNA 通过单链桥 DNA 连接。单链桥 DNA 上具有与 Y-DNA 和 X-DNA 互补的序列。根据分支方向将

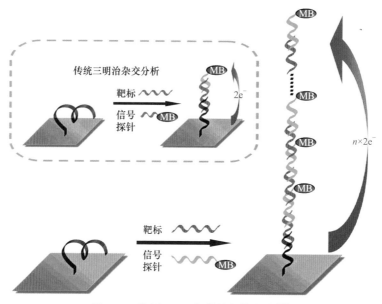

图 7-15　靶标 DNA 与信号探针杂交 [15]

DNA 末端序列命名为 West、North 和 East（图 7-16）。为检测病原体 DNA，ABC 单体上修饰有红色和绿色两种量子点、一个光交联基团 PEGA 和一个与特定病原体 DNA 互补的 ssDNA 探针（图 7-17）。靶标病原体 DNA 存在的情况下，ABC 单体 1A 和 ABC 单体 1B 连接在一起形成 ABC 二聚体。随后在短时间（10 min）紫外线照射后，ABC 二聚体发生光交联形成球体，实现了"靶标诱导"聚合。ABC 球体可以显示出特定的量子点颜色，从而可以高特异性和灵敏性检测病原体 DNA。

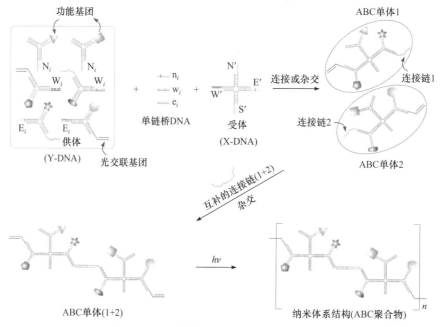

图 7-16　ABC 单体和靶标驱动光聚合反应 [16]

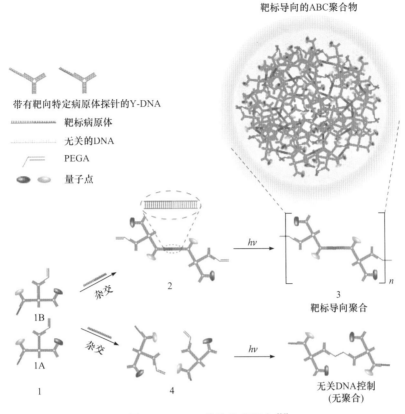

带有靶向特定病原体探针的Y-DNA

靶标病原体

无关的DNA

PEGA

量子点

靶标导向的ABC聚合物

杂交

杂交

hv

hv

靶标导向聚合

无关DNA控制
（无聚合）

图 7-17　ABC 单体的光聚合[16]

靶标循环法由靶标诱导聚合法演变而来，该方法可以提高靶标的利用率。通过动力学控制的自组装过程和酶促反应两种方法可以实现靶标的循环再生。

动力学控制的自组装过程基于催化发夹自组装（CHA）反应。靶标 DNA 作为引发剂诱导 CHA 反应发生，亚稳态发夹探针自组装为枝状 DNA，释放靶标 DNA，用于诱导形成下一个枝状 DNA，最终可以形成多个枝状 DNA，改善检测信号，此过程无需酶参与。

利用动力学控制的自组装过程和金纳米颗粒比色技术，研究人员构建了一个靶标驱动的传感平台[17]。二嵌段发夹探针（DHP）包含聚腺嘌呤（polyA 尾）锚定嵌段和功能性发夹嵌段。靶标 DNA 不存在时，DHP 保持稳定的发夹构象，金溶液的颜色为红色。靶标 DNA 存在时，其触发探针 DHP1，DHP2 和 DHP3 催化自组装，形成具有多个 polyA 尾的枝状 DNA。polyA 尾使 DNA 分子结合在 AuNP 表面，从而聚集枝状 DNA，使金溶液的颜色从红色变为蓝色。金溶液的颜色取决于靶标 DNA 的浓度，因此通过金纳米颗粒比色技术可以对 DNA 定量检测（图 7-18）。该检测方法具有高特异性，靶标存在时产生强检测信号，而在对照 DNA 序列（其中 1、2 或 3 个碱基与靶标不匹配）存在下仅有少量信号。此外，DHP 的高效装配及金纳米颗粒的灵敏比色分析均提高了检测的灵敏度。

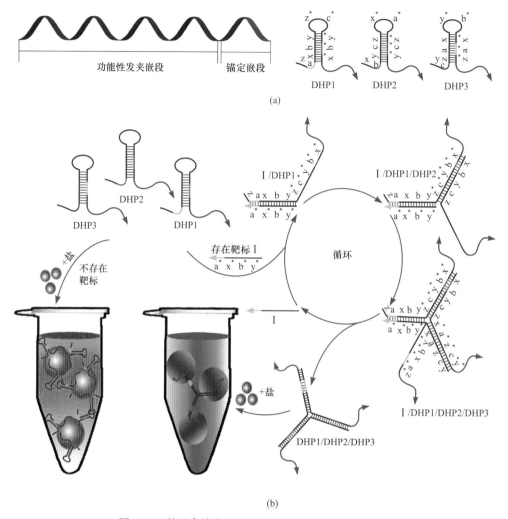

图 7-18　基于金纳米颗粒比色法的 DNA 传感平台 [17]

　　靶标循环法也可以通过酶的参与来完成。在电化学 DNA 生物传感策略中，靶标 DNA 首先与固定在电极上的捕获探针杂交。捕获探针含有酶特异性识别的限制性位点，可以被切割成两部分并释放完整的靶标 DNA。随后，释放的靶标 DNA 可以与另一个捕获探针杂交，启动下一个循环。该方法中，一个靶标 DNA 参与多个循环，大幅度增强了检测信号。但是酶特异性识别的限制性位点位于靶标 DNA/ 捕获探针双链体上，因此仅能检测特定序列的靶标 DNA，限制了该方法的应用。

　　为克服这一限制，研究人员设计了一种基于 Y 型连接结构可检测不同靶标 DNA 的电化学生物传感器 [18]。Y 型连接结构由亚甲蓝（MB）标记的捕获探针、辅助探针和靶标 DNA 组成（图 7-19）。通过改变捕获探针和辅助探针的序列可以检测不同靶标 DNA。在检测过程中，含有 Au—S 键的 Au 电极上修饰有 MB 标记的捕获探针。靶标 DNA 部分序列与辅助探针杂交，部分与捕获探针杂交。同时，辅助探针与捕获探针杂交，形成稳定的双链体复合物。随后添加限制性核酸内切酶 *Hae* Ⅲ，由于切割位点位于辅助探针 / 捕获探针双链体上，捕获探针被切割成两部分，其中 MB 标记的部分从金电极上解离，同时靶标 DNA 从捕获探针上解离。释放的靶标 DNA 又可以与金电极上其他的捕获探针杂交，启动下一个循环。每个靶标 DNA 可以经历多次循环，引发多个捕获探针被切割，造成多个 MB 标记的部分捕获探针从金电极上解离，降低 MB 峰值电流。因此，可以根据 MB 峰值电流的变化检测靶标 DNA 的浓度。

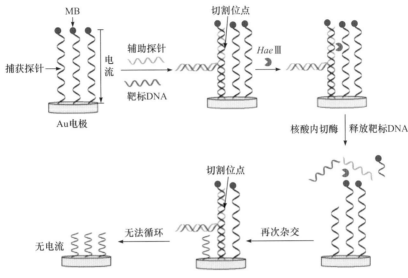

图 7-19 基于 Y 型连接结构和限制性核酸内切酶的 DNA 生物传感器[18]

2. 蛋白质检测

蛋白质是重要的疾病生物标志物，蛋白质的异常表达会对机体造成影响。对机体蛋白质水平进行检测，可以实现疾病的早期诊断。利用抗体或核酸适配体与蛋白质特异性结合，可以特异性检测相应的蛋白质。

抗原刺激机体产生免疫学反应，机体的浆细胞合成并分泌的球蛋白就是免疫球蛋白，即抗体。抗体可以与抗原特异性结合，但产生的分析信号通常较小，难以实现低浓度目标物的测定。分体式光电化学免疫测定法可将滚环扩增（RCA）反应与酶生物催化沉积反应相结合，放大检测信号，用于检测前列腺特异性抗原（PSA）[图 7-20（a）]。该方法利用金纳米颗粒（pDNA-AuNP-pAb$_2$）在微孔板上进行免疫反应检测 PSA，其中 pDNA-AuNP-pAb$_2$ 上修饰有引物 DNA 和多克隆抗前列腺特异性抗原抗体[19]。当 PSA 存在且微孔板上涂有单克隆抗前列腺特异性抗原抗体（mAb$_1$）时，微孔板上形成夹心免疫复合物（mAb$_1$/PSA/pDNA-AuNP-pAb$_2$）。随后在挂锁探针、dNTPs、连接酶及 Φ29 DNA 聚合酶的条件下，以挂锁 DNA 作为模板，金纳米颗粒上的引物 DNA 扩增为长单链 DNA。长单链 DNA 上富含 G 片段，这些片段与血红素结合可以形成基于血红素 /G- 四链体的 DNAzyme 连接体。在核酸内切酶 Nt.BbvC I 的辅助作用下，DNAzyme 连接体从金纳米颗粒上解离，并在 H$_2$O$_2$ 作用下催化 4-氯 -1-萘酚形成不溶的苯并 -4-氯己二酮。不溶的苯并 -4-氯己二酮覆盖于 CdS 纳米棒修饰的电极表面，抑制抗坏血酸中的电子转移至 CdS 纳米棒修饰电极，降低了光电流信号 [图 7-20（b）]。因此，通过记录光电流的变化可以检测样品中 PSA 的浓度，检测限低至 1.8 pg/mL。该方法具有良好的重现性、高特异性和准确性，其分析结果与商业 PSA 酶联免疫吸附剂测定试剂盒分析结果一致。

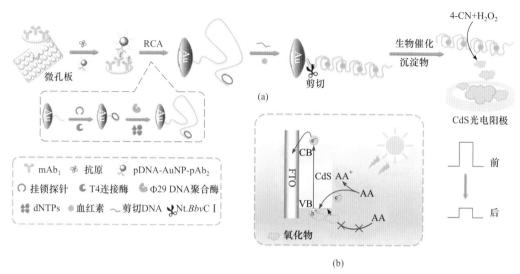

图 7-20　分体式光电化学免疫测定法用于检测前列腺特异性抗原[19]

分体式光电化学免疫传感平台（a）；光照射下 CdS 纳米棒光电流产生机理（CB：导带；VB：价带；AA：抗坏血酸）（b）

基于组氨酸标记的超三明治 DNA 结构也可以放大电化学信号。研究人员利用该结构设计了化学发光（electrochemiluminescence，ECL）免疫传感器，其可用于检测癌胚抗原（CEA）[20]。组氨酸是一种具有咪唑基团的 α- 氨基酸，可以作为发光体三（2,2′-联吡啶）钌（Ⅱ）[Ru(bpy)$_3^{2+}$] 的共反应物，放大电化学发光信号。Ru(bpy)$_3^{2+}$ 和铂纳米粒子（PtNPs）组装成 Ru-PtNPs 复合物，Ru-PtNPs 复合物共聚到全氟磺酸修饰的电极表面形成 ECL 基底。在 CEA 存在的情况下，CEA 和 ECL 基底上的一抗和金纳米颗粒上的二抗形成夹心免疫复合物。同时，金纳米颗粒上修饰的辅助探针Ⅰ触发级联杂交反应，辅助探针Ⅰ和组氨酸修饰的辅助探针Ⅱ交替杂交形成 DNA 长链。因此，形成的 DNA 长链中含有多个组氨酸修饰的辅助探针Ⅱ，实现了信号的扩增放大（图 7-21）。研究人员通过在人体血清中的标准添加方法，研究了 ECL 免疫传感器在临床上的可行性。用 pH7.4 的 PBS 缓冲液将血清样品稀释至合适的浓度，并将已知量的 CEA 加入至样品中，使用 ECL 免疫传感器检测，回收率在 94.5% ～ 104.6% 之间，表明 ECL 免疫传感器在临床检测蛋白质中表现良好。此外，该免疫传感器稳定性高、选择性好且重现性好，对 CEA 检测的线性范围为 0.1 pg/mL ～ 100 ng/mL。

基于超三明治 DNA 结构的信号放大作用和叶酸受体（FR）对叶酸（FA）修饰 DNA 的保护作用，研究人员设计了一种用于检测 FR 的电化学传感器[21]。FR 是一种与肿瘤相关的抗原，能够以高亲和力与 FA 结合，在许多肿瘤中都过表达。电化学传感器中含有三段序列：序列 1（S1）、序列 2（S2）及序列 3（S3）。首先，将 S1 修饰到含有 Au—S 键的金电极（GE）上获得 S1/GE。然后，在 S2 的 3′ 端标记 FA 分子获得 S2-FA。当 FR 不存在时，核酸外切酶Ⅰ（exo Ⅰ）沿 3′ 至 5′ 方向将 S2-FA 水解为单核苷酸。当 FR 存在时，FR 与 FA 特异性结合形成 S2/FA-FR，阻止 exo Ⅱ 对 DNA 的酶解。最后，

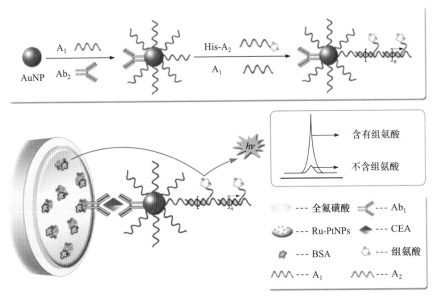

图 7-21　基于组氨酸标记的超三明治 DNA 结构用于检测癌胚抗原[20]

将 S3 和 S1/GE 分别与 S2/FA-FR 杂交。如图 7-22 所示，S3 包含 3 个部分，红色部分即 S3 的 3′ 端，可以与 S2 的 5′ 端杂交；黄色部分可以与 S2 的 3′ 端杂交；绿色部分可以与氯化血红素结合形成 DNAzyme。同时，S1 的 5′ 端可以通过碱基互补配对与 S2 的 3′ 端杂交，最终可以形成一个"超三明治结构"（S1/S2-FA-FR/S3/GE）。该结构包含多个叶酸和氯化血红素 /DNAzyme 单元，此外，还可以催化 H_2O_2 分解产生电化学信号，电化学信号与 FR 浓度之间具有定量关系。因此，通过监测电化学信号可以检测 FR 的浓度，FR 浓度的检测范围为 1.0 ～ 20.0 ng/mL。

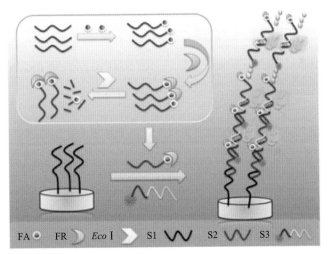

图 7-22　基于超三明治结构 DNAzyme 扩增的 FR 受体电化学传感器[21]

核酸适配体是人工合成的 ssDNA 或 RNA，可以特异性结合多种靶标，包括蛋白质、细胞、化合物和离子。核酸适配体与蛋白质的结合类似于抗体与蛋白质的结合，但核酸适配体具有免疫原性低、稳定性好、可体外制备、制备成本低、靶标广泛、易于修饰及生产批次间差异小等优点。然而，核酸适配体种类有限，特异性还有待提高，因此核酸适配体在蛋白质检测中的应用受到一定限制。

将核酸适配体识别和纳米孔传感相结合，可以精确检测多种蛋白质（图 7-23）。在双链 DNA（dsDNA）载体上插入特定序列的核酸适配体，可以精确检测靶标蛋白质。在电场驱动下，负载有蛋白质的 dsDNA 载体通过纳米孔，根据纳米孔电流的瞬态变化，可以确定 dsDNA 载体上是否存在靶标蛋白质 [22]。此外，dsDNA 载体可以负载多个核酸适配体，根据亚峰电流的特征变化可以区分蛋白质的类型，从而达到检测多个靶标蛋白质的目的。该检测方法不需要对样品预处理或纯化，即可在人血清中对超低浓度蛋白质进行检测。

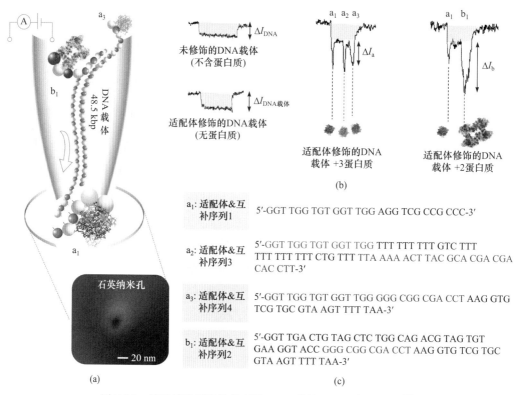

图 7-23　基于核酸适配体的双链 DNA 载体用于蛋白质检测 [22]

7.1.3　细胞检测

正常细胞在内源或外源致癌因子作用下会发生转化，形成增殖分化异常的肿瘤细胞，肿瘤细胞不断迁移与发育，进而会在机体形成肿瘤组织。对肿瘤细胞的早期检测和准确分析可以实现癌症的早期发现和及时治疗，对临床诊断、疾病治疗和肿瘤相关生物学过程的研究具有重要意义。

肿瘤细胞含有一些过表达的化学物质，即肿瘤标志物。肿瘤标志物可以作为肿瘤诊断和治疗的依据。通过筛选出某一肿瘤标志物的特异性适配体，可以识别检测肿瘤细胞。

本节介绍适配体作为识别元件来实现细胞的检测。

利用靶向识别人体乳腺癌细胞（MCF-7）表面的上皮细胞黏附分子（EpCAM）的核酸适配体，通过多分支杂交链式反应（mHCR），可以实现对 MCF-7 细胞的特异性识别和捕获 [23]。核酸适配体与辣根过氧化物酶（HRP）结合，能催化 H_2O_2 与 3,3′,5,5′-四甲基联苯胺（TMB）反应，生成双偶氮联苯胺化合物，使溶液从无色变成蓝色。基于这一原理，首先将细胞与适配体共孵育，再将混合液与含 H_2O_2 的 TMB 溶液混合，辣根过氧化物酶的存在会催化 TMB 和 H_2O_2 反应，使溶液变成蓝色。通过溶液的显色反应，可以明显观察到，随着细胞数量的逐渐增多，溶液的颜色逐渐变深。可以依据颜色的变化对细胞的数量进行简单的比较分析。

通过观察颜色变化产生的误差较大，且检测的灵敏度不高。研究人员在此基础上利用电化学分析方法进行细胞数量的检测，提高了对肿瘤细胞检测分析的灵敏度 [23]。检测过程如图 7-24 所示，HCR 引发剂与 EpCAM 适配体部分杂交，可触发 HCR 反应，形成多分支 HCR 产物。然后利用适配体与肿瘤细胞的特异性结合能力，将肿瘤细胞与多分支 HCR 产物结合。同时 HCR 产物的多分支片段能够与修饰在金电极表面的 DNA 四面体结构碱基互补结合，从而将肿瘤细胞固定在电极上。此外 HCR 产物上含有大量生物素，可以附着多个亲和素修饰的辣根过氧化物酶，通过酶催化反应放大电化学信号，从而提高检测灵敏度。

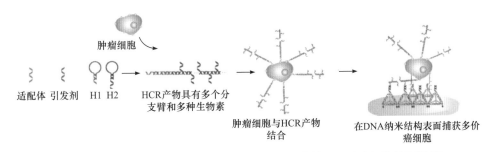

适配体　引发剂　H1 H2　HCR产物具有多个分支臂和多种生物素　肿瘤细胞与HCR产物结合　在DNA纳米结构表面捕获多价癌细胞

肿瘤细胞

图 7-24　基于多分支杂交链式反应的 DNA 纳米结构用于肿瘤细胞的检测 [23]

通过电化学方法检测肿瘤细胞时，有信号放大过程的肿瘤细胞检测限（4 个细胞）比没有信号放大过程的检测限（24 个细胞）更低，上述方法可以对更低浓度的肿瘤细胞进行检测分析。在捕获细胞之后，用水洗涤金表面的检测体系，洗涤前后电信号几乎不变，这说明检测平台捕获细胞后，即使经过洗涤，细胞仍可牢固附着在检测平台上，因此该检测平台也可用于复杂样品中肿瘤细胞的检测。

除利用单一适配体对肿瘤细胞进行识别外，还可以利用多个适配体对肿瘤标志物进行识别，这种识别方法准确性高，可以从大量细胞类型中筛选出靶细胞。研究人员设计了一个基于多适配体的 DNA 逻辑装置，以杂交链式反应（HCR）作为细胞膜上原位信号放大的方法，实现了对靶细胞高灵敏度的鉴定 [24]。多个适配体作为逻辑装置的组成部分，能够进一步缩小多种细胞膜标记的不同表达模式的细胞亚群。如图 7-25 所示，基于多适配体的 DNA 逻辑装置包括三个元件。第一个元件是带有三个功能域的 ssDNA 探针（Apt-S-T），包括用于受体识别的适配体（Apt）、用于减小结构空间位阻的间隔序列（S）和用于关联不同探针并激活 HCR 反应的 ssDNA 区域（T）。第二个元件是一个 ssDNA 连接器，可以通过碱基互补配对连接不同的 Apt-S-T 探针。由于细胞膜具有流动性，这个连接器可以作为一个连接装置，形成用于 AND 逻辑操作的联合立足点结构。第三个元件为用于 HCR 扩增的 H1 和 H2 发夹探针。

这种逻辑装置的运行机制如图 7-25（d）所示，当细胞膜上存在相应受体时，Apt-S-T 探针通过适配体结合在细胞膜上。连接器通过碱基互补配对连接不同的 Apt-S-T 探针，在细胞膜上形成可作为 HCR 扩增的引发剂片段，从而触发 HCR，将带有荧光标记的 H1 和 H2 发夹探针修饰在细胞表面。通过检测荧光信号，实现对肿瘤细胞的鉴定和识别。多个适配体可以对细胞表面的生物标志物进行更准确的识别，并且信号放大法可以在细胞膜上提供更灵敏的标记。

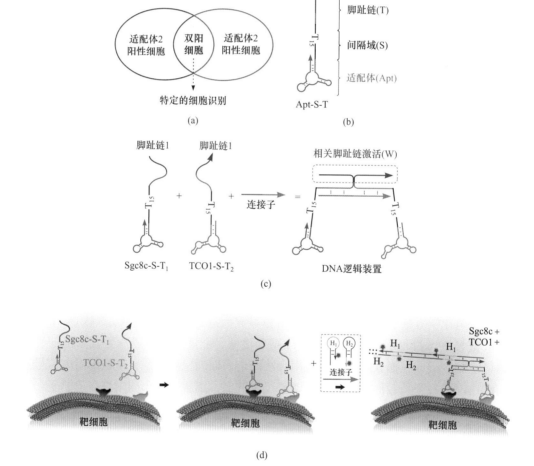

图 7-25 基于 HCR 反应的多适配体的 DNA 逻辑装置用于检测肿瘤细胞[24]

核酸适配体和 DNA 纳米材料的结合可以将核酸适配体的特异性识别能力与 DNA 纳米材料的可编程性相融合，以实现靶细胞的特异性识别。

研究人员成功构建了基于核酸适配体的 DNA 纳米器件，通过靶细胞的细胞膜表面进行原位自组装输出荧光信号，实现靶细胞检测[25]。这项研究选择能特异性识别酪氨酸蛋白激酶 7（protein tyrosine kinase 7，PTK7）的核酸适配体 Sgc8。PTK7 在人体急性淋巴白血病细胞（CCRF-CEM）膜表面过表达，因此利用 Sgc8 与生物标志物 PTK7 的结合，可实现靶细胞 CCRF-CEM 的特异性识别。

设计过程如图 7-26 所示，在核酸适配体 Sgc8 的 5′ 末端修饰可触发 HCR 反应的引发剂片段，形成适配体触发探针。当在体系中加入发夹链 M1 和 M2 后，适配体触发探针可与两个部分互补的发夹链 M1 和 M2 通过杂交链反应自组装形成 DNA 纳米器件 apt-NDs。发夹链 M1 和 M2 上预先标记有荧光基团，利用荧光共振能量转移输出荧光信号。核酸适配体与靶细胞的特异性结合，在靶细胞表面原位构建 apt-NDs。荧光分子标记的 apt-NDs 可以锚定在靶细胞表面，通过检测荧光信号，进而实现对靶细胞的检测。

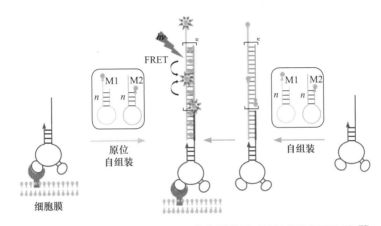

图 7-26　核酸适配体修饰的 DNA 纳米器件用于特异性识别靶细胞[25]

用于细胞检测的 DNA 纳米结构也可以通过酶催化反应得到。DNA 纳米花（NFs）是一种在聚合酶催化作用下通过长链 DNA 组装形成的多功能 DNA 纳米结构。DNA 纳米花由溶液结晶和高度串联重复的 DNA 序列紧密堆积形成，不依赖于碱基配对，从而避免了复杂的 DNA 序列设计。高度串联重复序列的特性最大限度地提高了 NFs 的性能，在癌细胞的选择性识别、靶向递送和治疗中起着重要作用。

研究人员开发了一种多功能的 DNA 纳米花，用于选择性地识别肿瘤细胞[26]。这种多功能的 DNA 纳米花由两条 DNA 链（模板链和引物链）组装形成。DNA 模板链上含有与适配体互补的序列和与载药序列互补的序列，在 DNA 引物链和酶的作用下，通过滚环扩增反应产生长的 DNA 组装模块，用于合成 DNA 纳米花。通过合理设计 DNA 模板，可以将适配体、荧光基团和药物负载位点序列整合到 DNA 纳米花中，使 DNA 纳米花可以选择性地识别癌细胞，进行生物成像及递送靶向抗癌药物（图 7-27）。DNA 纳米花具有高稳定性，在临床诊断、生物医学和生物技术等方面具有很好的应用前景。

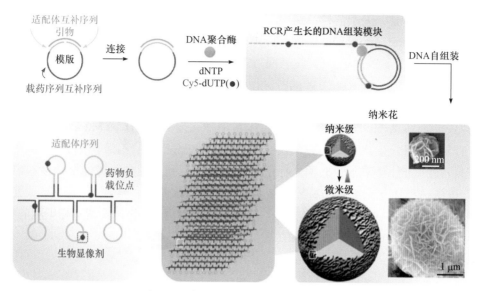

图 7-27　多功能 DNA 纳米花自组装 [26]

7.1.4　外泌体检测

　　外泌体是细胞主动分泌的具有双层膜结构的微小囊泡，参与细胞间的信息交流，调控机体的各项生理活动。外泌体内部微小核糖核酸是一种新型肿瘤诊断标志物。肿瘤细胞中过表达的 miRNA 被包载在外泌体中，参与肿瘤增殖与转移。因此，对肿瘤来源外泌体 miRNA 的检测在临床诊断和疾病治疗中具有较大的应用潜能。

　　研究人员合成了 DNA 网络系统，引入合理设计的光学模块实现对外泌体 miRNA 特异性检测 [27]。DNA 网络系统由 DNA 网络和光学模块两部分构成。DNA 网络由 DNA 链 1 和 DNA 链 2 互补交联形成，其中 RCA 合成的 DNA 链 1 上含有大量重复的 CD63 适配体序列，实现对外泌体的特异性识别，DNA 链 2 实现对外泌体的包裹作用。光学模块包括分子信标 MB 和信号探针 SP。MB 是带有荧光基团和猝灭基团修饰的发卡结构，SP 是带有荧光基团修饰的短链 DNA。MB 和 SP 通过碱基互补配对结合在 DNA 链 1 上，MB 的猝灭基团可以同时猝灭两个荧光基团。当系统中存在外泌体时，如图 7-28 所示，由于适配体与外泌体的高亲和力，适配体会与外泌体结合，从而将 5′ 端结合的 MB 置换下去，随着 MB 的脱落，SP 的绿色荧光会恢复。掉落的 MB 会进入到邻近的外泌体中，与外泌体内的 miRNA 结合，从而使发夹结构打开，红色荧光恢复。加入的 DNA 链 2 与 DNA 链 1 通过碱基互补配对和物理缠结形成 DNA 网络，实现对外泌体的富集和对荧光信号的放大。在该体系中，绿色荧光指示对外泌体的捕获，红色荧光指示外泌体内 miRNA 的检测。通过红色荧光与绿色荧光的比值可以对单位外泌体内的 miRNA 的含量进行指示，实现对外泌体致病 miRNA 精准检测。

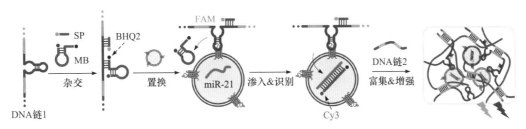

图 7-28 DNA 网络检测外泌体内部 miRNA[27]

7.2 成像与监测

生物成像具有生物分布可见和信息实时反馈的优势，通过成像可以对目标细胞和组织等的分布状态和生理功能进行监测。因此，生物成像可用于疾病早期检测、定性、评估和治疗，在疾病个性化治疗方面具有重要作用。本节介绍肿瘤细胞的荧光成像和磁共振成像。

一类荧光成像是基于荧光基团与猝灭基团的相互作用。荧光基团和猝灭基团彼此接近时，二者形成不发光的非荧光复合物。当两个基团距离较远时荧光恢复。

根据这一原理，研究人员设计了一种基于光子上转换纳米技术的 DNA 纳米装置，通过近红外光（NIR）控制对细胞中 miRNA 精确成像[28]（图 7-29）。上转换纳米颗粒（UCNP）具有光转换功能，可以吸收 NIR 并发射紫外光（UV）和可见光。UCNP 表面上修饰有 DNA 探针（PBc），PBc 中含有一个光裂解（PC）键，PBc 两端分别用荧

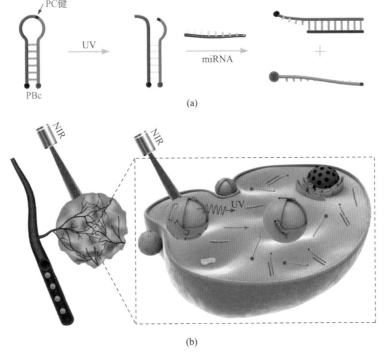

图 7-29 NIR 控制 DNA 纳米装置用于 miRNA 成像[28]

光基团 Cy5 和猝灭基团 BHQ2 标记。在 UV 照射下 PC 键断裂，猝灭基团 BHQ2 标记的链与靶标 miRNA 结合，从而荧光基团 Cy5 和猝灭基团 BHQ2 分离，产生荧光信号，因此该 DNA 纳米装置具有 UV 激活识别 miRNA 的能力。DNA 纳米装置进入细胞后，通过在特定的位置和时间对细胞进行 NIR 光照，可调节其对活细胞中 miRNA 荧光成像的能力，具有高时空分辨率，在 miRNA 检测中具有巨大潜力，可应用于精确生物学和医学分析。

基于这一原理设计的 DNA 纳米材料不仅可以对肿瘤细胞成像，还可以检测细胞内的分子。一种由金纳米颗粒（AuNPs）组成的多色荧光纳米探针可同时检测细胞内三种 mRNA 并对肿瘤细胞成像[29]（图 7-30）。通过 Au—S 键，在金纳米颗粒表面修饰三种识别序列，识别序列分别与报告序列杂交。识别序列可识别三种特定 mRNA 的转录产物：c-myc mRNA、TK1 mRNA 和 GalNAc-T mRNA。c-myc 是肿瘤发生的有效激活剂，在多种癌症中均有所表达。TK 是一种重要的嘧啶代谢途径酶，催化胸腺嘧啶的磷酸转化为脱氧胸腺嘧啶单磷酸。TK 包括两种主要的同工酶（TK1 和 TK2），其中 TK1 与细胞分裂有关，是肿瘤生长的标志物。GalNAc-T 是神经节苷脂 GM2/GD2 生物合成途径中的关键酶，神经节苷脂 GM2/GD2 在各种类型癌细胞表面的表达水平均有所升高。三个报告序列分别用 Rh110、Cy3 和 Cy5 荧光染料标记。靶标 DNA 或 RNA 不存在的情况下，AuNPs 猝灭三种染料的荧光。靶标 DNA 或 RNA 存在的情况下，识别序列与靶标序列杂交形成更长且更稳定的双链，释放报告序列，产生与靶标 DNA 或 RNA 数量相关的荧光信号。因此，纳米探针可以有效区分肿瘤细胞与正常细胞，并识别与肿瘤相关的 mRNA 表达水平的变化，具有高特异性和良好的生物相容性，为癌症治疗提供更全面且更可靠的信息。

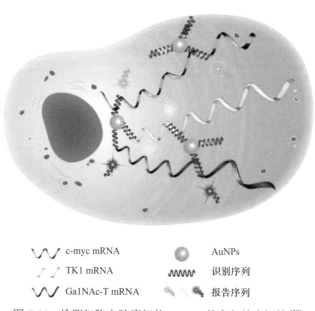

图 7-30　检测细胞内肿瘤相关 mRNA 的多色纳米探针[29]

除具有生物成像的功能外，部分 DNA 纳米材料还可以递送药物至肿瘤部位。负载抗癌药物阿霉素（DOX）的 DNA 纳米球（DNA-NS）可用于生物成像和癌症治疗[30]（图 7-31）。DNA-NS 由 RCA 扩增产物和功能性发夹组装形成。RCA 扩增产物 lsDNA 含有特异性识别 TK1 mRNA 的结构域。功能性发夹为荧光发夹 HP，5′ 端标记有荧光基团 Cy5，3′ 端标记有猝灭基团 BHQ3，序列中的 GC 碱基对可以作为 DOX 的插入位点。HP 被 lsDNA 包裹后可以形成 DNA-NS，然后 Mg^{2+} 进一步压实 lsDNA 和 HP 之间的堆叠结构。内源性 TK1 mRNA 存在时，lsDNA 特异性识别并结合 TK1 mRNA，DNA-NS 分解并释放 HP。随后，HP 与细胞中的 β- 肌动蛋白 mRNA 结合，从而分离荧光基团 Cy5 和猝灭基团 BHQ3，产生荧光信号并释放负载的 DOX，发挥生物成像和肿瘤治疗的双重作用。

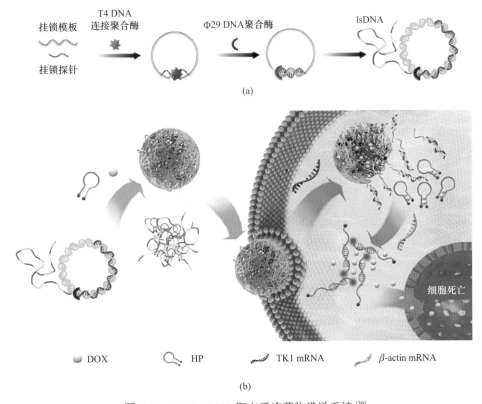

图 7-31　TK1 mRNA 靶向反应药物递送系统[30]

另一类荧光成像是基于荧光共振能量转移（fluorescence resonance energy transfer，FRET），FRET 指能量从一种受激发的荧光基团转移到另一种荧光基团的物理现象。前者称为供体，后者称为受体，当两个荧光染料足够靠近时（两个分子相互作用时）发生FRET，激发态的供体以非辐射的方式将部分能量转移到受体，使受体被激发发射荧光，而自身的荧光猝灭。

基于这一原理，研究人员设计了一种可以对肿瘤细胞成像的 DNA 四面体（DTNT）[31]（图 7-32）。DTNT 由四条 ssDNA 构成，其中一条 ssDNA 上修饰有供体 Cy3 基团，另一条 ssDNA 上修饰有受体 Cy5 基团。当靶标 mRNA 不存在时，DTNT 上的 Cy3 和 Cy5

基团距离较远，FRET 效率低，荧光信号较弱。而当靶标 mRNA 存在时，DTNT 可以特异性识别 mRNA，供体 Cy3 基团和受体 Cy5 基团相互靠近，供体 Cy3 基团将能量传递给受体 Cy5 基团，Cy5 基团随之发出明显的红色荧光，从而达到对肿瘤细胞成像的目的。此外，细胞内成像实验表明，DTNT 可以有效区分肿瘤细胞与正常细胞，并且可以根据荧光强度识别细胞中 mRNA 表达水平的变化。

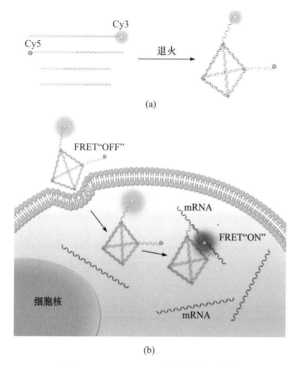

图 7-32　DNA 四面体纳米镊子[31]

单荧光信号强度较弱，无法满足对低浓度分子的成像需求。因此，在实际成像过程中往往需要结合信号扩增策略，放大荧光信号，实现对微量物质的精确成像。

基于杂交链式反应（HCR）的多重荧光原位杂交可以使多个 HCR 放大器同时工作，达到同时对多个靶标 mRNA 进行成像的目的[32]。如图 7-33 所示，HCR 放大器由两个 RNA 发夹组成，每个发夹包括一个具有单链 Toehold 的输入域和一个单链 Toehold 隔离在发夹环中的输出域。当引发剂不存在时，两个发夹可以稳定共存。当引发剂存在时，引发剂与 H1 输入域杂交，打开 H1 发夹并暴露 H1 输出域。H1 输出域与 H2 输入域杂交，打开 H2 发夹并暴露 H2 输出域。H2 输出域作为 H1 输入域的引发剂，引发剂序列的再生促使 HCR 反应不断进行，最终形成具有黏性末端的双链聚合物。这种 HCR 放大器具有强大的样本穿透能力、高的信噪比和清晰的信号定位能力。

RNA 探针上不仅具有识别靶标 mRNA 的序列，还具有引发 HCR 反应的序列。携带相同引发剂的 RNA 探针组成的探针组只能寻址一个靶标 mRNA，而携带正交引发剂的探针组可以同时寻址多个靶标 mRNA，避免了顺序检测多个 mRNA 导致的样品降解。对于多个靶标 mRNA 成像过程包括两个阶段：检测阶段和放大阶段。在检测阶段，

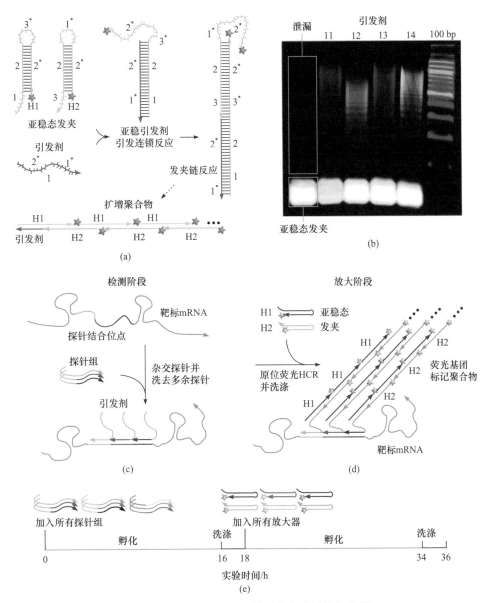

图 7-33　原位荧光 HCR 扩增的多路原位杂交 [32]

RNA 探针与靶标 mRNA 杂交。在放大阶段，正交引发剂触发正交 HCR 反应。由于核酸发夹上修饰有荧光基团，可以自组装形成具有多个荧光基团的聚合物并产生明显的荧光信号，从而达到对肿瘤细胞成像的目的。

　　滚环扩增反应（RCA）也可以大量扩增荧光基团，达到荧光成像的目的。研究人员开发了一种可定点启动 RCA 过程（TIRCA）的密封探针 [33]。密封探针既可以作为识别靶标 miRNA 的探针，又可以作为启动 RCA 过程的模板，可以实现对靶标 miRNA 的识别及成像（图 7-34）。靶标 miRNA 不存在时，密封探针保持为稳定的哑铃状结构。哑铃状结构具有抗性，非靶标 miRNA 无法迁移通过，无法转变为环状结构，后续 RCA 过程也无法进行。靶标 miRNA 存在时，密封探针的脚趾结构域结合靶标 miRNA，转换为环状结构，从而启动后续 RCA 过程。RCA 扩增后，生成含有多个重复序列的 DNA 长单链，DNA 长单链可与多个 FAM 探针杂交，实现对单个 miRNA 精确成像。在肺癌细胞系 A549 细胞内部 miRNA 成像实验中，密封探针显示出高度的特异性。当密封探针与 miRNA let-7a 序列互补配对时，A549 细胞内部出现大量亮点；当密封探针与 miRNA let-7a 之间序列不互补时，只能看到极少量的亮点。该方法中 TIRCA 利用特异性识别序列，实现了 miRNA 的精确识别。此外，借助 RCA 过程，TIRCA 实现了荧光信号的放大，缩短了 miRNA 成像所需的时间。因此，TIRCA 可以实现 miRNA 检测和原位成像双重作用，对于 miRNA 的检测限低至 0.72 fmol/L。

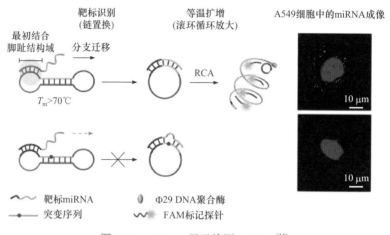

图 7-34　TIRCA 用于检测 miRNA[33]

除荧光成像外，还可以利用 MR 成像技术对肿瘤细胞进行成像。不同结构环境中能量衰减趋势不同，MR 成像通过外加梯度磁场检测发射出的电磁波，获知构成物体的原子核位置和种类，从而绘制物体的内部结构图像。

基于 Mn^{2+} 介导的酶促生物矿化方法制备的 DNA-Mn 杂化纳米花（DMNF），可以实现对肿瘤细胞 MR 成像[34]。顺磁性 Mn^{2+} 作为 Φ29 DNA 聚合酶的辅因子，促进聚合酶参与 RCA 过程实现酶促生物矿化（图 7-35）。生物矿化是指通过生物大分子的调控，生物体生成无机矿物的过程。DMNF 以长链 DNA 为生物矿化模板，在长链 DNA 上 Mn_2PPi 成核及生长实现自组装。反应体系中的 Mn^{2+} 在生物矿化过程中发挥双重作用：部分 Mn^{2+} 作为 Φ29 DNA 聚合酶的辅因子，催化形成 DNA 长单链并产生大量的 PPi^{4-}；部分 Mn^{2+} 与 PPi^{4-} 反应形成不溶性 Mn_2PPi，作为 DMNF 的骨架。通过调节反应时间和 Mn^{2+} 浓度可以控制 DMNF 的形态大小和浓度。在环状模板上编码与 AS1411 适配体互补的序列，可以获得具有肿瘤靶向性的 DMNF。此外，DMNF 可以响应酸性环境，在酸性条件下骨架散开，释放 Mn^{2+}，增强肿瘤部位的 T_1 加权 MR 成像性能，实现对肿瘤的精准 MR 成像。这种酶促生物矿化策略将多个功能模块整合到一个 DNA 纳米材料中，促进了 DNA 纳米材料在精准医疗领域的发展。

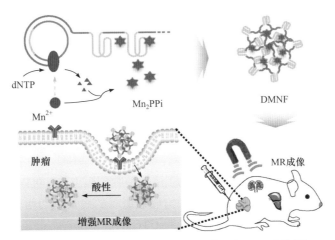

图 7-35　DMNF 形成过程及影响肿瘤小鼠 MR 成像 [34]

7.3　捕获与分离

7.3.1　细胞捕获与分离

细胞分离主要包括：从细胞悬浮液中分离、提纯具有目标基因型或表型的细胞；具有不同基因型或表型的细胞群体相互分离；分离混合细胞悬浮液中特定类型的细胞，在细胞生物学、免疫学、干细胞研究和癌细胞研究等领域起至关重要的作用。细胞分离技术的关键在于高纯度、低损伤地分离目标细胞。由于核酸分子具有出色的分子识别性和生物相容性，因此可使用核酸功能材料对目标细胞进行捕获和分离。本节根据细胞类型，针对干细胞、肿瘤细胞及 T 细胞的分离进行阐述。

干细胞具有自我更新能力，在生物体中可发挥重要的功能。其中骨髓间充质干细胞（bone marrow stem cell，BMSC）是骨髓中存在的一类非造血干细胞，它可以分化成各种细胞类型，分泌多种具有重要生物功能的生物活性分子，在生命科学、生物学、药物学等领域有着极为广阔的应用前景。因此，骨髓间充质干细胞的捕获和释放对于生物医学应用有很高的价值。

研究人员开发了一种基于物理交联的 DNA 网络，可实现骨髓间充质干细胞的特异性捕获、三维包封及酶促释放 [34]。DNA 网络由双滚环扩增（double-RCA）合成的两条超长 DNA 链缠绕构建，通过两种 DNA 链协同作用实现对 BMSC 的包封与捕获。环状模板 1 上设计有 Apt19S 适配体的互补序列，Apt19S 可以靶向 BMSC，通过 RCA 可以得到含有多个 Apt19S 的 DNA 链 1，增强对 BMSCs 的靶向能力。环状模板 2 上含有与模板 1 部分互补的序列，通过 RCA 可得到含有多个与 DNA 链 1 互补片段的 DNA 链 2。DNA 链 1 和 DNA 链 2 杂交形成 DNA 网络，实现对 BMSC 的包封（图 7-36）。利用这种 DNA 网络捕获 BMSC，捕获率可达 87.5%。此外，DNA 网络可以通过核酸酶降解，释放 BMSC，释放出的细胞具有良好的活力。

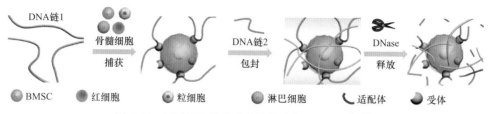

图 7-36　用于干细胞分离的物理交联 DNA 网络[35]

　　肿瘤标志物是肿瘤细胞产生的,可作为客观判断和评估体内癌症过程的指标性物质。循环肿瘤细胞(circulating tumor cell,CTC)是一种肿瘤标志物,可以从肿瘤进入血液,导致恶性肿瘤发生转移。CTC 的表达水平与癌症患者的病情密切相关,但是 CTC 在外周血中的浓度极低,因此捕获和富集 CTC 对 CTC 的分析鉴定十分重要。

　　传统的单一结合分子识别模式(1 : 1)对于靶标细胞的捕获效率低。针对这一问题,研究人员利用框架核酸拓扑结构,诱导细胞膜表面抗原重排,实现对 CTC 的高灵敏捕获与检测[35]。框架核酸拓扑结构由四条 ssDNA 组装,形成四面体 DNA 框架(TDF)。TDF 的四个顶点上均可以修饰适配体,因此分别制备了含有 1 ~ 3 个适配体的 n-单分子,用于靶向肿瘤细胞膜上过表达的上皮细胞黏附分子(EpCAM)。其中,以 2-单分子作为捕获探针时,TDF 可以牢固地结合在细胞膜上,增强对细胞膜的黏附性,从而提高对 CTC 的捕获率(图 7-37)。例如,利用 2-单分子捕获分别含有 5 个细胞和 10 个细胞的 PBS 溶液,捕获效率分别为 75% 和 65%,表明 2-单分子 TDF 可以高效捕获超低数量的 CTC。此外,修饰有 3 个核酸适配体的 3-单分子 TDF 不仅能增加其与 CTC 的结合亲和力,而且可以有效防止 CTC 的内吞作用。这一方法提高了核酸适配体与细胞膜抗原的结合能力以及 CTC 的捕获效率。

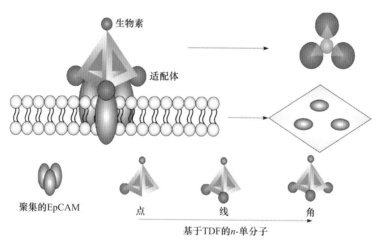

图 7-37　四面体 DNA 框架用于聚集 EpCAM[36]

　　除适配体与框架核酸结合捕获 CTC 外,还可以将修饰有多个适配体的 DNA 纳米球与微流控装置结合,高效捕获缓冲液或血液裂解液中的 CTC。DNA 纳米球由金纳米颗粒（AuNP）与适配体结合形成，每个 AuNP 上可以连接 95 个适配体，增强了 DNA 纳米球对靶标细胞的亲和能力，有利于捕获靶标细胞[37]（图 7-38）。DNA 纳米球与微流体装置结合及捕获细胞的过程为：首先，通过物理吸附将亲和素包被于微流体装置表面。然后，通过生物素与亲和素的相互作用，修饰有生物素的 DNA 纳米球固定在通道上。当含有靶标细胞的样品通过通道时，基于适配体与靶标细胞受体之间的特异性作用，DNA 纳米球可以高效捕获靶标细胞。另外，使用 DNA 纳米球从细胞混合物中捕获人类急性白血病细胞的效率为 92%，远远高于仅使用适配体捕获人类急性白血病细胞的效率（49%）。增加流速可以提高微流体装置的样品通量，从而提高对靶标细胞的分离通量。因此，该平台具有灵敏分离 CTC 的能力，可应用于癌症诊断和监测治疗等领域。

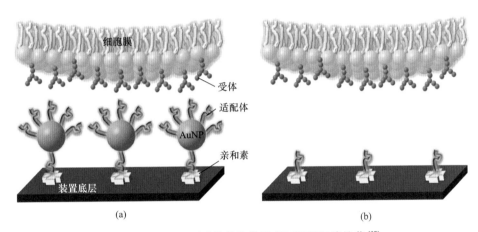

图 7-38　AuNP- 适配体修饰装置表面增强细胞捕获[37]

嵌合抗原受体 T 细胞免疫疗法（CAR-T 疗法）是一种新型精准靶向肿瘤的免疫疗法。利用基因工程技术，在 T 细胞上修饰定位导航装置 CAR（嵌合抗原受体），形成 CAR-T 细胞，从而特异性识别肿瘤细胞，并通过免疫作用释放大量效应因子，高效杀死肿瘤细胞。

CAR-T 疗法的关键是获取足够多的高纯度 T 细胞。研究人员开发了一种利用 DNA 适配体分离表达 CD8 的 T 细胞（CD8+ T 细胞）的技术，高效捕获纯度 > 95% 的 CD8+ T 细胞[38]。利用互补寡核苷酸可将捕获的 T 细胞释放，并且不会在细胞上留下任何痕迹，实现了真正的无痕分离。

研究人员通过改良的 SELEX 技术，筛选出了 3 种对 CD8+ T 细胞具有高亲和力的 DNA 适配体，将筛选出来的适配体修饰到磁珠上。然后将该复合物与外周血单核细胞（peripheral blood mononuclear cell，PBMC）共孵育，靶细胞与修饰在磁珠上的适配体结合。在磁场下将细胞悬浮液施加到色谱柱中，未与适配体结合的细胞在流通过程中被去除，与适配体结合的细胞会保留在色谱柱上，从而实现对靶细胞的筛选（图 7-39）。利用互补寡核苷酸逆转剂可以逆转适配体与靶细胞的结合，将保留在色谱柱上的磁珠标记的 T

细胞与过量的互补逆转剂孵育，实现 T 细胞的释放，达到对 T 细胞的无痕回收目的。这种基于适配体的分离方法能够高效、无标记且便捷地筛选出 T 细胞，有望用于临床规模的细胞治疗中。

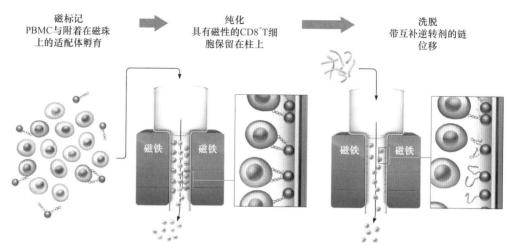

图 7-39　利用适配体分离 T 细胞[38]

7.3.2　外泌体捕获与分离

　　近年来，外泌体被证实具有参与细胞间通信、调节生理病理过程等功能，在疾病的发生发展过程中发挥着重要作用，已作为新兴的疾病诊断标志物和疾病治疗药物。从复杂的生物体系中高特异性、低损伤地分离外泌体是下游检测和治疗等生物应用的重要基础。DNA 适配体是一类具有分子识别能力的 DNA 单链，可以与外泌体表面的靶标分子特异性地结合，在外泌体分离方面极具应用潜力。

　　研究人员开发了一种基于多聚适配体 DNA 网络的外泌体分离策略，实现了复杂生物体系中（血清、培养基等）外泌体的高特异性和低损伤分离[27]。该策略通过酶促滚环扩增反应合成含有多聚适配体的 DNA 超长单链，将 DNA 单链加入生物体系中，含有多聚适配体的 DNA 链能够通过特异性识别外泌体上 CD63 蛋白实现外泌体捕获。随后，加入另一条 DNA 超长单链，两条 DNA 单链通过碱基互补杂交形成交联网络，DNA 网络将捕获的外泌体包封在网络中，实现将外泌体从液态样品分离至固态网络水凝胶中（图7-40）。外泌体的可控释放可以由两种方法实现：①酶降解法，利用脱氧核糖核酸酶降解 DNA 网络实现外泌体的释放；②链置换法，引入与 DNA 网络亲和力更高的置换链，在不破坏网络的情况下实现外泌体的释放。结果表明，通过这两种方法释放的外泌体均保持了良好的结构和成分完整性。利用 DNA 的序列可编程性和适配体的分子识别功能，开发外泌体识别分离新方法，实现对外泌体的高特异性、低损伤分离，有望推动外泌体在生物医学领域的发展和应用。

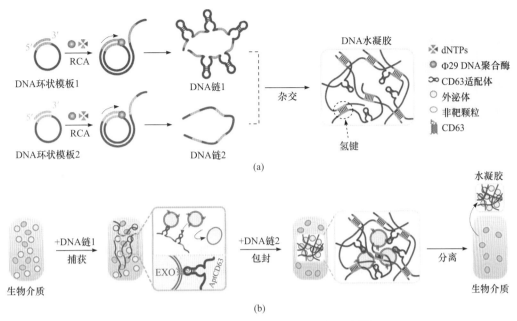

图 7-40　用于外泌体分离的 DNA 水凝胶 [27]

思 考 题

1. 简述指数富集配体系统进化技术（SELEX）筛选适配体的主要步骤。
2. 简述适配体检测铅离子的方法。
3. 简述富含多 T 的 DNA 序列与 Hg²⁺ 的结合原理。
4. 简述 DNAzyme 检测金属离子的过程。
5. 举例说明 Cas12a 蛋白检测 ATP 的过程。
6. 简述噻唑橙（TO）作为荧光指示剂检测氨基酸的过程。
7. 简述荧光共振能量转移（FRET）成像的原理。

参 考 文 献

[1] Chen Y, Li H H, Gao T, et al. Selection of DNA aptamers for the development of light-up biosensor to detect Pb(Ⅱ). Sensors and Actuators B: Chemical, 2018, 254: 214-221.

[2] Chen P P, Wu P, Zhang Y X, et al. Strand displacement-induced enzyme-free amplification for label-free and separation-free ultrasensitive atomic fluorescence spectrometric detection of nucleic acids and proteins. Analytical Chemistry, 2016, 88(24): 12386-12392.

[3] Dave N, Chan M Y, Huang P J J, et al. Regenerable DNA-functionalized hydrogels for ultrasensitive, instrument-free mercury(Ⅱ) detection and removal in water. Journal of the American Chemical Society, 2010, 132(36): 12668-12673.

[4] Wang H, Kim Y, Liu H P, et al. Engineering a unimolecular DNA-catalytic probe for single lead ion monitoring. Journal of the American Chemical Society, 2009, 131(23): 8221-8226.

[5] Yin B C, Ye B C, Tan W H, et al. An allosteric dual-DNAzyme unimolecular probe for colorimetric detection of copper(Ⅱ). Journal of the American Chemical Society, 2009, 131(41): 14624-14625.

[6] Cheng X, Cen Y, Xu G H, et al. Aptamer based fluorometric determination of ATP by exploiting the FRET between carbon dots and graphene oxide. Microchimica Acta, 2018, 185(2):144.

[7] Zhao J, Gao J H, Xue W T, et al. Upconversion luminescence-activated DNA nanodevice for ATP sensing

in living cells. Journal of the American Chemical Society, 2018, 140(2): 578-581.

[8] Peng Y, Li D X, Yuan R, et al. A catalytic and dual recycling amplification ATP sensor based on target-driven allosteric structure switching of aptamer beacons. Biosensors and Bioelectronics, 2018, 105: 1-5.

[9] Peng L, Zhou J, Liu G Z, et al. CRISPR-Cas12a based aptasensor for sensitive and selective ATP detection. Sensors and Actuators B: Chemical, 2020, 320:128164.

[10] Xiong Y, Zhang J J, Yang Z L, et al. Functional DNA regulated CRISPR-Cas12a sensors for point-of-care diagnostics of non-nucleic-acid targets. Journal of the American Chemical Society, 2020, 142(1): 207-213.

[11] Wu C T, Fan D Q, Zhou C Y, et al. Colorimetric strategy for highly sensitive and selective simultaneous detection of histidine and cysteine based on G-quadruplex-Cu(Ⅱ) metalloenzyme. Analytical Chemistry, 2016, 88(5): 2899-2903.

[12] Pu F, Huang Z Z, Ren J S, et al. DNA/ligand/ion-based ensemble for fluorescence turn on detection of cysteine and histidine with tunable dynamic range. Analytical Chemistry, 2010, 82(19): 8211-8216.

[13] Meng H M, Zhang X B, Lv Y F, et al. DNA dendrimer: an efficient nanocarrier of functional nucleic acids for intracellular molecular sensing. ACS Nano, 2014, 8(6): 6171-6181.

[14] Zhang Z K, Liu Y, Liu P F, et al. Non-invasive detection of gastric cancer relevant D-amino acids with luminescent DNA/silver nanoclusters. Nanoscale, 2017, 9(48): 19367-19373.

[15] Xia F, White R J, Zuo X L, et al. An electrochemical supersandwich assay for sensitive and selective DNA detection in complex matrices. Journal of the American Chemical Society, 2010, 132(41): 14346-14348.

[16] Lee J B, Roh Y H, Um S H, et al. Multifunctional nanoarchitectures from DNA-based ABC monomers. Nature Nanotechnology, 2009, 4(7): 430-436.

[17] Wen J L, Chen J H, Zhuang L, et al. Designed diblock hairpin probes for the nonenzymatic and label-free detection of nucleic acid. Biosensors and Bioelectronics, 2016, 79: 656-660.

[18] Wang Q, Yang L J, Yang X H, et al. An electrochemical DNA biosensor based on the "Y" junction structure and restriction endonuclease-aided target recycling strategy. Chemical Communications, 2012, 48(24): 2982-2984.

[19] Zhang K Y, Lv S Z, Lin Z Z, et al. Bio-bar-code-based photoelectrochemical immunoassay for sensitive detection of prostate-specific antigen using rolling circle amplification and enzymatic biocatalytic precipitation. Biosensors and Bioelectronics, 2018, 101: 159-166.

[20] He Y, Chai Y Q, Yuan R, et al. An ultrasensitive electrochemiluminescence immunoassay based on supersandwich DNA structure amplification with histidine as a co-reactant. Biosensors and Bioelectronics, 2013, 50: 294-299.

[21] Wang G F, He X P, Wang L, et al. A folate receptor electrochemical sensor based on terminal protection and supersandwich DNAzyme amplification. Biosensors and Bioelectronics, 2013, 42: 337-341.

[22] Sze J Y Y, Ivanov A P, Cass A E G, et al. Single molecule multiplexed nanopore protein screening in human serum using aptamer modified DNA carriers. Nature Communications, 2017, 8: 1552.

[23] Zhou G B, Lin M H, Song P, et al. Multivalent capture and detection of cancer cells with DNA nanostructured biosensors and multibranched hybridization chain reaction amplification. Analytical Chemistry, 2014, 86(15): 7843-7848.

[24] Chang X, Zhang C, Lv C, et al. Construction of a multiple-aptamer-based DNA logic device on live cell membranes via associative toehold activation for accurate cancer cell identification. Journal of the American Chemical Society, 2019, 141(32): 12738-12743.

[25] Zhu G Z, Zhang S F, Song E Q, et al. Building fluorescent DNA nanodevices on target living cell surfaces. Angewandte Chemie International Edition, 2013, 52(21): 5490-5496.

[26] Zhu G Z, Hu R, Zhao Z L, et al. Noncanonical self-assembly of multifunctional DNA nanoflowers for biomedical applications. Journal of the American Chemical Society, 2013, 135(44): 16438-16445.

[27] Tang J P, Jia X M, Li Q, et al. A DNA-based hydrogel for exosome separation and biomedical applications. Proceedings of the National Academy of Sciences of the United States of America, 2023, 120(28): e2303822120.

[28] Zhao J, Chu H Q, Zhao Y, et al. A NIR Light gated DNA nanodevice for spatiotemporally controlled imaging of microRNA in cells and animals. Journal of the American Chemical Society, 2019, 141(17): 7056-7062.

[29] Li N, Chang C Y, Pan W, et al. A multicolor nanoprobe for detection and imaging of tumor-related mRNAs in living cells. Angewandte Chemie International Edition, 2012, 51(30): 7426-7430.

[30] Jiang Y F, Xu X, Fang X A, et al. Self-assembled mRNA-responsive DNA nanosphere for bioimaging and cancer therapy in drug-resistant cells. Analytical Chemistry, 2020, 92(17): 11779-11785.

[31] He L, Lu D Q, Liang H, et al. Fluorescence resonance energy transfer-based DNA tetrahedron nanotweezer for highly reliable detection of tumor-related mRNA in living cells. ACS Nano, 2017, 11(4): 4060-4066.

[32] Choi H M T, Chang J Y, Trinh L A, et al. Programmable in situ amplification for multiplexed imaging of mRNA expression. Nature Biotechnology, 2010, 28(11): 1208-1212.

[33] Deng R J, Tang L H, Tian Q Q, et al. Toehold-initiated rolling circle amplification for visualizing individual microRNAs in situ in single cells. Angewandte Chemie International Edition, 2014, 53(9): 2389-2393.

[34] Zhao H X, Lv J G, Li F, et al. Enzymatical biomineralization of DNA nanoflowers mediated by manganese ions for tumor site activated magnetic resonance imaging. Biomaterials, 2021, 268:120591.

[35] Yao C, Tang H, Wu W J, et al. Double rolling circle amplification generates physically cross-linked DNA network for stem cell fishing. Journal of the American Chemical Society, 2020, 142(7): 3422-3429.

[36] Li M, Ding H M, Lin M H, et al. DNA framework-programmed cell capture via topology-engineered receptor-ligand interactions. Journal of the American Chemical Society, 2019, 141(47): 18910-18915.

[37] Sheng W A, Chen T, Tan W H, et al. Multivalent DNA nanospheres for enhanced capture of cancer cells in microfluidic devices. ACS Nano, 2013, 7(8): 7067-7076.

[38] Kacherovsky N, Cardle I I, Cheng E L, et al. Traceless aptamer-mediated isolation of CD8[+] T cells for chimeric antigen receptor T-cell therapy. Nature Biomedical Engineering, 2019, 3(10): 783-795.

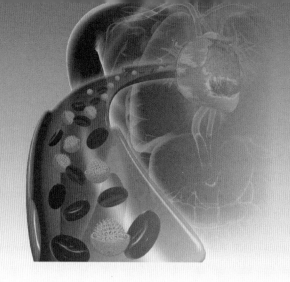

第 **8** 章

核酸功能材料在生物医学中的应用

通过 DNA 序列设计，可实现 DNA 分子的精准组装、智能响应与材料生物活性的调控，以适用于不同的生物医学应用场景。近年来，核酸功能材料在智能药物靶向递送、多药物协同治疗等疾病治疗领域展现出独特优势，为精准医学的发展奠定了重要的材料基础。本章重点介绍核酸功能材料在肿瘤化学治疗、基因治疗和免疫治疗方面的应用。

8.1 化 学 治 疗

化学治疗是指利用化学药物杀伤肿瘤细胞的治疗手段。相较于手术治疗和放射治疗等局部治疗手段，化学治疗主要针对已经转移、有全身扩散倾向或分布于病患全身的中晚期肿瘤患者。

目前化学治疗在临床应用中仍然存在许多问题，主要包括：①化学治疗药物大多溶解性低，在血液环境中稳定性较差；②化学治疗药物随血液循环扩散至全身，易对重要脏器产生损伤，具有较高的全身毒性；③长期使用化学治疗药物易产生多药耐药性，降低药物治疗效果。

核酸功能材料为解决上述问题提供了材料化学基础。利用 DNA 纳米凝胶、DNA 折纸、DNA 多面体和枝状 DNA 等核酸功能材料（图 8-1）装载化学治疗药物，可以实现药物靶向递送，提高药物在体内的稳定性和药物利用率，并降低对正常组织的毒副作用。

8.1.1 DNA 折纸结构

2006 年，美国加州理工学院 Paul W. K. Rothemund（保罗·W. K. 罗特蒙德）在 *Science* 上首次报道了利用 DNA 折纸技术制备的 DNA 纳米结构[1]。DNA 折纸技术利用长单链 DNA 作为支架，数百条短链 DNA 作为订书钉，根据沃森－克里克（Watson-Crick）碱基互补配对原则将订书钉链与支架 DNA 进行杂交组装，形成特定结构。DNA 折纸具有结构可设计性、分子可寻址性及高稳定性等优点，在生物医学领域引起了广泛关注。

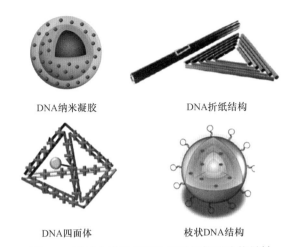

DNA纳米凝胶　　　　　　DNA折纸结构

DNA四面体　　　　　　枝状DNA结构

图 8-1　用于化学治疗药物递送的核酸功能材料

　　针对肿瘤微环境核仁素过表达的特点，研究人员利用 DNA 折纸技术开发了纳米机器人[2]，将凝血酶靶向递送至肿瘤微环境的血管内并实现其特异性释放，诱导血栓形成，切断肿瘤血液供应，高效抑制肿瘤生长，同时降低药物对正常组织的影响。在 DNA 纳米机器人的制备中（图 8-2），研究人员首先用 M13 噬菌体基因组单链 DNA 和多条 DNA 短链组装为二维矩形 DNA 折纸结构，矩形 DNA 折纸表面的四个特定位点分别延伸出带有 poly-A 序列的捕获链。凝血酶分子上修饰有巯基化 poly-T 序列的寡核苷酸链，可以通过碱基互补配对作用与 DNA 折纸表面 poly-A 序列结合，最终每个矩形 DNA 折

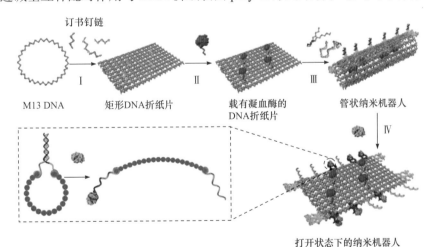

订书钉链

M13 DNA　　矩形DNA折纸片　　载有凝血酶的　　管状纳米机器人
　　　　　　　　　　　　　　　　DNA折纸片

打开状态下的纳米机器人

(a) 凝血酶功能化DNA纳米机器人的构建过程及在核仁素作用下的解构过程

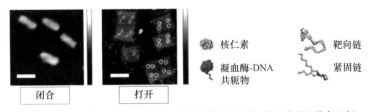

核仁素　　　　　靶向链

凝血酶-DNA　　紧固链
共轭物

闭合　　　打开

(b) 原子力显微镜下DNA纳米机器人的闭合状态（左）和打开状态（右）

图 8-2　基于 DNA 折纸术构建的凝血酶功能化 DNA 纳米机器人[2]

纸上可负载（3.8±0.4）个凝血酶分子。位于矩形 DNA 折纸长边的固定链（含 DNA 适配体 AS1411 序列，可与核仁素特异性结合）两两杂交结合后，负载有凝血酶的矩形 DNA 折纸可沿长边闭合形成直径约 19 nm、长度 90 nm 的中空管状 DNA 纳米机器人。此外，DNA 纳米机器人的两端修饰有含适配体序列的折纸短链，可以确保其良好的肿瘤靶向效果。当固定链识别到肿瘤血管内皮细胞表面过表达的核仁素时，杂交双链结构解离，DNA 纳米机器人解构，暴露出内部负载的凝血酶。DNA 纳米机器人两端各四条 AS1411 链能够保证其在 1 h 内与人脐静脉内皮细胞（HUVECs）达到最大结合，且能够在细胞表面停留 6 h。

DNA 纳米机器人具有良好的血清稳定性，24 h 内大多数纳米机器人结构仍然保持完整。将红色荧光染料 Cy5.5 标记的 DNA 纳米机器人通过静脉注射入乳腺癌小鼠模型，8 h 后定量分析显示，靶向性的 DNA 纳米机器人在肿瘤中的富集是非靶向 DNA 纳米机器人的 7 倍。肿瘤切片分析结果也显示该 DNA 纳米机器人能够有效地结合到肿瘤血管内皮细胞，且 DNA 纳米机器人在注射 24 h 后，被逐步降解或清除，确保了良好的生物安全性。

DNA 纳米机器人在荷瘤小鼠体内展现出了强大的抗瘤功效，且适用于不同血管化水平的肿瘤，可作为一类安全高效的肿瘤治疗药物递送载体。在 MDA-MB-231 乳腺癌小鼠模型中，与对照组（生理盐水组、游离凝血酶组、空载 DNA 纳米机器人、非靶向 DNA 纳米机器人）相比，靶向 DNA 纳米机器人治疗组小鼠肿瘤生长明显更慢，存活时间更长。在 B16-F10 黑色素瘤小鼠模型中，靶向性 DNA 纳米机器人治疗效果最显著，部分小鼠肿瘤完全消退，小鼠存活时间也从 20.5 天（生理盐水组）延长至 45 天。此外，非荷瘤小鼠注射 DNA 纳米机器人后，没有观察到明显的凝血迹象，体内细胞免疫因子水平也相对稳定，验证了 DNA 纳米机器人良好的靶向性和生物安全性。

DNA 折纸结构作为药物递送载体有望克服肿瘤多药耐药的治疗难题。如图 8-3 所示，研究人员利用 DNA 折纸技术自组装形成三角形和管状 DNA 纳米结构，实现了抗癌药物阿霉素（DOX）的有效负载[3]。在材料构建上，首先以 M13 噬菌体基因组单链 DNA（M13 mp18）为骨架，借助 DNA 短链（订书钉链）之间的杂交将其折叠成三角形和管状结构，之后通过共孵育的方式将 DOX 嵌插于 DNA 双链上的 G-C 碱基对之间。两类 DNA 折纸结构可为 DOX 提供大量的嵌插位点，载药率可达 50%～60%，明显高于游离的 M13 mp18（30%）。同时，载药后的 DNA 折纸结构形态并未明显改变，证明其在药物递送方面的应用潜质。

在耐药肿瘤细胞中，一些弱碱性抗癌药物倾向聚集在酸性细胞区室中，不易分散至细胞质或进入细胞核发挥治疗作用。经 DNA 折纸技术组装而成的纳米结构可通过溶酶体途径被细胞摄取，抑制溶酶体的酸化，提高其负载的弱碱性药物活性，从而增强肿瘤治疗效果。细胞毒性实验中，研究人员分别探究了游离 DOX、载有 DOX 的三角形和管状 DNA 纳米结构实验组对人耐药乳腺癌细胞（res-MCF7）的杀伤效率。与游离 DOX 对照组相比，负载 DOX 的两类 DNA 折纸实验组细胞凋亡率大幅上升，证明了这两类 DNA 折纸结构在克服肿瘤耐药问题上的优越性。

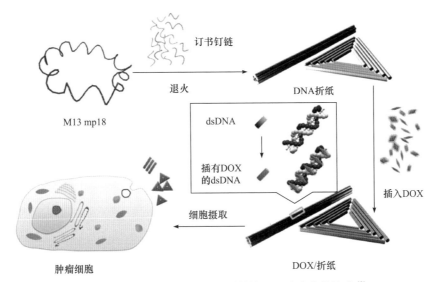

图 8-3　负载 DOX 的 DNA 折纸结构用于肿瘤化学治疗[3]

利用肿瘤微环境弱酸性的特点，研究人员开发了一系列酸响应三角形、方形和管状 DNA 折纸结构用于抗肿瘤药物递送[4]（图 8-4）。DOX 通过非共价作用嵌入 DNA 折纸结构中，可响应肿瘤微酸性环境释放。其中，三角形 DNA 折纸结构易于在肿瘤部位富集，载药后对肿瘤具有最佳的治疗效果。在不同酸碱度的磷酸盐缓冲液（PBS）中评估 DNA 折纸结构的药物释放速率，发现当溶液酸碱度从 pH 7.4 降至 5.5 时，DOX/DNA 折纸结构的药物释放量显著增加（由 20% 升至 35%），证明了 DOX/DNA 折纸结构具

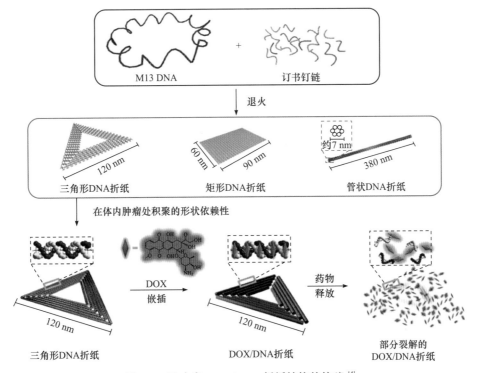

图 8-4　酸响应 DOX/DNA 折纸结构的构建[4]

有良好的酸响应药物释放行为。对 MDA-MB-231-GFP 乳腺癌小鼠模型进行抗肿瘤治疗后发现，生理盐水和未载药 DNA 折纸结构对照组在治疗的 12 天中肿瘤不断增长，游离 DOX 治疗组肿瘤增长缓慢，而 DOX/DNA 折纸治疗后的荷瘤小鼠在第 3 天时肿瘤开始缩小，证明了 DNA 折纸载药系统良好的抗肿瘤效果。此外，DOX/DNA 折纸组小鼠在治疗期间体重未明显降低，表明 DOX/DNA 折纸对小鼠无明显的毒副作用。

　　研究人员在三角形 DNA 折纸结构的基础上进一步开发了风筝形 DNA 折纸结构，用于核酸药物和化疗药物的协同递送，实现化学与基因协同治疗[5]。如图 8-5 所示，三角形 DNA 折纸结构作为递送载体负载 DOX，通过二硫键将 p53 基因（人体抑癌基因）序列连接在三角形 DNA 折纸的一条边上，并在三条边上修饰了靶向癌细胞的 MUC1 黏蛋白适配体。负载 DOX 和 siRNA 的 DNA 折纸结构识别肿瘤细胞表面过表达的 MUC1 黏蛋白，被细胞摄取后，释放 DOX 杀伤肿瘤细胞，实现化学治疗；癌细胞内过表达的谷胱甘肽（GSH）可还原二硫键，使其降解并释放 p53 基因，抑制肿瘤生长，实现基因治疗。

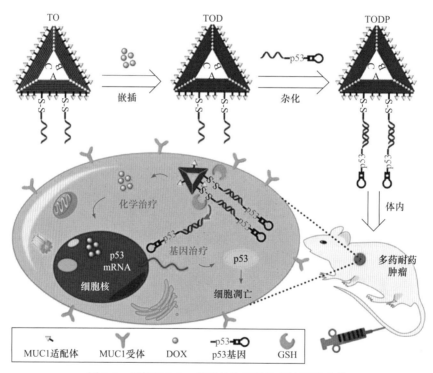

图 8-5　风筝形 DNA 折纸结构用于肿瘤协同治疗[5]

　　体内实验进一步验证了该纳米载体对多药耐药肿瘤的抑制作用。以具有多药耐药抗性乳腺癌（MCF-7R）的小鼠为研究模型，在 24 天内，游离折纸载体（TO）相较于生理盐水对照组未显示出明显肿瘤抑制效果，载有 DOX 或 p53 基因的 DNA 折纸组（TOD 和 TOP）均表现为一定程度的抑制，而同时装配了 DOX 和 p53 基因的折纸治疗组（TODP）则表现出明显的肿瘤抑制效果。治疗结束后，采用实时荧光定量 PCR（qRT-PCR）检测肿瘤组织中 p53 mRNA 的表达水平。与对照组相比，TOP 和 TODP 组的 p53 mRNA 水平高出近 20 倍，证明了同时携带有 DOX 和 p53 基因的折纸结构在肿瘤治疗方面的优越性。此外，与游离 DOX 治疗组相比，TOP 组、TOD 组和 TODP 组的小鼠均没有观察到明显的体重减轻等副作用。

除此之外，研究人员还设计了直链和扭曲的 DNA 折纸纳米管并探究了其药物释放动力学特征[6]（图 8-6）。两种 DNA 纳米管扭曲程度不同，其 DNA 双螺旋结构的松弛度也不同。与直链纳米管相比，扭曲纳米管中每个 DNA 螺旋含有更多的碱基，负载 DOX 效率更高，在 96 μmol/L 药物浓度下，扭曲纳米管的 DOX 封装率比直链纳米管高出 33%。实验进一步表明，扭曲 DNA 纳米管可以在较低的药物剂量下对三种乳腺癌细胞系（MDA-MB-231、MDA-MB-468 和 MCF-7）表现出理想的化疗疗效，是一类十分具有潜力的药物递送载体。

图 8-6 扭曲 DNA 折纸纳米管[6]

8.1.2 DNA 四面体

DNA 四面体由四条单链 DNA 通过 DNA 链间杂交形成，具有多个官能团修饰位点，被广泛应用于生物传感器和治疗诊断学领域。DNA 四面体具有优异的生物相容性和抗核酸酶降解稳定性，作为一种新型药物递送载体表现出可期的应用价值。

自组装 DNA 四面体可以有效克服肿瘤耐药性从而用于耐药乳腺癌的治疗[7]。如图 8-7 所示，该研究利用四条单链 DNA（ssDNA）自组装形成 DNA 四面体结构并负载 DOX。其中，红色荧光基团 Cy5 可共价连接到 DNA 单链，以确定 DNA 四面体在细胞内的位置。利用 DOX 易插入 DNA 双链 G-C 碱基对之间的特性，每个 DNA 四面体可以负载 26 个 DOX 分子，实现了药物的精准高效负载。

与游离的 DOX 不同，载有 DOX 的 DNA 四面体结构通过大胞饮和胞吞途径进入细胞，避免被细胞膜上的泵蛋白识别排出，通过增强耐药细胞内 DOX 的积累来实现对耐药肿瘤细胞的有效治疗。细胞毒性实验表明，对于非耐药肿瘤细胞而言，负载 DOX 的 DNA 四面体和游离的 DOX 表现出的杀伤效果基本相同；对于耐药肿瘤细胞，游离的 DOX 没有明显的杀伤效果，而负载 DOX 的 DNA 四面体可使细胞存活率显著降低，表明 DNA 四面体作为药物载体可以有效克服肿瘤耐药性，提高化疗效果。

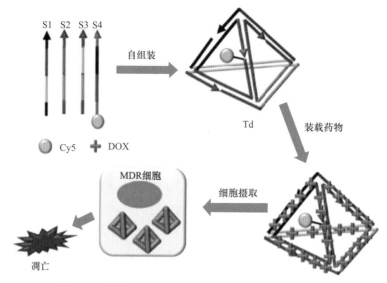

图 8-7　自组装 DNA 四面体用于多药耐药肿瘤治疗 [7]

在癌症治疗过程中，如何有效提高化疗药物的靶向性以降低高剂量带来的毒副作用是亟需解决的一大难题。研究人员开发了一类携带有西妥昔单抗和 DOX 的 DNA 四面体用于抗癌药物的靶向递送 [8]。如图 8-8 所示，DNA 四面体顶点处的巯基可与西妥昔单抗结合，从而特异性地识别并结合乳腺癌细胞上过表达的表皮生长因子受体（EGFR），化疗药物 DOX 则通过非共价作用嵌插入四面体的 DNA 双链间。DNA 四面体第四个顶点上修饰有荧光分子 Cy3，用于 DNA 四面体在体内的示踪成像。随着 DNA 四面体顶点连接西妥昔单抗数量的增加，细胞摄取效率和癌细胞抑制效果得到明显提高。

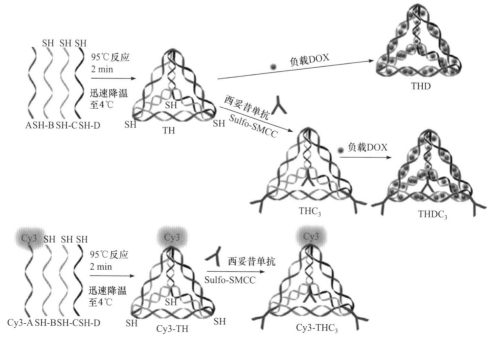

图 8-8　DNA 四面体用于递送 DOX 和西妥昔单抗 [8]

　　钌（Ru）化合物对癌细胞黏附、侵袭和迁移行为具有良好的抑制作用，可作为一类抗癌药物用于肿瘤化学治疗，但仍存在稳定性差和生物安全性低等缺点。为了解决上述问题，研究者们开发了一类新型 DNA 四面体用于钌多吡啶配合物（RuPOP）的递送[9]（图 8-9）。RuPOP 负载在 DNA 四面体的链间，增强了 DNA 纳米结构的稳定性，避免其在溶酶体中降解。DNA 四面体的空间结构可提高其药物负载效率，增大与细胞膜表面的接触面积，同时具有更低的膜弯曲能量屏障，显著增强了细胞摄取效率。此外，通过在 DNA 单链上修饰生物素，DNA 四面体可特异性地靶向人肝癌 HepG2 细胞，实现化疗药物的精准递送。进入癌细胞后，RuPOP/DNA 四面体（Bio-cage@Ru）的小粒径（约 33.5 nm）有利于其穿过核孔进入细胞核，通过 DNA 酶降解释放药物，产生更强的杀伤效果。

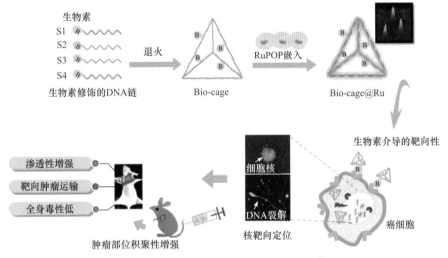

图 8-9　DNA 四面体用于递送 RuPOP[9]

　　活体实验证明，Bio-cage@Ru 增强了 RuPOP 在肿瘤部位的积累和滞留。静脉注射后发现，游离的 RuPOP 分布于小鼠的肝、脾、肺和肿瘤中，而 Bio-cage@Ru 进入血液循环后可通过生物素/受体介导的靶向作用快速积聚在小鼠肿瘤部位并滞留（注射后 6 h）。经 Bio-cage@Ru 治疗后，小鼠肿瘤体积减小至对照组的 1/4，而小鼠体重在 28 天内几乎没有减轻，存活率为 100%，证明了这种 RuPOP/DNA 四面体结构用于体内肿瘤治疗的高效性和安全性。

8.1.3　DNA 纳米颗粒

　　DNA 纳米颗粒由 DNA 单链或双链构成，经金属离子或有机物压缩形成粒径在 10～1000 nm 范围内的颗粒状分散体或固体颗粒。DNA 纳米颗粒作为递送载体具有较强的渗透性和滞留（enhanced permeability and retention effect，EPR）效果，可以降低核酸分子的酶促降解和免疫识别。DNA 纳米颗粒具有高的跨细胞膜运输效率、良好的生物相容性和生物可降解性，对细胞的生长和代谢影响较小，被广泛应用于诊断成像、药物递送和肿瘤治疗领域。

基于滚环扩增反应制备的多功能 DNA 纳米花被成功开发用于肿瘤的化学治疗。在 DNA 材料设计上，首先利用 T4 连接酶将引物和线性 DNA 单链连接为环状模板，通过 Φ29 DNA 聚合酶催化 RCA 反应扩增出大量含有重复序列的长单链 DNA，并以此为构筑单元，自组装成单分散、密集压缩的球状 DNA 纳米花。与传统的利用碱基互补配对构筑 DNA 纳米结构不同，DNA 纳米花通过 RCA 反应过程中产生的焦磷酸盐对长单链 DNA 的矿化形成，其缺口位点稀疏且包封紧密，确保 DNA 纳米花良好的生物稳定性，不易发生酶促降解和变性反应。此外，借助 RCA 模板的合理设计，DNA 长链可被嵌入各种功能元件和治疗基元，如适配体、荧光基团、药物装载位点和反义寡核苷酸等，使合成的 DNA 纳米花具备靶向识别、生物成像、药物递送和基因治疗等多种功能。

基于上述原理，研究人员设计了一种多功能 DNA 纳米花，用于抗癌药物递送和生物体内示踪成像 [10]。通过对 RCA 反应模板的合理设计，扩增得到的 DNA 长单链上含有大量的药物负载位点和靶向癌细胞的适配体 Sgc8，使 DNA 纳米花负载大量抗癌药物的同时又具有靶向识别能力。为实现 DNA 纳米花的成像功能，将荧光基团修饰在反应底物脱氧核苷酸单体 dUTP 上，通过 RCA 反应扩增出大量荧光标记的 DNA 长单链用于纳米花在体内的示踪成像。这种多功能 DNA 纳米花可特异性识别酪氨酸蛋白激酶 7（PTK7）过表达的靶标细胞，并在胞内富集，表现出良好的细胞内化效率。细胞毒性实验结果表明，负载有 DOX 的 DNA 纳米花对癌细胞增殖的抑制作用与游离 DOX 基本相同，而对非靶标细胞没有明显的杀伤作用，验证了 DNA 纳米花作为药物递送载体的高效性与安全性。

基于 RCA 反应开发的多功能 DNA 纳米线团可以实现化疗药物的靶向递送和可控释放 [11]。如图 8-10 所示，利用环状模板的可设计性，经 RCA 反应扩增出带有大量功能

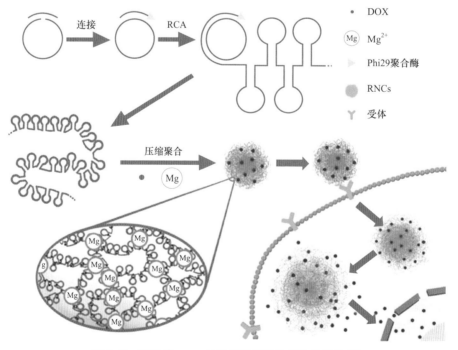

图 8-10　酸响应 DNA 纳米线团用于肿瘤化学治疗 [11]

序列的 DNA 长单链，其上包含可高效负载 DOX 的发夹序列、响应溶酶体酸性环境的 i-motif 序列及靶向癌细胞的 Sgc8 适配体序列。DNA 长单链经 Mg^{2+} 压缩得到的 DNA 纳米线团（Mg-RNC）在透射电子显微镜下呈现 "煎蛋状"，具有相对致密的内部结构和不规则的表面形貌，其直径为 100 nm。RCA 长链上每个重复单元平均可负载约 2.5 个 DOX 分子，具备良好的药物负载能力。

　　Mg-RNC 中大量的 Sgc8 适配体保证了其良好的细胞靶向能力，提高了特异性杀伤肿瘤的效率。在细胞实验中，经 FAM 标记的 Mg-RNC 能够被人 T 淋巴白血病细胞 CCRF-CEM（靶标细胞）高效内化，显示出强烈的荧光信号，而拉莫斯细胞（非靶标细胞）中的荧光强度则十分微弱。细胞毒性实验结果显示，当负载的 DOX 浓度达到 2.5 μmol/L 时，与 Mg-RNC 共孵育的 CCRF-CEM 细胞活力降至 20% 左右，而非靶标细胞没有明显的细胞活力下降。此外，通过 i-motif 序列在不同酸碱度下的构象改变，可以实现 Mg-RNC 中 DOX 的可控释放。体外药物释放实验结果显示，在 72 h 内，Mg-RNC 在 pH 5.0 环境中能够持续释放 DOX，表明 Mg-RNC 能够可控释放化疗药物。

　　此外，RCA 合成的 DNA 长单链可在磁性 Fe_3O_4 纳米粒子表面进行组装，用于化疗药物的靶向递送和可控释放 [12]（图 8-11）。在材料设计方面，氨基修饰的磁性 Fe_3O_4 纳米粒子（Fe_3O_4@SiO_2-NH_2，AMNP）具有超顺磁性、纳米级粒径和良好的生物相容性，可作为纳米结构内核。通过 RCA 反应得到的超长 DNA 单链通过物理交联和静电作用包裹在磁性内核表面，形成 DNA 纳米凝胶外壳。DOX 可以负载于外壳的 DNA 凝聚层，负载率可达 64%。在外部磁场的作用下，装载有抗癌药物的磁性 DNA 纳米粒子（M-DNA

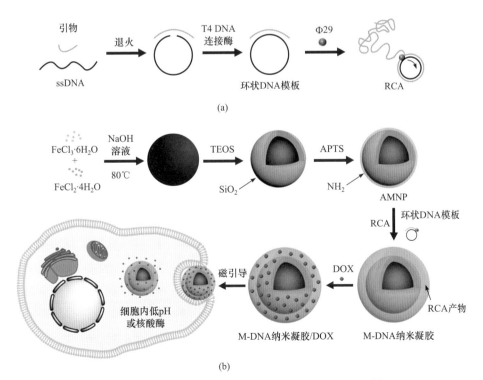

图 8-11　M-DNA 纳米凝胶 /DOX 用于肿瘤化学治疗 [12]

纳米凝胶 /DOX）可被引导至肿瘤部位，响应不同信号（温度、pH 和核酸酶）实现药物的可控释放。

研究人员探究了 M-DNA 纳米凝胶 /DOX 在不同刺激条件下的药物释放行为。结果显示，DOX 的释放效率与温度和核酸酶浓度成正比，与 pH 成反比，表明纳米凝胶能够响应肿瘤微环境的生理信号，从而精准可控释放药物。细胞实验结果显示，M-DNA 纳米凝胶具有低细胞毒性和高生物相容性，能够被肿瘤细胞高效内化，是一种理想的药物递送载体。将浓度不同的 M-DNA 纳米凝胶（25 μg/mL、50 μg/mL、75 μg/mL、100 μg/mL 和 200 μg/mL）与人体神经胶质瘤 U87MG 细胞共孵育 48 h 后，细胞存活率保持在 90% 以上。而负载 DOX 的 M-DNA 纳米凝胶对 U87MG 细胞表现出显著毒性，细胞存活率随材料浓度的增加而降低，证明了 M-DNA 纳米凝胶 /DOX 良好的肿瘤治疗效果。

为进一步研究 M-DNA 纳米凝胶 /DOX 在肿瘤部位的渗透和积累效应，研究者利用外部磁场引导 M-DNA 纳米凝胶 /DOX 穿透接种有 U87MG 细胞的单层滤膜，并使用荧光显微成像技术观察不同时间间隔下的荧光强度。结果显示，相同孵育时间下，外部磁场下的实验组相较于无磁场的对照组表现出更强的荧光信号，且荧光强度随孵育时间的延长而增强，表明外部磁场引导下的 M-DNA 纳米凝胶 /DOX 可在肿瘤细胞内实现高效渗透和积累。

为实现药物的可控释放，研究者们利用 RCA 合成了一种可响应酸性环境降解的 DNA 纳米茧用于抗癌药物 DOX 的递送[13]（图 8-12）。这种药物递释系统由可被脱氧

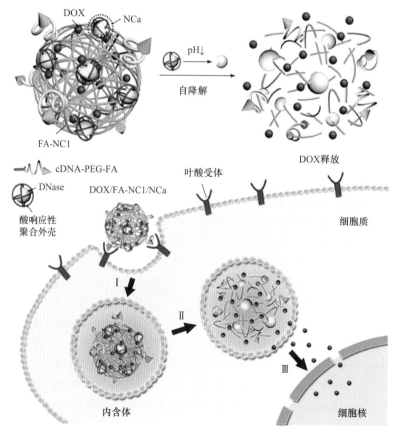

图 8-12 酸响应性自降解 DNA 纳米茧用于肿瘤化学治疗[13]

核糖核酸酶（DNase Ⅰ）降解的 DNA 线团（NC1）和包封有 DNase Ⅰ 的纳米胶囊（NCa）组成。NC1 由 RCA 合成的 DNA 长单链组装而成，其上含有大量的 G-C 碱基对，可为 DOX 提供大量的插入位点，提高药物负载率。NCa 由带负电的 DNase Ⅰ 和带正电的酸降解聚合物外壳组成，并通过静电吸附作用吸附至纳米线团 NC1 上。进入细胞后，在溶酶体酸性条件下，纳米胶囊 NCa 的外壳降解，释放出内部包封的 DNase Ⅰ 切割纳米线团 NC1，茧状结构解离，释放 DOX 发挥治疗效果。此外，为了提高 DOX/NC1/NCa 的肿瘤靶向性，叶酸分子（FA）被整合入 DNA 线团中，可与人乳腺癌细胞表面过表达的叶酸受体特异性结合，实现药物的靶向递送。

　　为了在联合治疗过程中精确启动和顺序控制靶向、富集和治疗等生化事件，从而达到优化疗效的目的，研究者们设计了一种 DNA 纳米复合物（DNC-ZMF），包含级联 DNAzymes 和启动子样锌 – 锰 – 铁氧体（ZMF），用于基因 / 化学动力学联合癌症治疗[14]。如图 8-13 所示，首先通过 RCA 合成含多发夹的 DNA 长链，该长链能够自组装形成 DNA 纳米结构，ZMF 通过静电吸附结合到 DNA 纳米结构表面，形成 DNC-ZMF 复合物。随后，AS1411 适配体引导 DNC-ZMF 特异性结合肿瘤细胞表面过表达的核仁素，发生细胞内吞和溶酶体逃逸。DNAzyme-1 以 Zn^{2+} 为辅因子，催化超长 DNA 链自切割，产生含有 DNAzyme-2 的片段；DNAzyme-2 以 Mn^{2+} 为辅因子，催化 mRNA 裂解，导致

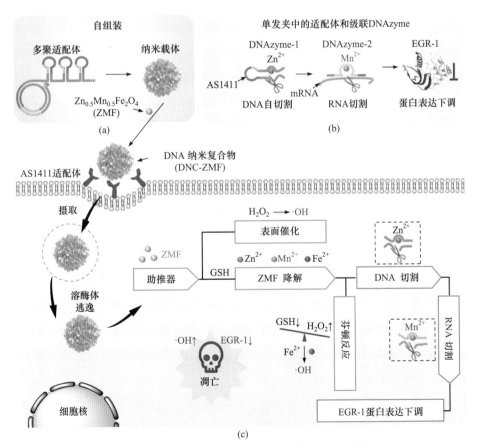

图 8-13　DNA 纳米复合物用于肿瘤化学治疗[14]

早期生长反应蛋白1（early growth response protein 1，EGR-1）表达下调，从而抑制肿瘤细胞增殖，促进肿瘤细胞凋亡，实现基因治疗。此外，ZMF 分解释放的 Zn^{2+}、Mn^{2+} 和 Fe^{2+} 离子催化内源性过氧化氢（H_2O_2）产生用于化学动力学疗法（chemodynamic therapy，CDT）的细胞毒性羟基自由基（·OH），而 GSH（·OH 清除剂）的消耗进一步增强了这一作用。因此，·OH 水平升高和 EGR-1 表达下调实现了联合治疗用于抑制肿瘤生长。

除 RCA 反应外，钳式杂交链式反应（clamped hybridization chain reaction，C-HCR）也可以用于纳米颗粒的合成[15]（图 8-14）。研究者首先合成了两亲性碲醚（$TeEG_2$），并与 Mn（Ⅱ）配位形成复合物（Te/Mn），Te/Mn 与胆固醇修饰的 DNA 共组装形成具有类芬顿催化活性的 DNA 杂化纳米胶束。锚定在纳米胶束表面的 DNA 作为引发链触

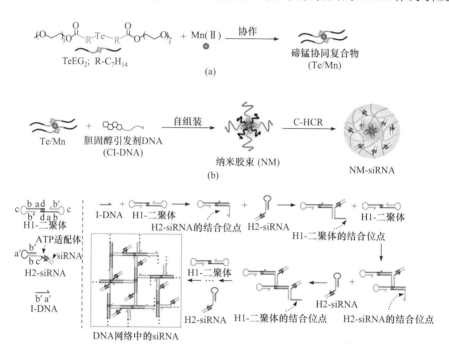

(c) H1-二聚体和H2-siRNA的钳式杂交链式反应

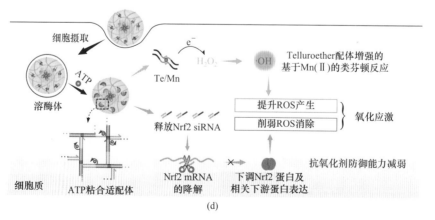

(d)

图 8-14 DNA 纳米胶束用于肿瘤化学治疗[15]

发发夹 DNA（H1 和 H2）进行级联 C-HCR，实现纳米胶束界面的 DNA 网络动态组装。发夹 H2 末端修饰 ATP 适配体，通过碱基互补配对与核酸药物 siNrf2 连接，实现 siNrf2 在 DNA 网络的高效负载。TeEG$_2$ 具有出色的 σ 供电子能力，可促进电子从 Mn（Ⅱ）到 H$_2$O$_2$ 的转移，提高了 Mn（Ⅱ）对类芬顿反应的催化活性，在肿瘤细胞中产生大量高毒性的·OH，实现对肿瘤细胞的化学治疗。同时，在肿瘤细胞内 ATP 分子驱动下，DNA 网络中的 ATP 适配体发生变构，实现 siNrf2 的特异性可控释放，下调转录因子 Nrf2 及其相关抗氧化酶的表达，实现对细胞的基因调控，增强·OH 介导化学治疗的效果。体外和体内实验均表明，基因调控可与化学治疗协同作用增强肿瘤细胞的氧化应激，抑制肿瘤细胞的生长。

基因 / 化学协同治疗为侵袭性癌症的治疗提供了一种很有前途的方法，其中肿瘤相关基因的沉默进一步提高了化疗药物的疗效。研究人员设计了一种基于核酸的功能化纳米材料（NAFN），以实现治疗基因和化学药物在细胞内的精准释放[16]（图 8-15）。核酸纳米复合物由 Y-DNA 与含有 siRNA 的 linker 杂交合成枝状 DNA/RNA 复合体，以提高 RNA 的稳定性。多酚对核酸和蛋白质具有较强的亲和力，且可以作为化疗药物使用，因此利用多酚介导的细胞膜和 NAFN 的组装体系，具有良好的生理稳定性、同源靶向能力和高摄取效率。通过尾静脉给药后，纳米复合体可以特异性地靶向肿瘤细胞。进入肿瘤细胞内部后，由于单宁酸（tannic acid，TA）是一种酸响应组分，因此可以在溶酶体酸性微环境下诱导纳米复合物的分解，释放枝状 DNA/RNA，随后 DNA/RNA 混合双链的 RNA 分子被 RNase H 消化，将枝状 DNA/RNA 转化为 Y-DNA 和 siRNA，特异性地触发纳米复合体系的动态解组装过程。体内实验表明，TA 能够促进肿瘤细胞凋亡，增强了 RNAi 介导的基因沉默，实现优异的基因 / 化学协同治疗效果。

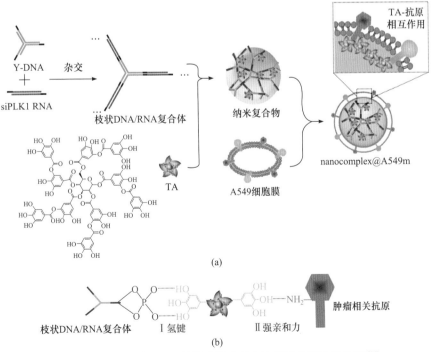

图 8-15 基于枝状 DNA 的核酸纳米复合体用于肿瘤协同治疗[16]

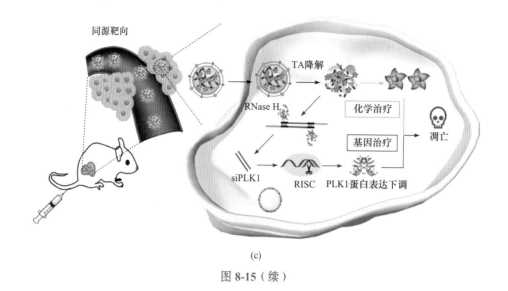

(c)

图 8-15（续）

8.2 基因治疗

　　基因治疗是指利用分子生物学方法将正常基因或有治疗作用的基因导入靶细胞或组织中，纠正基因的缺陷，达到疾病治疗目的的一种生物治疗方法。常用的基因治疗工具包括微 RNA（miRNA）、小干扰 RNA（siRNA）、反义 DNA 和基因编辑工具（CRISPR-Cas 系统）。

　　基因治疗具有高靶向性和低免疫原性的特点，可以敲除特定基因，抑制相关蛋白的表达，并且不会引起激烈的免疫反应。但基因治疗仍存在一些挑战，主要包括：①基因药物稳定性差，在血液中易降解；②基因药物难以直接进入细胞，转染效率低。因此，开发安全高效的基因药物递送载体是基因治疗实现临床应用的关键。目前开发的基因药物递送载体可以分为病毒载体和非病毒载体两类。病毒类载体可能会引起插入诱变和免疫反应，存在一定的安全风险；非病毒类载体由于较高的安全性而受到广泛关注。其中，DNA 纳米结构由于本身的核酸属性，在基因药物递送领域表现出独特的优势，有望实现基因靶向递送，推进基因疗法的临床应用。

8.2.1 DNA 多面体

　　通过寡核苷酸链自组装的方式可以形成多种 DNA 三维结构。DNA 多面体具有优异的生物相容性、稳定的空间结构和可控的粒径，是一种理想的基因治疗药物载体。

　　DNA 四面体设计简单、易于合成，已被广泛开发用于 siRNA 的体内递送[17]（图 8-16）。6 条具有特定序列的 DNA 单链，通过碱基互补配对组装成 DNA 四面体，每条边中部延伸出的悬挂序列可以连接治疗性 siRNA 或结合多种癌细胞靶向配体。该 DNA 四面体水合粒径约 28.6 nm，既可以避免肾脏过滤清除，又可以被细胞高效摄取。药代动力学分析显示，载有 siRNA 的 DNA 四面体在血液中的半衰期（24.2 min）比游离的

siRNA（6 min）长。通过尾静脉向小鼠注射 Cy5 荧光基团标记的 DNA 四面体，用荧光分子断层扫描（FMT）结合计算机断层扫描（CT）定量分析发现，注射 25 min 后，DNA 四面体可以在肿瘤区域聚集；24 h 后 DNA 四面体主要积聚在肿瘤和肾脏，在肝、脾、肺和心脏等其他器官中积聚很少。研究人员进一步对荧光素酶标记的异种移植瘤小鼠进行了体内基因沉默治疗，将连接有抗萤光素酶 siRNA 的 DNA 四面体分别对小鼠进行尾静脉注射和瘤内注射。在注射 48 h 后，尾静脉注射和瘤内注射组的生物发光强度均降低 60%，而直接注射 siRNA 的对照组未观察到生物发光强度的降低。安全性评估显示 DNA 四面体未引起显著的炎症反应，证明 DNA 四面体可作为一种安全高效的 siRNA 递送载体。

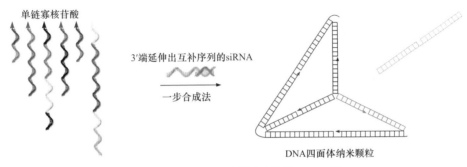

图 8-16　DNA 四面体用于递送 siRNA[17]

　　DNA 四棱柱结构也可以定量负载 siRNA，达到基因沉默效果[18]（图 8-17）。为实现高效的药物包封，siRNA 互补序列两端延伸，可与四棱柱的两条单链 DNA 底边杂交结合。在 siRNA 的两侧引入间隔序列，使得 siRNA 固定在 DNA 四棱柱内部，并提高负载 siRNA 的四棱柱的柔性。这种四棱柱纳米结构可以有效地保护内部封装的 siRNA 免受核酸酶降解，在保证药物稳定性的同时实现了靶向递送。到达治疗部位后，当封装有 siRNA 的 DNA 四棱柱识别抗凋亡基因 Bcl-2 和 Bcl-xl 的 mRNA 时，两端的门控链（红色链）通过链置换反应从笼上脱离，释放出内部封装的 siRNA，通过 RNA 干扰机制（RNAi）发挥治疗作用；而用于结合 Bcl-2/-xl mRNA 的门控链可作为反义寡核苷酸，共同实现基因沉默的联合治疗。

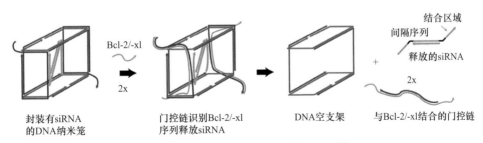

图 8-17　DNA 四棱柱用于递送 siRNA[18]

8.2.2　DNA 纳米组装体

　　RCA 反应可产生大量具有功能序列的长单链 DNA，因此可以大量包封治疗药物或本身含有的治疗序列。长单链 DNA 经过金属离子或有机物压缩等处理可以形成 DNA 纳米颗粒，实现高效的基因治疗效果。基于 RCA 反应的自组装 DNA 纳米颗粒可用于基因治疗序列的高效递送[19]。如图 8-18 所示，首先利用含有反义寡核苷酸（ASO）序列的环状 DNA 模板进行 RCA 反应，通过自组装的方式形成 DNA 微海绵粒子 ODN-MS；ODN-MS 在阳离子聚合物聚 L-赖氨酸作用下重新聚合为纳米球，最后通过包裹阳离子聚合物聚乙烯亚胺（PEI）进一步压缩纳米球，得到多层纳米球 LbL-ODN-NPs。这种层层自组装的方式能够将直径为 1.8 μm 的 DNA 微海绵颗粒压缩成直径为 212 nm 的 DNA 纳米球。

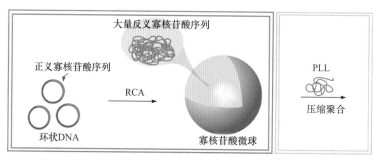

(a) RCA反应合成微海绵结构的寡核苷酸微球ODN-MS　　　(b) ODN-MS在PLL作用下形成纳米球

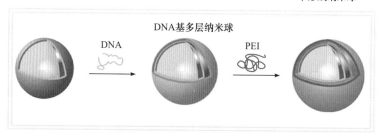

(c) PEI包裹作用下进一步压缩形成多层纳米球

图 8-18　自组装多层 DNA 纳米球合成示意图[19]

　　研究人员通过改变 DNA 纳米球的层数和表面电荷，制备了 Cy5 红色荧光标记的不同类型的 DNA 纳米球。经过压缩的 DNA 纳米球能够在肿瘤部位富集，基因敲除效率高于未经修饰的 DNA 纳米球和脂质体。由于 DNA 纳米球适宜的粒径和带正电荷的特性，其在人卵巢癌细胞 SKOV3 中的细胞摄取效率明显高于未压缩的 DNA 纳米球。由于 DNA 纳米球中高浓度 ASO 的沉默效应，体外基因敲除实验结果显示相关基因表达受到显著抑制，与传统的脂质体转染相比，基因沉默效率提高 50 倍。

　　与 DNA 微海绵颗粒形貌相似，研究人员开发了用于递送 Cas9 核糖核蛋白复合物（RNP）和小向导 RNA（sgRNA）复合物的 DNA 纳米线团[20]（图 8-19）。首先利用 RCA 反应合成长单链 DNA 作为构筑单元，进一步组装成线团形状的 DNA 纳米颗粒。

DNA 纳米线团表面包覆有阳离子聚合物聚乙烯亚胺，能够促进纳米线团的溶酶体逃逸。sgRNA 通过碱基互补作用与构成 DNA 纳米线团的单链 DNA 结合，从而实现 Cas9 RNP 的成功负载。荧光共定位实验表明，DNA 纳米线团在与细胞共孵育的 6 h 内，首先结合细胞膜，然后进入细胞质，最后定位于细胞核。进一步探究材料摄取机制后发现，DNA 纳米线团主要通过膜上脂筏和大胞饮作用进入细胞。体外和体内实验均证明该 DNA 纳米线团可以高效沉默目标基因，实现体外和体内的基因编辑。

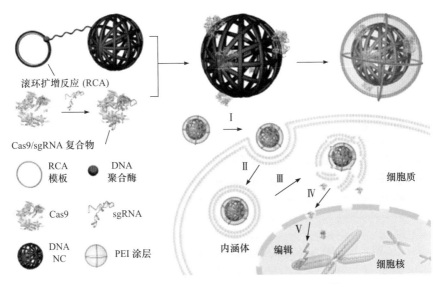

图 8-19　DNA 纳米线团用于递送 Cas9 RNP[20]

　　Cas9 RNP 是 Cas9 蛋白和 sgRNA 的复合物，已被用于下调细胞中的靶基因以抑制肿瘤的进展。脱氧核酶（DNAzyme）是一种具有催化活性的单链 DNA 序列，由于其高催化切割活性和低免疫原性，其已成为一种有前途的治疗试剂。

　　研究人员设计了一种质子可激活的 DNA 纳米系统，以实现 Cas9 RNP 和 DNAzyme 的共递送，用于联合基因治疗[21]（图 8-20）。通过 RCA 反应生成超长单链 DNA 作为纳米系统的支架，在 DNA 链中编程重复的 sgRNA 识别序列、切割目标 mRNA 的 DNAzyme 和 Hha Ⅰ 切割位点。sgRNA 识别序列可以通过碱基互补配对特异性结合 Cas9 RNP。锰离子（Mn^{2+}）一方面作为 DNAzyme 的辅因子，另一方面能够将结合 Cas9 RNP 的 DNA 长单链压缩形成纳米颗粒（DNC）。通过调控 Mn^{2+} 浓度平衡 Cas9 蛋白和 DNAzyme 的催化活性。酸可降解聚合物（聚甘油二甲基丙烯酸酯，PGDA）包裹的 Hha Ⅰ（GHha Ⅰ）组装在 DNC 表面，形成质子可激活的 DNA 纳米系统（H-DNC）。在细胞内溶酶体的酸性环境中，Hha Ⅰ 表面的聚合物涂层被降解，释放的 Hha Ⅰ 切割 DNC 中的特定位点，实现 Cas9 RNP 和 DNAzyme 的可控释放。Cas9 RNP 介导的基因编辑和 DNAzyme 介导的基因沉默实现了肿瘤细胞和荷瘤小鼠中显著的联合治疗效果。该纳米平台有望为其他基因编辑工具和核酸药物提供载体，在基因水平上促进疾病预防和治疗方面具有广阔的前景。

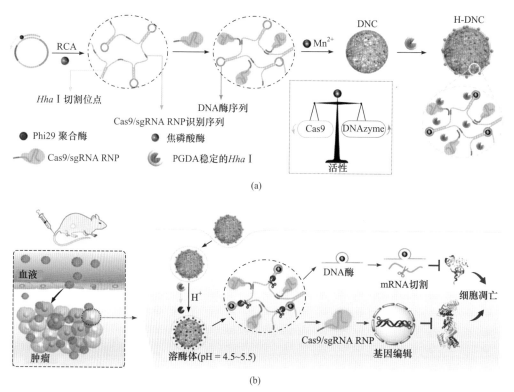

图 8-20　**DNA 纳米颗粒用于 Cas9 RNP 和 DNAzyme 共递送** [21]

　　研究人员开发了一种 DNA- 聚多巴胺 -MnO₂ 纳米复合物（DP-PM），用于近红外光驱动的 DNAzyme 介导的基因治疗 [22]（图 8-21）。纳米复合物具有分层结构：DNA 颗粒（DP）作为内部支架，聚多巴胺 -MnO₂（PM）作为外部涂层。RCA 反应生成的 DNA 长单链自组装形成 DP，包含大量重复的 DNAzyme 单元。通过 $KMnO_4$ 和多巴胺的氧化还原反应制备 PM，由于聚多巴胺和 DNA 碱基之间的 π-π 堆积作用，PM 可以很容易地组装在 DP 表面，形成 DP-PM。当 DP-PM 通过 EPR 效应积聚在肿瘤部位时，在近红外光照射下，PM 上的聚多巴胺通过光热转换诱导肿瘤部位的温度升高；同时，细胞内谷胱甘肽触发 PM 分解释放 Mn^{2+}，激活细胞质中的 DNAzyme 以进行基因沉默。体外和体内实验表明，PM 诱导的温度升高能够增强 DNAzyme 的 Egr-1 mRNA 切割活性，促进肿瘤细胞中 Egr-1 蛋白下调，导致肿瘤细胞的凋亡。此外，温度升高诱发热应激，达到协同消融肿瘤的效果。这项工作为调控 DNAzyme 的体内催化活性提供了一种光控策略，实现了高效的肿瘤治疗，并将促进基于 DNAzyme 基因治疗的临床转化。

　　DNA 纳米结构已被证明是一种很有前途的基因载体。在载体设计中，纳米尺度约束下 DNA 的时空可编程组装是非常重要的，但由于 DNA 的复杂性，整个过程极具挑战性。

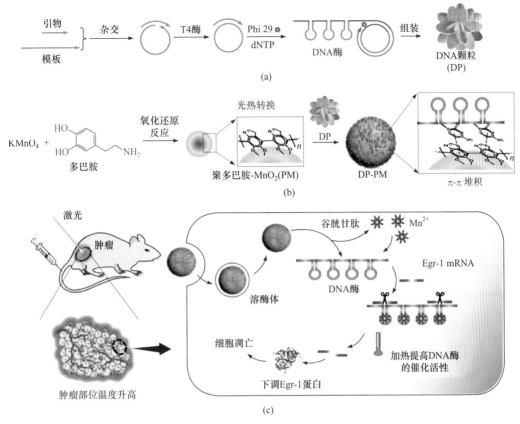

图 8-21　**DNA-聚多巴胺-MnO₂ 纳米复合物用于基因治疗** [22]

研究人员设计了一种聚合物纳米框架中发夹 DNA 的级联杂交链式反应（HCR），以实现纳米约束下 DNA 的时空可编程组装，用于精准的 siRNA 递送 [23]（图 8-22）。利用 N-异丙基丙烯酰胺（NIPAM）、（4-甲基丙烯酰胺苯基）硼酸 4-MAPBA、N, N-亚甲基二丙烯酰胺（Bis）和丙烯酰胺修饰的 DNA，通过沉淀聚合反应制备了 DNA 交联聚合物纳米框架（DPNF）。在 DPNF 中，丙烯酰胺修饰的 DNA 可以触发 H1 和 H2 发夹单体的 HCR 反应。这些单体在其 3′ 端（浅蓝色区域）和 5′ 端（深蓝色区域）分别具有单链趾状物的特点。H1 的环状区域含有 H2 趾状体的互补序列，H2 环状体与 H1 趾状体互补，H1 和 H2 的双链茎是相同的（绿色区域）。在没有触发 DNA 的情况下，发夹 H1 和 H2 可以在环状区域中储存势能，并以亚稳态的形式共存；而在暴露于触发 DNA（DPNF 中的 DNA 交联剂）时，H1 通过脚趾介导的杂交和链侵袭反应被打开，使环状序列自由获取。随后，自由环序列连接到 H2 的脚趾上，引发级联反应，其中 H1 和 H2 交替相互结合，在 DPNF 中形成 DNA 长链。此外，DNA 发夹 H2 上的三磷酸腺苷（ATP）适配体突出，具有相应互补突出的 siRNA 可以与 DNA 发夹 H2 稳定结合，并通过 HCR 过程插入 DPNF 中。通过响应细胞中丰富的 ATP，实现细胞质中 siRNA 的可控释放。

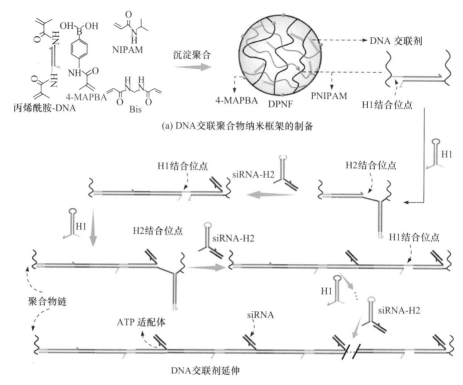

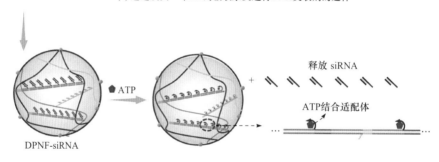

(c) ATP触发的siRNA释放

图 8-22　DNA 交联聚合物纳米框架用于基因治疗 [23]

　　DNA 发夹环内储存的势能可以克服纳米框架内的空间效应，从而启动 DNA 发夹的级联 HCR，实现 siRNA 的高效负载。DNA 和 RNA 之间的设计序列保证了 siRNA 能够在 ATP 响应下在细胞质中释放。将苯硼酸引入 DPNF，通过主动识别肿瘤细胞膜上过度表达的唾液酸残基来增强 DPNF 的细胞摄取，并通过酸性 pH 响应性从带负电荷的四价亲水形式转变为不带电荷的三价疏水形式来促进溶酶体逃逸。细胞实验结果表明，负载 siRNA 的纳米框架下调了相关 mRNA 和蛋白质的表达。体内实验表明，使用负载 siPLK1 的纳米框架具有抑制肿瘤生长的治疗效果。

　　在聚合物纳米框架中实现 HCR 的基础上，研究人员设计发展了一种 DNA 纳米框架的级联动态组装/解组装策略，实现了基因编辑 CRISPR-Cas9 系统的可控递送（图8-23）。研究团队利用沉淀聚合反应合成 DNA 纳米框架，通过两种策略实现了纳米限域内 Cas9 RNP 的高效负载。①通过 HCR 扩大 DNA 纳米框架的内部孔径，同时负载 Cas9 RNP 的组分 sgRNA。② DNA 纳米框架具有独特的相转变特性，在低温（4℃）下转变为溶胀态，暴露出框架内部的 sgRNA，有利于 Cas9 蛋白的结合；当恢复至生理温度（37℃）时，DNA 纳米框架转变为凝聚态，实现对 Cas9 RNP 的高效负载。此外，在纳米框架合成过程中，通过添加含有二硫键的交联剂，赋予 DNA 纳米框架响应癌细胞内高浓度谷胱甘肽（GSH）而动态解散的能力。暴露出的 Cas9 RNP 能够在癌细胞中过表达的核糖核酸酶 H（RNase H）作用下响应释放，实现癌细胞内高效基因编辑。这种多功能的 DNA 纳米框架在乳腺癌细胞及小鼠乳腺癌皮下肿瘤模型的治疗中取得了显著效果，并对正常细胞和组织具有良好的生物相容性。这一 DNA 纳米框架动态组装 / 解组装策略为基因药物的可控递送提供了有潜力的解决方案，有望促进精准医疗的发展。

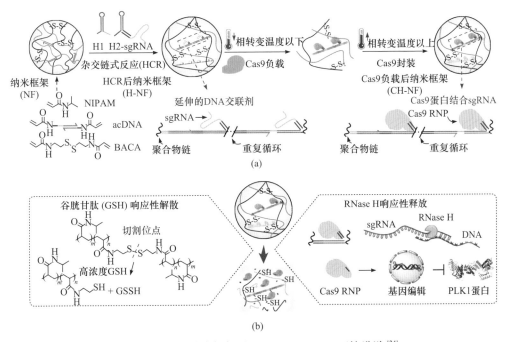

图 8-23　DNA 纳米框架用于 CRISPR-Cas9 可控递送 [24]

研究人员利用沉淀聚合反应合成 DNA 纳米框架，高效负载 Cas9 RNP 和 ASO，实现了在乳腺癌细胞中的可控释放，验证了基因编辑和基因沉默在细胞和活体水平的协同基因治疗（图 8-24）。DNA 纳米框架具有独特的相转变特性，并且修饰有能够与三元复合物（sgRNA/ASO/Cas9）碱基互补配对结合的 DNA 连接位点。在低温（4℃）下，DNA 纳米框架转变为溶胀态，暴露出框架内部的 DNA 连接位点，通过碱基互补配对克服空间位阻，结合三元复合物；当恢复至生理温度（37℃）时，DNA 纳米框架转变为凝聚态，实现对三元复合物的高效负载。三元复合物精准的分子设计能够响应癌细胞中过表达的核糖核酸酶 H（RNase H）和瓣状核酸内切酶 1（FEN1），通过特异性酶促切割反应实现 Cas9 RNP 和 ASO 的可控释放。Cas9 RNP 介导的基因编辑和 ASO 介导的基因沉默实现了协同的基因治疗效果，在乳腺癌细胞及小鼠乳腺癌皮下瘤模型的治疗中取得了显著效果,并对正常细胞和组织具有良好的生物相容性。

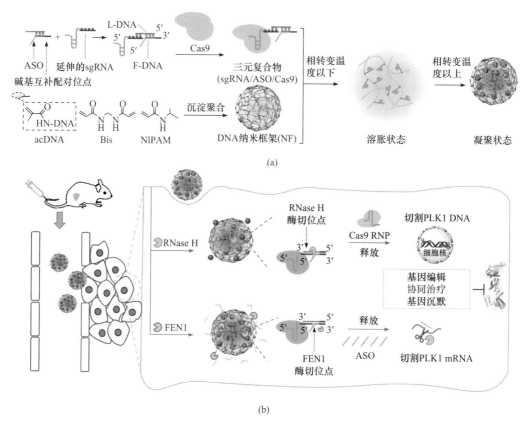

图 8-24　DNA 纳米框架用于协同基因治疗 [25]

8.2.3　枝状 DNA

　　枝状 DNA 结构由互补配对的 DNA 或 RNA 单链组装而成,具有多个分支臂(如 X 型或 Y 型结构),多个分支状单体可进一步组装形成 DNA 纳米颗粒或水凝胶。这些枝状大分子聚合物具有单分散性、高稳定性和高细胞摄取效率的特点,在生物医学领域具有广泛的应用前景。

　　为实现高效的肿瘤协同治疗,研究者们构造了一种可同时运输 sgRNA/Cas9 和 ASO 的枝状 DNA 纳米颗粒 [26](图 8-25)。首先以叠氮化物修饰的 β- 环糊精 CD-7N3 为中心,连接二苯并环辛炔(dibenzocyclooctyne,DBCO)修饰的寡核苷酸链形成分支结构 Apt-7F、HA-7R。Apt-7F 上连接用于靶向肿瘤细胞的适配体,HA-7R 上连接有助于内含体逃逸的血凝素 HA。7F、7R 分别与连接序列两端单链结合,3′ 端延伸的 $sgRNA_L$ 与连接序列中部的反义寡核苷酸结合,共组装形成球状纳米颗粒。进入细胞后,在谷胱甘肽作用下,DNA 纳米颗粒中的二硫键被切断,形成 $sgRNA_L$ 与 ASO 复合物,并进一步在核糖核酸酶的作用下解离为 sgRNA 和 ASO 单体,分别用于基因编辑和基因沉默,实现肿瘤协同治疗。

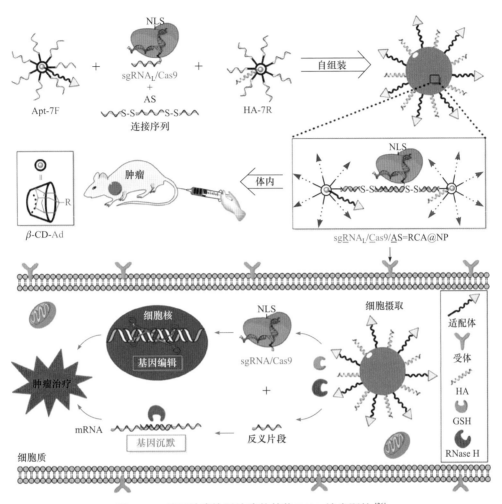

图 8-25　用于肿瘤协同治疗的枝状 DNA 纳米颗粒 [26]

　　该 DNA 纳米颗粒直径约 120 nm。细胞实验结果表明 DNA 纳米颗粒具有良好的肿瘤靶向性，容易被细胞摄取。基因编辑和基因沉默的实验结果显示，同时带有 Cas9/sgRNA 和 ASO 的纳米颗粒与细胞共孵育后，80% 细胞中绿色荧光蛋白（EGFP）的表达受到抑制，细胞凋亡达 90% 以上，PLK1 mRNA 的表达水平下降，PLK1 基因剪切效率高。动物实验表明，该纳米颗粒可有效地在肿瘤部位聚集，并表现出对肿瘤生长的抑制作用，没有明显的全身毒性。小鼠体内 EGFP 荧光强度下降，肿瘤体积变小，PLK1 mRNA 表达下调，达到基因编辑和基因沉默的协同治疗效果。

　　具有枝状形貌的柔性 DNA 连接接头（DNA-J）用于构建基因纳米粒子，实现目标基因的运输 [27]。如图 8-26 所示，首先用 DNA 限制性内切酶 *Bbs* I 对目标基因进行切割并产生特定的黏性末端 [CCCC]，然后通过硫醇 - 迈克尔加成反应得到枝状 DNA A³，并进一步连接上与分支碱基序列互补的 DNA 片段 S¹，从而得到分支末端带有 [GGGG] 突出序列的柔性 DNA 连接接头（DNA-J）。在 T4 连接酶的作用下，DNA-J 与目标基因进一步组装并压缩为基因纳米粒子。体外消化实验证明，经压缩后的基因纳米粒子能够有效地保护目标基因免受核酸外切酶Ⅲ的消化降解。共聚焦和流式细胞分析实验表明，压缩后的基因纳米粒子能够在真核细胞 HEK-293A 中稳定有效地表达 EGFP，证明了该纳米颗粒作为基因运输工具的独特优势。

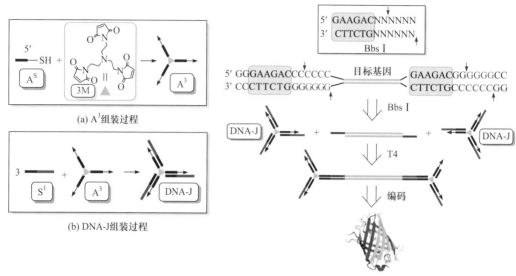

(a) A³组装过程

(b) DNA-J组装过程

(c) DNA-J和*Bbs* I 辅助构建多线性基因载体

图 8-26   基于柔性 DNA 连接接头的多线性基因纳米粒子用于肿瘤基因治疗[27]

小分子核糖核酸（microRNA，miRNA）是真核生物中广泛存在的一种长 21 ～ 23 个核苷酸的核糖核酸分子，可调节相应基因的表达。miRNA 的失调涉及肿瘤发生的起始、发展、侵袭和转移。异常表达的致癌 miRNA 是一类疾病治疗干预的良好靶点，DNA 纳米结构可通过定向捕获过表达的致癌 miRNA 来抑制癌细胞增殖。研究人员设计了三种不同构型的 DNA 纳米管（单链、双链和发夹结构），来捕获两种常见的过表达 miRNA（miR-21 和 miR-155）[28]。如图 8-27 所示，Y 型结构 DNA 由一条核 DNA 链 L 分别和三条 DNA 链（M 链、S 链和 S′链）组成，其中 M 链带有靶向 miRNA 的功能单元，可通过碱基互补配对作用结合目标 miRNA。两个弯曲 90° 的 Y 型结构 DNA 彼此相连，组成一个两端携带有六个捕获 miRNA 功能单元的纳米管结构。为了探究结构效应对 miRNA 捕获效率的影响，分别将功能单元设计为单链、双链和发夹三种构型。

细胞毒性实验结果显示，三种 DNA 纳米管都能够显著降低目标 miRNA 的表达水平并抑制癌细胞的生长，miRNA 捕获效率不仅依赖于浓度，还与纳米管的结构设计相关。其中，悬挂有单链结构的 DNA 纳米管对 miRNA 的捕获效率明显高于带有双链和发夹结构的 DNA 纳米管。这类经过合理设计的 DNA 纳米结构本身可作为一种核酸药物，为针对过表达 miRNA 的癌症治疗提供了新思路和新方法。

RNA 干扰（RNAi）是由双链 RNA 诱发的基因沉默现象，其机制是导致同源的内源性 mRNA 降解，从而降低目标蛋白表达，现已成为治疗癌症和阿尔茨海默病等疾病的新兴治疗方法。DNA 自组装纳米结构可以有效保护单链小干扰 RNA（ssRNA）的结构，使其不受核酸酶的降解，从而提高 ssRNA 的稳定性和转染效率。基于此，研究人员成功开发了一种 RNA-DNA 杂交的三角形自组装纳米颗粒，用于 ssRNA 的递送[29]（图 8-28）。

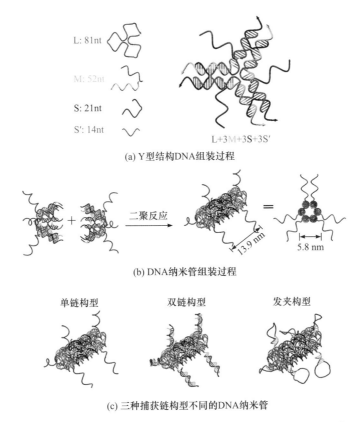

L: 81nt

M: 52nt

S: 21nt

S': 14nt

L+3M+3S+3S′

(a) Y型结构DNA组装过程

二聚反应

13.9 nm

5.8 nm

(b) DNA纳米管组装过程

单链构型　　　双链构型　　　发夹构型

(c) 三种捕获链构型不同的DNA纳米管

图 8-27　用于捕获过表达的致癌 miRNA 的 DNA 功能纳米管 [28]

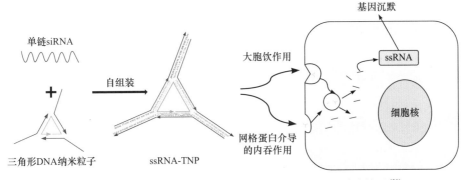

基因沉默

单链siRNA

大胞饮作用

ssRNA

自组装

细胞核

三角形DNA纳米粒子

ssRNA-TNP

网格蛋白介导
的内吞作用

图 8-28　负载 mTOR 单链小干扰 RNA 的三角形 DNA 纳米粒子 [29]

　　首先，由一条具有三段重复序列的长 DNA 中心链和三条相同的短 DNA 外围链组装为三角形纳米粒子，三角形三边延伸出的单链 DNA 部分可与靶向雷帕霉素靶蛋白 mTOR 的单链小干扰 RNA（mTOR-ssRNA）结合，组装为负载有 ssRNA 的三角形纳米颗粒（ssRNA-TNP）。ssRNA-TNP 可通过大胞饮作用和网格蛋白介导的内吞作用进入细胞，发挥治疗效果。细胞实验结果显示，ssRNA-TNP 在 NCL-H292 细胞中的转染效率表现出对剂量和孵育时间的高度依赖，并高于相同剂量或孵育时间下 mTOR-siRNA

的转染效率。此外，相同剂量下的 ssRNA-TNP 相较于单独的 siRNA 能更有效地抑制 mTOR 的 mRNA 水平及其蛋白的表达。上述特点使 ssRNA-TNP 可作为一种高效的基因传递系统，用于基因沉默和基因治疗。

8.3 免疫治疗

肿瘤免疫治疗是指应用免疫学原理和方法，通过激活体内的免疫细胞和增强机体抗肿瘤免疫应答，特异性地清除肿瘤微小残留病灶、抑制肿瘤生长，打破免疫耐受的治疗方法。免疫治疗具有副作用小、治疗适应性广及治疗效果明显的优势。肿瘤免疫治疗一方面促进免疫细胞识别并清除肿瘤细胞，另一方面消除或降低肿瘤细胞诱导的免疫抑制信号，进而增强机体对肿瘤的自然免疫防御，重塑免疫微环境。免疫治疗中主要参与的免疫细胞有树突状细胞、巨噬细胞和 B 淋巴细胞，受到免疫刺激后可产生具有抗癌作用的细胞因子，如肿瘤坏死因子-α（TNF-α）、白细胞介素 6（IL-6）和白细胞介素 12（IL-12）等。基于核酸功能材料的肿瘤免疫疗法重点在于递送与免疫相关的核酸适配体或治疗性序列，提高免疫细胞对肿瘤细胞的识别和杀伤作用，防止肿瘤细胞免疫逃逸。与基因治疗方法类似，核酸适配体和治疗性序列也存在易受核酸酶降解、细胞内化效率低等问题，核酸功能材料的成功开发为两种功能核酸的高效递送提供了可行的思路。

8.3.1 核酸适配体免疫疗法

免疫检查点阻断疗法旨在阻断 T 细胞上的肿瘤免疫检查点，使细胞毒性 T 淋巴细胞免疫系统的功能正常化从而发挥抑瘤作用，现已成为一种应用前景广阔的肿瘤免疫治疗策略。然而，受许多肿瘤细胞的免疫原性低和肿瘤中普遍存在的免疫抑制微环境的影响，免疫检查点阻断疗法的临床应用仍然面临巨大挑战。基于核酸纳米递药系统的免疫检查点阻断疗法有望增强药物的肿瘤渗透性、改善体内代谢行为、提高免疫治疗药物的递送效率并降低毒副作用。

研究人员设计了一种可以被 Cas9/sgRNA 精确切割的 DNA 水凝胶，用于可阻断免疫检查点的 DNA 适配体的精准释放 [30]。如图 8-29 所示，利用 RCA 反应得到了含有程序性死亡受体（PD-1）适配体的重复序列及 sgRNA 的目标序列，通过内部位点交联形成水凝胶。当暴露于 Cas9/sgRNA 时，含 PD-1 适配体的 DNA 水凝胶（PAH）能够失去凝胶特性，定点释放可阻断 PD-1 免疫检查点的 PD-1 适配体，激活免疫系统，达到治疗肿瘤的效果。

体内实验证明，Cas9/PAH 能够在肿瘤部位大量富集。将标记有 Cy5.5 荧光基团的各组样品进行小鼠皮下注射，发现相较于游离的 PD-1 适配体，PAH 和 Cas9/PAH 在注射后荧光信号保留时间较长。进一步探究 Cas9/PAH 对免疫抑制细胞的激活作用后发现，游离 PD-1 适配体、PAH 和 Cas9/PAH 处理组脾细胞白介素 -2 的分泌依次递增，其中 Cas9/PAH 处理的脾细胞激活效果最好，白介素 -2 的分泌恢复至 85.6%。动物实验结

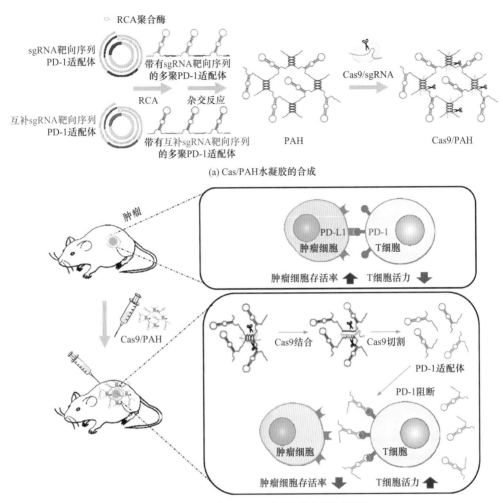

(a) Cas/PAH水凝胶的合成

(b) 肿瘤微环境下Cas/PAH水凝胶的免疫治疗过程

图 8-29 可被 **Cas9/sgRNA** 切割的聚 **PD-1** 适配体水凝胶用于肿瘤免疫治疗 [30]

果证明了 Cas9/PAH 具有良好的抗瘤效果。仅用游离 PD-1 适配体和单独的 PAH 处理的小鼠在肿瘤体积上没有显著差别，而 Cas9/PAH 处理的小鼠肿瘤体积显著下降，存活率更高，在接种 50 天后仍能保持 90% 的存活率。

除程序性死亡受体 PD-1 外，细胞毒性 T 淋巴细胞相关蛋白 4（CTLA-4）也是一类广泛研究的癌症免疫治疗靶点，与肿瘤细胞表面的受体结合后抑制 T 细胞的正常功能，导致肿瘤细胞的免疫逃逸。利用配体指数富集法（SELEX）和下一代测序法（NGS）开发出的新型 CTLA-4 拮抗核酸适配体（图 8-30），可以用于封锁 T 细胞表面的 CTLA-4，使 CD28 受体能够重新与抗原呈递细胞表面的 B7 配体结合，激活 T 细胞免疫通路 [31]。细胞实验结果表明，筛选得到的 CTLA-4 适配体能够与 HEK293T 细胞表面过表达的 CTLA-4 绿色荧光蛋白紧密结合，同时也能有效识别小鼠 T 淋巴细胞表面的 CTLA-4 蛋白，有利于提高 T 细胞活性。

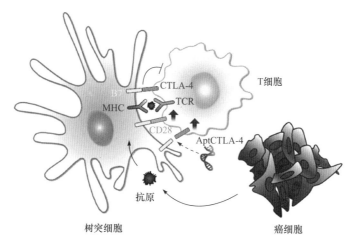

图 8-30　由 SELEX 筛选出的 CTLA-4 适配体用于癌症免疫治疗 [31]

利用小鼠肿瘤模型对 CTLA-4 适配体的体内生物功能进行探究后发现，CTLA-4 适配体能够有效抑制小鼠体内的肿瘤生长。免疫组织化学实验结果表明，CTLA-4 适配体的治疗显著增加了肿瘤浸润淋巴细胞（CD 45+）的数量和细胞毒性 T 淋巴细胞（CTL）的百分比，进一步证明了适配体的抗瘤效果。此外，小鼠体内实验中 CTLA-4 适配体治疗组天冬氨酸转氨酶（GOT）、丙氨酸转氨酶（GPT）和血尿素氮（BUN）水平稳定，对肝脏和肾脏没有明显毒性，生物安全性良好。以上实验结果都表明了该 CTLA-4 适配体在肿瘤免疫治疗中的巨大潜力。

免疫细胞治疗作为一类潜力巨大的癌症治疗方法，近年来广受研究者关注。多种免疫细胞被开发为免疫治疗剂，包括自然杀伤（NK）细胞、嵌合抗原受体 T（CAR-T）细胞和巨噬细胞等。然而，免疫细胞在癌症免疫治疗中的应用仍然面临许多挑战，其中之一就是保证其与癌细胞高效的结合力。强有力的免疫细胞 – 癌细胞相互作用具有提高治疗效果、减少毒副作用和降低生产成本等优点。为保证免疫细胞与癌细胞高效的结合力，研究者们开发了可在免疫细胞表面合成的基于核酸适配体的多价抗体模拟物，增强 NK 细胞对癌细胞的免疫杀伤作用 [32]。合成方法分为三个步骤：首先利用脂质嵌入法在细胞表面装配 DNA 引发剂（DI），若干个 DNA 单体（DM）在 DI 基础上逐步组装为 DNA 支架，其分支结构可作为"脚趾"，为适配体杂交提供位点，使最终合成的多聚抗体类似物（PAM）具备与抗体五聚体相似的多价特征（图 8-31）。研究使用 K562 癌细胞系作为治疗目标，并利用 SELEX 技术成功筛选出可靶向 K562 癌细胞的适配体，保证了 PAM 高效的靶向识别能力。在显微镜下，PAM 修饰的 NK 细胞能够快速且稳定地结合 K562 细胞，一个 NK 细胞上甚至可以同时结合多个 K562 细胞。此外，PAM 在细胞表面的原位合成对细胞活性没有影响，证明了 PAM 良好的生物相容性。

多价抗体修饰相较于传统方法（单价抗体修饰）具有一定的优势。利用双色流式细胞分析对 NK-K562 细胞的黏附进行定量分析后发现，与未修饰的 NK 细胞相比，单价抗体类似物（MAM）修饰的 NK 细胞和 PAM 修饰的 NK 细胞识别 K562 细胞的效率分

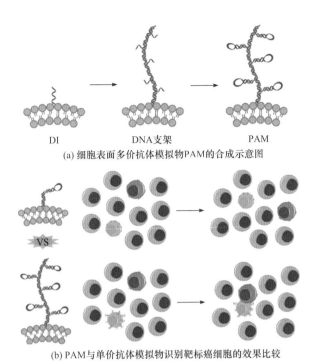

DI　　　　DNA支架　　　　PAM

(a) 细胞表面多价抗体模拟物PAM的合成示意图

VS

(b) PAM与单价抗体模拟物识别靶标癌细胞的效果比较

图 8-31　基于核酸适配体的多价抗体模拟物 PAM 用于癌症免疫治疗 [32]

别提高 53% 和 214%，证明 MAM 和 PAM 修饰都可以增强免疫细胞 – 癌细胞间的相互作用，且多价修饰可以使细胞识别效果更好，对癌细胞的杀伤效率也更高。同时，为了模拟免疫细胞所处的真实血管环境，将 NK-K562 细胞置于流动剪切应力下观察其相互作用，结果表明，随着剪切应力的增加，各实验组 NK 细胞与 K562 细胞的结合相应减少，而 PAM-NK 细胞比 MAM-NK 细胞表现出更高的识别及杀伤能力。相比于基因工程改造免疫细胞可能导致的插入突变风险，这种在免疫细胞表面原位合成多价抗体的非基因改造方法保证了肿瘤治疗的高效性和安全性，同时可扩展至其他免疫细胞的功能化修饰。

与多价抗体模拟物的组装不同，双适配体修饰的 NK 细胞也可用于增强实体肿瘤的免疫治疗 [33]。通过代谢聚糖生物合成反应和点击化学反应，在 NK 细胞表面修饰可分别靶向人肝癌细胞 HepG2 和肿瘤表面 PD-L1 蛋白的特异性适配体，能够实现肿瘤细胞特异性靶向，同时具备阻断 PD-L1 免疫检查点的能力（图 8-32）。与亲代 NK 细胞或修饰有单适配体的 NK 细胞（NK、T-NK、P-NK）相比，这种双特异性适配体修饰的 NK 细胞（T-P-NK）与肝癌细胞的结合力更强，单个肝癌细胞上结合更多 T-P-NK 细胞。T-P-NK 组细胞因子分泌水平更高，诱导肿瘤细胞凋亡 / 坏死更多，显著上调肝癌细胞中 PD-L1 的转录表达水平，通过阻断免疫检查点来更好地发挥免疫治疗效果。

NK 细胞在肿瘤组织中的浸润性对于发挥其杀伤作用至关重要。活体成像结果显示，在 T-P-NK 细胞处理过的肿瘤内部区域能够观察到显著的荧光信号，证明了 T-P-NK 细胞在肿瘤中的高度浸润性。小鼠肿瘤切片的共聚焦成像结果也进一步证实了 T-P-NK 细胞优异的靶向能力和肿瘤浸润作用。同时，T-P-NK 治疗的肝癌小鼠与其他 NK 对照组

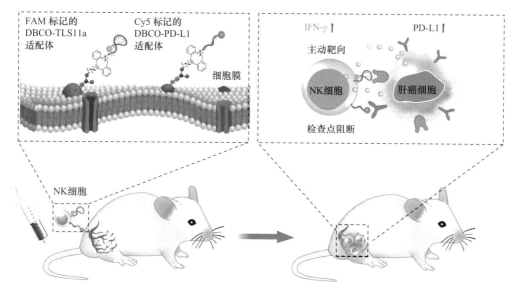

图 8-32　双特异性适配体修饰的 NK 细胞用于癌症免疫治疗 [33]

相比，肿瘤生长抑制作用显著，证明了该双特异性适配体修饰的 NK 细胞在癌症免疫疗法中的巨大潜力。

　　MUC1 是一种常见于癌细胞表面的过度表达的糖蛋白，可作为癌症治疗的理想靶点。目前已开发出针对 MUC1 的药物递送系统，如修饰有核酸适配体的靶向 MUC1 过度表达肿瘤细胞的药物载体、基于 MUC1 蛋白诱导抗癌 T 细胞反应的肿瘤疫苗，以及携带光敏剂的 MUC1 适配体用于光动力治疗等。基于此，研究人员设计了一种新型的两亲性纳米粒子用于提升 NK 细胞对肿瘤细胞的杀伤效果 [34]。如图 8-33 所示，通过生物素 – 链霉亲和素在纳米粒子表面连接 CD16 和 MUC1 适配体，可分别与 CD16 高表达

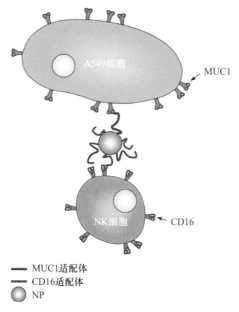

图 8-33　两亲性纳米粒子用于癌症免疫治疗 [34]

的免疫细胞 PBMC 和 MUC1 过表达的肺癌细胞 A549 结合。与未修饰的纳米粒子相比，适配体修饰的两亲性的纳米粒子可使更多的 NK 细胞附着于 A549 细胞周围，从而显著增强 NK 细胞的抗癌杀伤作用。细胞毒性实验表明，该纳米粒子仅能够提升 NK 细胞对 MUC1 过表达的 A549 细胞的杀伤作用，而对 MUC1 表达不足的 MDA-MB-231 细胞则无毒性作用，进一步证明了该两亲性纳米粒子用于免疫治疗的优越性。

除在免疫细胞表面进行核酸适配体组装外，研究者们还利用酶法合成制备了一种可直接靶向 MUC1 和 CD16 高表达细胞的双特异性核酸适配体（BBiApt）[35]。BBiApt 由两个 MUC1 适配体和两个 CD16 适配体组成，并通过三个 60 nt 的 DNA 间隔区连接，共含有 420 个核苷酸。之后将设计好的 BBiApt 序列克隆至 PUC118 质粒中并转染 JM109 大肠杆菌，通过大肠杆菌和辅助噬菌体的共孵育，扩增含 BBiApt 的单链噬菌体 DNA，最后使用限制性核酸内切酶提取 BBiApt。与游离的两种核酸适配体相比，BBiApt 对 MUC1 过表达的肿瘤细胞和 CD16 高表达的免疫细胞都表现出更强的亲和力，可在肿瘤细胞表面附着更多的免疫细胞，发挥更好的免疫治疗效果（图 8-34）。

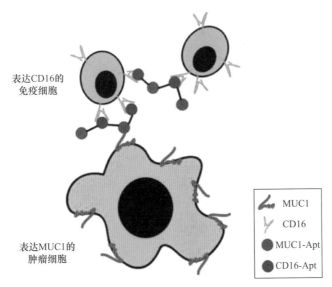

表达CD16的免疫细胞

表达MUC1的肿瘤细胞

	MUC1
	CD16
	MUC1-Apt
	CD16-Apt

图 8-34　二价双特异性核酸适配体（BBiApt）用于癌症免疫治疗 [35]

8.3.2　基于 CpG 核酸序列的免疫疗法

非甲基化胞嘧啶 – 鸟嘌呤二核苷酸（CpG）序列是一种常见的免疫刺激剂，可以特异性识别免疫细胞内含体膜上广泛表达的 Toll 样受体 9（TLR9），激活 TLR9 介导的信号通路，促进免疫相关细胞因子的表达，激发免疫应答。然而，CpG 序列的活性有限，需要重复给药或高剂量注射才能获得所需效果，限制了 CpG 序列的潜在应用。因此，如何提高 CpG 序列的生物活性以达到高效、稳定和安全的治疗效果是研究者们重点关注的内容。核酸功能材料的成功开发为解决上述难题提供了一种全新思路。

研究人员利用枝状 DNA 在递送 CpG 序列实现肿瘤免疫治疗方面做了一系列研究工作。例如，利用含有 CpG 序列的 Y 型 DNA 单体的自组装，合成高效递送 CpG 序列的大分子枝状载体，激发免疫应答[36]。与游离 CpG 序列相比，形成空间结构的枝状 DNA 聚合物能诱导巨噬细胞 TLR9 阳性细胞产生更多的细胞因子（TNF-α 和 IL-6），其诱导效果强于 Y 型 DNA 单体混合物。由图 8-35 可知，枝状 DNA 结构的分子量逐渐增大，构型逐渐复杂，迁移速率逐渐降低。由 Y 型 DNA 组装而成的枝状大分子含有更多的 CpG 序列（第二代和第三代分别具备 12 和 24 个 CpG 序列），与 RAW 264.7 巨噬细胞接触后可诱导产生更多 TNF-α 和 IL-6。该枝状 DNA 结构可防止 CpG 序列快速降解并增强其与 TLR9 结合的效果，增强免疫刺激活性。

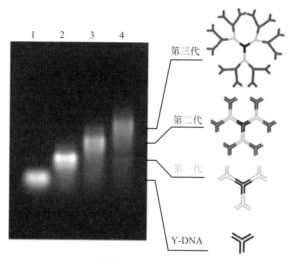

图 8-35　Y 型 DNA 和枝状大分子 DNA 的琼脂糖凝胶电泳图[36]

在枝状大分子的构建过程中，CpG 序列的构型对免疫刺激活性也有影响。基于核酸纳米组装技术，研究人员开发了一种含有 CpG 序列的 DNA 枝状结构[37]。如图 8-36 所示，首先利用 X 型和 Y 型枝状 DNA 单体，通过自组装合成枝状 DNA 骨架，含 CpG 序列的茎环结构可通过黏性末端的碱基互补配对，连接在枝状 DNA 骨架的外层。最后，

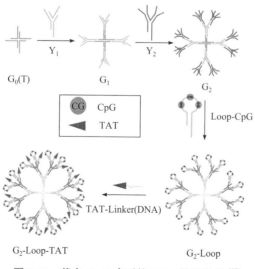

图 8-36　载有 CpG 序列的 DNA 枝状结构[37]

一端连有细胞穿膜肽的 DNA 单链通过碱基互补配对连接在最外层，以增强 DNA 枝状结构对细胞膜的穿透性。

利用流式细胞仪分析荧光染料 Alexa 488 标记的 DNA 枝状大分子纳米结构在巨噬细胞中的摄取情况，结果发现未经细胞穿膜肽修饰的 DNA 枝状结构的荧光信号强于游离的单链 DNA，而经过细胞穿膜肽修饰的 DNA 枝状结构的信号强度最高，证明枝状结构和细胞穿膜肽修饰可以共同提高巨噬细胞对 CpG 序列的摄取效率。将含有 CpG 序列的茎环结构 DNA 以及自组装中的各级 DNA 枝状结构分别与巨噬细胞共孵育，对细胞因子 TNF-α 和 IL-6 分泌水平进行定量分析。实验结果表明，DNA 枝状结构产生的 TNF-α 和 IL-6 较 CpG 单体而言分别提高了 11 ～ 14 倍和 10 ～ 14 倍；与 Y 型 DNA 单体相比，DNA 枝状结构可以激发更强的免疫反应，并随自组装代数的增多而增强，且连接穿膜肽后细胞因子分泌水平进一步增加。

除上述两种 DNA 枝状结构外，含 CpG 序列的多足结构也可以诱导强烈的免疫反应[38]（图 8-37）。通过 3 ～ 12 个寡核苷酸（含 CpG 序列）之间的组装形成分支数目分别为三、四、五、六和八足的多足结构。与游离 CpG 序列相比，DNA 多足结构可以显著提升 RAW 235.7 巨噬细胞活性，促进免疫细胞因子 TNF-α 和 IL-6 的分泌，且分支数目越多，免疫刺激活性越好。此外，这种 DNA 多足结构还能促进细胞的高效摄取，摄取效率随分支数目的增加而提高。

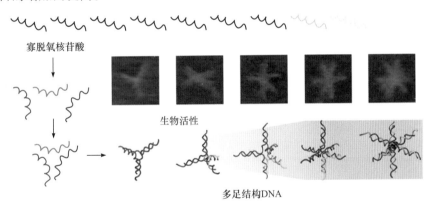

图 8-37　负载 CpG 序列的 DNA 多足结构[38]

除枝状 DNA 聚合物外，DNA 四面体、DNA 折纸和 DNA 纳米球也可以用于递送 CpG 序列。研究人员制备了功能性 DNA 四面体，用于 CpG 序列的递送[39]（图 8-38）。DNA 四面体的顶点上连接含有 CpG 序列的 DNA 单链，并且同一个四面体上 DNA 单链的数量可以被灵活调控（1 ～ 4）。实验结果证明，含有 CpG 序列的 DNA 四面体可以被 RAW 264.7 细胞高效内化，并且 DNA 四面体的刚性结构能够防止核酸酶的降解。DNA 四面体免疫激活产生的细胞因子（TNF-α、IL-6 和 IL-12）水平高于游离 CpG 序列 9 ～ 18 倍，且细胞因子的产量随着修饰在 DNA 四面体上 CpG 序列的数量的增加而增多。

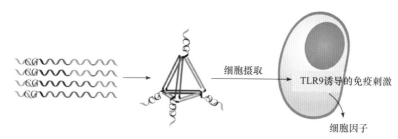

图 8-38 负载 CpG 序列的 DNA 四面体 [39]

研究人员设计了一种被 CpG 序列覆盖的 DNA 折纸纳米管，可引发强烈的免疫刺激用于癌症治疗 [40]。如图 8-39 所示，CpG 序列被锚定在通过 DNA 折纸制备的中空 DNA 纳米管的表面上。DNA 折纸纳米管由一条 8634 nt 的 DNA 长单链骨架、227 个寡核苷酸链固定链组装而成。固定链上延伸出 18 nt 长的 H 序列，可与 CpG-H' 上的 H' 序列互补配对，实现对 CpG 序列的锚定。DNA 折纸纳米管的高稳定性和高紧密性能够防止核酸酶降解，每个 DNA 折纸纳米管上可提供 62 个 CpG 序列的锚定位点，实现 CpG 序列的高效递送。

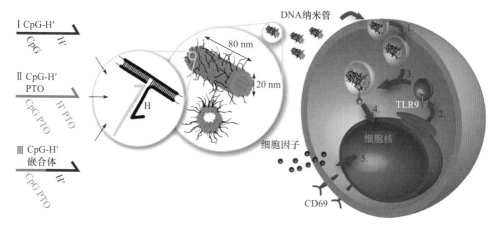

图 8-39 负载 CpG 序列的 DNA 折纸纳米管 [40]

将新鲜分离的小鼠脾细胞与 DNA 折纸纳米管共孵育 3 h 后，利用流式细胞仪分析 FITC 标记的 CpG 序列被脾细胞的摄取情况。结果表明，以 DNA 纳米管的方式递送的 CpG 序列能够被巨噬细胞高效摄取，其摄取效率明显高于游离的 CpG 序列。通过内吞作用进入细胞的 DNA 折纸纳米管能够靶向内含体膜上的 TLR9，实现 TLR9 对 CpG 序列的有效识别，释放大量细胞因子，激活免疫反应。用构成 DNA 折纸纳米管的各个组分和脾细胞进行共孵育，并测试细胞因子 IL-6 的产量。结果表明，DNA 折纸纳米管构成链的混合物（不含有 CpG 序列）不具有免疫刺激性，纯的 CpG 序列和 DNA 折纸纳米管载体本身只能激发低水平的 IL-6 表达，而负载了 CpG 序列的 DNA 折纸纳米管可以显著提高脾细胞 IL-6 的表达，具有良好的免疫刺激活性。

研究人员设计了用于癌症术后免疫治疗的 CpG 序列和 PD-1 抗体的共递送系统 [41]。这种共递送系统通过 RCA 反应生成含 CpG 序列的 DNA 纳米茧，包封 PD-1 抗体和三聚甘油单硬脂酸酯笼包覆的 *Hha* I（图 8-40）。手术后伤口部位大量分泌的蛋白水解酶，可以降解三聚甘油单硬脂酸酯笼，释放被包裹的 *Hha* I。*Hha* I 切割 DNA 纳米茧中的酶切位点，使 DNA 纳米茧分解，释放 CpG 序列和 PD-1 抗体。其中，CpG 序列刺激树突状细胞，进而激活 T 细胞；PD-1 抗体结合 T 细胞表面的 PD-1 蛋白，阻止其结合癌症细胞表面高表达的 PD-L1，提高 T 细胞对癌细胞的杀伤效果。该 DNA 纳米茧在体内表现出良好的抗肿瘤作用。转移瘤实验模型中，在不完全切除原发肿瘤后，在小鼠肿瘤部位注射 DNA 纳米茧。结果显示，注射 DNA 纳米茧的小鼠可观察到全身抗肿瘤免疫反应，原发肿瘤和播散性肿瘤生长被显著抑制，近 40% 的小鼠存活超过 60 天，而对照组（单纯注射 PD-1 抗体、单纯注射 PD-1 抗体和 CpG 序列）产生的抗肿瘤免疫反应对多器官远端转移肿瘤无明显效果。进一步检测脾细胞产生的干扰素 -γ（IFN-γ），经过 DNA 纳米茧治疗的小鼠脾细胞中 CD8$^+$ T 细胞分泌的干扰素较对照组增加了近 2 ～ 3 倍。这些结果证明这种含 CpG 序列和 PD-1 的 DNA 纳米茧可以引发比单一 CpG 序列或 PD-1 抗体更强的免疫应答反应，为癌症免疫疗法的局部和生物响应释放提供了新的策略，在癌症免疫治疗方面存在巨大潜力。

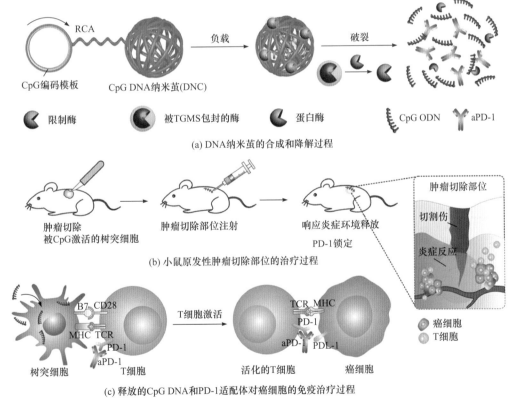

(a) DNA 纳米茧的合成和降解过程

(b) 小鼠原发性肿瘤切除部位的治疗过程

(c) 释放的 CpG DNA 和 PD-1 适配体对癌细胞的免疫治疗过程

图 8-40　用于递送 CpG 序列和 PD-1 适配体的 DNA 纳米茧[41]

研究者们利用配位驱动自组装技术合成了一种新型的 DNA 纳米结构——DNA 基共价聚合物纳米颗粒[42]。将铁离子的水溶液与含 CpG 序列的 DNA 单链溶液混合，使用一锅法合成大量的粒径均一、分散良好的 DNA 杂化纳米颗粒，可以实现 CpG 序列的有效递送和良好的肿瘤免疫治疗效果。

　　RAW 264.7 巨噬细胞对 Fe-CpG DNA 杂化纳米颗粒具有良好的摄取效率。共聚焦显微镜和流式细胞分析显示，Fe-CpG DNA 杂化纳米颗粒与 RAW 264.7 巨噬细胞共孵育 2 h 后，与游离 CpG 序列孵育的细胞相比，Fe-CpG DNA 杂化纳米颗粒处理的细胞的荧光强度更高。共定位结果表明，Fe-CpG 纳米颗粒主要被运送到内体或溶酶体，有利于细胞内 TLR9 对 CpG 序列的高效识别。用酶联免疫吸附测定法检测各处理组细胞分泌的细胞因子水平后发现，与游离 CpG 序列处理的细胞相比，携带等量 CpG 序列的 Fe-CpG 实验组在 8 h 和 24 h 时后，TNF-α 和 IL-6 分泌水平均显著提高。体内实验证明，Fe-CpG 杂化纳米颗粒能在 4T1- 荷瘤小鼠肿瘤内有效富集，且注射后 4 h 达到最大积聚，是游离 CpG 序列积聚效率的 3.2 倍。由于 DNA 杂化纳米颗粒具有稳定性高、细胞摄取能力强及肿瘤蓄积作用强等优点，Fe-CpG 杂化纳米颗粒的抗肿瘤效果显著。

　　高效分离高纯度和低细胞损伤的免疫细胞对于免疫治疗至关重要，并且极具挑战性。研究人员设计了一种包含多价多模块的细胞捕获 DNA 网络，用于 T 淋巴细胞的特异性分离和原位孵育，以及进一步的局部免疫治疗[43]。如图 8-41 所示，通过 RCA 反应形成 DNA 网络，其中包含三个基本功能模块。①程序性死亡受体 1（PD-1）适配体，其发挥双重作用，从肿瘤浸润细胞群中特异性捕获浸润性 T 细胞和阻断 T 细胞的免疫检查点。②CpG 寡核苷酸，可激活抗原呈递细胞以增强免疫治疗。③互补序列，用于形成

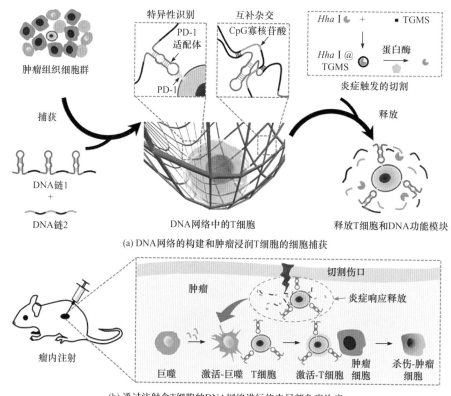

(a) DNA网络的构建和肿瘤浸润T细胞的细胞捕获

(b) 通过注射含T细胞的DNA网络进行体内局部免疫治疗

图 8-41　特异性捕获 T 细胞的 DNA 网络用于肿瘤免疫治疗[43]

DNA 网络并包封 T 细胞,并为限制性内切酶 *Hha* I 提供酶切位点。*Hha* I 被预先包裹到甘油单硬脂酸三酯(TGMS)中以形成 *Hha* I @TGMS 纳米颗粒。在肿瘤炎症条件下,TGMS 可以被高表达的蛋白水解酶消化,释放包裹的 *Hha* I,切割 DNA 网络中的酶切位点,分解 DNA 网络,从而达到控制释放免疫检查点阻断的 T 细胞和 CpG ODN 的目的。其中,CpG 序列刺激巨噬细胞,使之活化进而激活 T 细胞,提高 T 细胞对癌细胞的杀伤效果。该 DNA 网络可实现肿瘤浸润 T 细胞(TIT-cell)的有效分离。结果表明,捕获的肿瘤浸润 T 细胞纯度达到 98%,T 细胞活力维持约 90%。该策略为有效分离免疫细胞和其他生物颗粒提供了一种强大的纳米生物技术平台。

将含有 T 细胞的 DNA 网络进一步用于肿瘤病变部位进行局部免疫治疗。在黑色素瘤原位小鼠模型中,与 PBS 对照组相比,含有 PD-1、CpG ODN 和 TIT 细胞的 DNA 网络组对肿瘤的抑制作用最强,表明 DNA 网络和 T 细胞发挥了协同治疗作用。在治疗期间,小鼠体重相对稳定,并在 14 天内略有增加,显示出 DNA 网络具有较高的生物相容性。这些结果均证明这种多价多模块的 DNA 网络在癌症免疫治疗方面具有的巨大潜力。

思　考　题

1. 简述化学治疗、基因治疗和免疫治疗的概念。
2. 举例说明基于 RCA 原理构建的核酸功能材料在基因治疗中的应用。
3. DNA 折纸与 DNA 四面体在材料合成方面有哪些异同点?
4. 基因治疗的挑战有哪些?
5. 为实现靶向性和癌细胞特异性治疗,核酸材料设计策略有哪些?
6. 基于核酸功能材料的免疫检查点阻断疗法策略有哪些?
7. 简述基于 CpG 序列的免疫疗法的作用原理。

参 考 文 献

[1] Rothemund P W K. Folding DNA to create nanoscale shapes and patterns. Nature, 2006, 440(7082): 297-302.

[2] Li S P, Jiang Q, Liu S L, et al. A DNA nanorobot functions as a cancer therapeutic in response to a molecular trigger *in vivo*. Nature Biotechnology, 2018, 36(3): 258-264.

[3] Jiang Q, Song C, Nangreave J, et al. DNA origami as a carrier for circumvention of drug resistance. Journal of the American Chemical Society, 2012, 134(32): 13396-13403.

[4] Zhang Q, Jiang Q, Li N, et al. DNA origami as an *in vivo* drug delivery vehicle for cancer therapy. ACS Nano, 2014, 8(7): 6633-6643.

[5] Liu J B, Song L L, Liu S L, et al. A DNA-based nanocarrier for efficient gene delivery and combined cancer therapy. Nano Letters, 2018, 18(6): 3328-3334.

[6] Zhao Y X, Shaw A, Zeng X H, et al. DNA origami delivery system for cancer therapy with tunable release properties. ACS Nano, 2012, 6(10): 8684-8691.

[7] Kim K R, Kim D R, Lee T, et al. Drug delivery by a self-assembled DNA tetrahedron for overcoming drug resistance in breast cancer cells. Chemical Communications, 2013, 49(20): 2010-2012.

[8] Setyawati M I, Kutty R V, Leong D T. DNA nanostructures carrying stoichiometrically definable antibodies. Small, 2016, 12(40): 5601-5611.

[9] Huang Y Y, Huang W, Chan L, et al. A multifunctional DNA origami as carrier of metal complexes to achieve enhanced tumoral delivery and nullified systemic toxicity. Biomaterials, 2016, 103: 183-196.

[10] Zhu G Z, Hu R, Zhao Z L, et al. Noncanonical self-assembly of multifunctional DNA nanoflowers for biomedical applications. Journal of the American Chemical Society, 2013, 135(44): 16438-16445.

[11] Zhao H R, Yuan X X, Yu J T, et al. Magnesium-stabilized multifunctional DNA nanoparticles for tumor-targeted and pH-responsive drug delivery. ACS Applied Materials & Interfaces, 2018, 10(18): 15418-15427.

[12] Yao C, Yuan Y, Yang D Y. Magnetic DNA nanogels for targeting delivery and multistimuli-triggered release of anticancer drugs. ACS Applied Bio Materials, 2018, 1(6): 2012-2020.

[13] Sun W J, Jiang T Y, Lu Y, et al. Cocoon-like self-degradable DNA nanoclew for anticancer drug delivery. Journal of the American Chemical Society, 2014, 136(42): 14722-14725.

[14] Yao C, Qi H D, Jia X M, et al. A DNA nanocomplex containing cascade DNAzymes and promoter-like Zn-Mn-Ferrite for combined gene/chemo-dynamic therapy. Angewandte Chemie International Edition, 2022, 61(6): e202113619.

[15] Li F, Lv Z Y, Zhang X, et al. Supramolecular self-assembled DNA nanosystem for synergistic chemical and gene regulations on cancer cells. Angewandte Chemie International Edition, 2021, 60(48): 25557-25566.

[16] Han J P, Cui Y C, Li F, et al. Responsive disassembly of nucleic acid nanocomplex in cells for precision medicine. Nano Today, 2021, 39: 101160.

[17] Lee H, Lytton-Jean A K R, Chen Y, et al. Molecularly self-assembled nucleic acid nanoparticles for targeted *in vivo* siRNA delivery. Nature Nanotechnology, 2012, 7(6): 389-393.

[18] Bujold K E, Hsu J C C, Sleiman H F. Optimized DNA "nanosuitcases" for encapsulation and conditional release of siRNA. Journal of the American Chemical Society, 2016, 138(42): 14030-14038.

[19] Roh Y H, Lee J B, Shopsowitz K E, et al. Layer-by-layer assembled antisense DNA microsponge particles for efficient delivery of cancer therapeutics. ACS Nano, 2014, 8(10): 9767-9780.

[20] Sun W J, Ji W Y, Hall J M, et al. Self-assembled DNA nanoclews for the efficient delivery of CRISPR-Cas9 for genome editing. Angewandte Chemie International Edition, 2015, 54(41): 12029-12033.

[21] Li F, Song N C, Dong Y H, et al. A proton-activatable DNA-based nanosystem enables co-delivery of CRISPR/Cas9 and DNAzyme for combined gene therapy. Angewandte Chemie International Edition, 2022, 61(9):e202116569.

[22] Zhao H X, Zhang Z L, Zuo D, et al. A synergistic DNA-polydopamine-MnO_2 nanocomplex for near-infrared-light-powered DNAzyme-mediated gene therapy. Nano Letters, 2021, 21(12): 5377-5385.

[23] Li F, Yu W T, Zhang J J, et al. Spatiotemporally programmable cascade hybridization of hairpin DNA in polymeric nanoframework for precise siRNA delivery. Nature Communications, 2021, 12: 1138.

[24] Song N C, Chu Y W, Li S, et al. Cascade dynamic assembly/disassembly of DNA nanoframework enabling the controlled delivery of CRISPR-Cas9 system. Science Advances, 2023, 9(35): eadi3602.

[25] Song N C, Chu Y W, Li S A, et al. A dual-enzyme-responsive DNA-based nanoframework enables controlled co-delivery of CRISPR-Cas9 and antisense oligodeoxynucleotide for synergistic gene therapy. Advanced Functional Materials, 2023, 33(47): 2306634.

[26] Liu J B, Wu T T, Lu X H, et al. A self-assembled platform based on branched DNA for sgRNA/Cas9/antisense delivery. Journal of the American Chemical Society, 2019, 141(48): 19032-19037.

[27] Liu J B, Li Y Y, Ma D J, et al. Flexible DNA junction assisted efficient construction of stable gene nanoparticles for gene delivery. Chemical Communications, 2016, 52(9): 1953-1956.

[28] Liu Q, Wang D, Yuan M, et al. Capturing intracellular oncogenic microRNAs with self-assembled DNA nanostructures for microRNA-based cancer therapy. Chemical Science, 2018, 9(38): 7562-7568.

[29] Wang Y M, You Z C, Du J, et al. Self-assembled triangular DNA nanoparticles are an efficient system for gene delivery. Journal of Controlled Release, 2016, 233: 126-135.

[30] Lee J, Le Q V, Yang G, et al. Cas9-edited immune checkpoint blockade PD-1 DNA polyaptamer hydrogel for cancer immunotherapy. Biomaterials, 2019, 218:119359.

[31] Huang B T, Lai W Y, Chang Y C, et al. A CTLA-4 antagonizing DNA aptamer with antitumor effect. Molecular Therapy-Nucleic Acids, 2017, 8: 520-528.

[32] Shi P, Wang X L, Davis B, et al. In situ synthesis of an aptamer based polyvalent antibody mimic on the cell surface for enhanced interactions between immune and cancer cells. Angewandte Chemie International Edition, 2020, 59(29): 11892-11897.

[33] Zhang D, Zheng Y S, Lin Z G, et al. Equipping natural killer cells with specific targeting and checkpoint blocking aptamers for enhanced adoptive immunotherapy in solid tumors. Angewandte Chemie International Edition, 2020, 59(29): 12022-12028.

[34] Yu L Y, Hu Y, Duan J H, et al. A novel approach of targeted immunotherapy against adenocarcinoma cells with nanoparticles modified by CD16 and MUC1 aptamers. Journal of Nanomaterials, 2015, 2015: 1-10.

[35] Li Z Y, Hu Y, An Y C, et al. Novel bispecific aptamer enhances immune cytotoxicity against MUC1-positive tumor cells by MUC1-CD16 dual targeting. Molecules, 2019, 24(3): 478.

[36] Rattanakiat S, Nishikawa M, Funabashi H, et al. The assembly of a short linear natural cytosine-phosphate-guanine DNA into dendritic structures and its effect on immunostimulatory activity. Biomaterials, 2009, 30(29): 5701-5706.

[37] Qu Y J, Yang J J, Zhan P F, et al. Self-assembled DNA dendrimer nanoparticle for efficient delivery of immunostimulatory CpG motifs. ACS Applied Materials & Interfaces, 2017, 9(24): 20324-20329.

[38] Mohri K, Nishikawa M, Takahashi N, et al. Design and development of nanosized DNA assemblies in polypod-like structures as efficient vehicles for immunostimulatory CpG motifs to immune cells. ACS Nano, 2012, 6(7): 5931-5940.

[39] Li J, Pei H, Zhu B, et al. Self-assembled multivalent DNA nanostructures for noninvasive intracellular delivery of immunostimulatory CpG oligonucleotides. ACS Nano, 2011, 5(11): 8783-8789.

[40] Schüller V J, Heidegger S, Sandholzer N, et al. Cellular immunostimulation by CpG-sequence-coated DNA origami structures. ACS Nano, 2011, 5(12): 9696-9702.

[41] Wang C, Sun W J, Wright G, et al. Inflammation-triggered cancer immunotherapy by programmed delivery of CpG and anti-PD1 antibody. Advanced Materials, 2016, 28(40): 8912-8920.

[42] Li M Y, Wang C L, Di Z H, et al. Engineering multifunctional DNA hybrid nanospheres through coordination-driven self-assembly. Angewandte Chemie International Edition, 2019, 58(5): 1350-1354.

[43] Yao C, Zhu C X, Tang J P, et al. T lymphocyte-captured DNA network for localized immunotherapy. Journal of the American Chemical Society, 2021, 143(46): 19330-19340.